21世纪高等教育计算机规划教材

MATLAB
实用教程（第2版）

The Practical Textbook of MATLAB

张磊 郭莲英 丛滨 编著

U0191610

人民邮电出版社

北京

图书在版编目（CIP）数据

MATLAB实用教程 / 张磊，郭莲英，丛滨编著. -- 2
版. -- 北京：人民邮电出版社，2014.5
21世纪高等教育计算机规划教材
ISBN 978-7-115-34818-0

Ⅰ. ①M… Ⅱ. ①张… ②郭… ③丛… Ⅲ. ①
Matlab软件－高等学校－教材 Ⅳ. ①TP317

中国版本图书馆CIP数据核字(2014)第043560号

内 容 提 要

本书对 MATLAB R2012b 软件进行了全面、系统的介绍。

全书共 10 章。第 1～6 章主要介绍 MATLAB 的基础知识，包括 MATLAB 的安装、数值运算和符号运算、Simulink 仿真和编程、图形用户界面等；第 7～9 章详细地介绍了 MATLAB 在数学计算、控制领域以及数据处理等方面的应用，有很强的实用性；第 10 章从信息和功能交互的角度介绍 MATLAB 的外部接口，讲述了 MATLAB 与 Word、Excel、C 语言、Java 语言等的接口。为方便初学者更好地理解和运用 MATLAB 软件，本书附录提供了多个 MATLAB 实验。

本书条理明晰、深入浅出，配有大量实用实例和实验，适合 MATLAB 初学者使用。

◆ 编　著　张　磊　郭莲英　丛　滨
　责任编辑　邹文波
　责任印制　彭志环　焦志炜

◆ 人民邮电出版社出版发行　　北京市丰台区成寿寺路 11 号
　邮编　100164　电子邮件　315@ptpress.com.cn
　网址　http://www.ptpress.com.cn
　北京天宇星印刷厂印刷

◆ 开本：787×1092　　1/16
　印张：19.75　　　　　　　　2014 年 5 月第 2 版
　字数：517 千字　　　　　　2024 年 7 月北京第 21 次印刷

定价：42.00 元

读者服务热线：(010)81055256　印装质量热线：(010) 81055316
反盗版热线：(010) 81055315

第 2 版前言

MATLAB 是 Matrix Laboratory（矩阵实验室）的缩写，它是以线性代数软件包 LINPACK 和特征值计算软件包 EISPACK 中的子程序为基础发展起来的一种开放型程序设计语言。MATLAB 将计算、可视化和编程等功能集于一个易于使用的环境，具有功能强大、简单易学、编程效率高的特点，是目前世界上最流行的仿真计算软件之一。编者在多年开发 MATLAB 应用程序和研究相关课程教学的基础上编写了本书。

本书第 1 版于 2008 年出版，因为全书涉及的内容覆盖面广、信息量大，所以在这次修订时，对全书的结构设计、内容选择进行了适当整合，力求层次更加分明，内容更加精练。本书介绍的版本为 MATLAB R2012b，是美国 MathWorks 公司于 2012 年 8 月推出的，兼容早期的版本。

本书主要面向初学者，针对性较强，具有以下 3 方面的特点。

1. 紧跟技术发展潮流，以 MATLAB R2012b 为主线，介绍新版本的使用方法。

2. 内容丰富，知识面广，对基础知识讲解尽量全面，对重点难点的把握尽量准确。

3. 精选丰富实用的典型案例。

本书从 MATLAB 的基本概念和主要功能入手，以应用为主线，从初级到高级，由浅及深，逐渐深入地进行讲解。全书主要内容如下。

第 1 章是 MATLAB 概述，包括 MATLAB 的发展历程、安装、工作环境、通用命令、帮助系统和示例等内容。

第 2 章主要介绍 MATLAB 的基础知识，包括 MATLAB 的数据类型、矩阵运算、运算符、字符串处理、符号计算等内容。

第 3 章主要介绍 MATLAB 的基本编程，包括 M 文件编程基础、变量和语句、程序调试技巧、函数的设计和实现、数据显示和存取等内容。

第 4 章主要介绍 MATLAB 的 Simulink 仿真，包括 Simulink 概述、模型的创建、子系统及其封装、过零检测、代数环、回调函数、运行仿真等内容。

第 5 章主要介绍图形用户界面，包括 GUI 设计向导、编程设计 GUI、设计实例等内容。

第 6 章主要介绍 MATLAB 的科学计算，包括多项式计算、插值运算、数据分析、功能函数、微分方程组求解等内容。

第 7 章主要介绍 MATLAB 的数学计算，包括高等数学、线性代数、概率统计、复变函数和运筹学方面的应用等内容。

第 8 章主要介绍 MATLAB 在控制领域的应用。

第 9 章主要介绍 MATLAB 在数据处理方面的应用。

第 10 章主要介绍 MATLAB 软件的外部接口。

附录提供了多个 MATLAB 实验，方便初学者更好地理解和运用 MATLAB 软件。

本书以培养应用能力为核心，以易学易用为重点，充分考虑实际应用需求，精选内容，并通过大量典型、系统、实用的例子，将知识和能力有机地统一起来，引导读者快速掌握 MATLAB R2012b 的应用方法和技巧。

本书力求将晦涩难懂的技术用通俗易懂的语言表达出来，读者按照本书的顺序学习，入门快、效率高，通过阅读、上机练习和调试运行本书的示例程序，能很快掌握各种设计方法和技巧，快速设计出符合项目需求的应用程序。实际动手调试程序是掌握 MATLAB 的一个非常重要的环节，希望能引起读者的重视。

编　者

2014 年 2 月

目　录

第1章
概述

MATLAB 是 Matrix Laboratory（矩阵实验室）的缩写，它是以线性代数软件包 LINPACK 和特征值计算软件包 EISPACK 中的子程序为基础发展起来的一种开放型程序设计语言。MATLAB 将计算、可视化和编程等功能集于一个易于使用的环境，具有功能强大、简单易学、编程效率高等特点，是目前世界上最流行的仿真计算软件之一。

1.1　MATLAB 简介及安装

1. MATLAB 的发展历程

MATLAB 的产生是与数学计算紧密联系在一起的。1980 年，美国新墨西哥大学计算机科学系主任 Cleve Moler 在给学生讲授线性代数课程时，发现学生在高级语言编程上花费很多时间，于是着手编写供学生使用的子程序接口程序，取名为 MATLAB。

早期的 MATLAB 使用 Fortran 语言编写，尽管功能十分简单，但是作为免费软件，还是吸引了大批使用者。1984 年，Cleve Moler 等一批数学家与软件专家组建了 MathWorks 软件开发公司，正式推出了 MATLAB 第一个商业版本，其核心代码使用 C 语言编写。此后，MATLAB 除了原有的数值计算功能外，又添加了丰富多彩的图形图像处理、多媒体、符号运算以及与其他流行软件的接口功能，功能越来越强大。

1992 年，MathWorks 公司推出了具有划时代意义的 MATLAB 4.0 版；1997 年，推出 MATLAB 5.0 版；2000 年，推出 MATLAB 6.0 版；2004 年，推出 MATLAB 7.0 版；2008 年，推出 MATLAB 7.6 版；2010 年，推出 MATLAB 7.10 版；2012 年，推出 MATLAB R2012a 版和 MATLAB R2012b 版。

本书是基于 MATLAB R2012b 版编写的，在后面的叙述中将省略 MATLAB 的版本号。

2. MATLAB 的特点

MATLAB 是一种应用于科学计算领域的高级语言，其主要功能包括数值计算、符号计算、绘图、编程以及应用工具箱，其功能和特点主要体现在以下几个方面。

（1）开发环境

- 便于操作的用户界面环境和开发环境，使用户能方便地控制多个文件和图形窗口，并且可以按照自己的习惯来定制桌面环境，还可以为常用的命令定义快捷键。
- 功能强大的数组编辑器和工作空间浏览器，用户可以方便地浏览、编辑和图形化变量。

- 提供 MLint 代码分析器，可以方便用户修改代码，以取得更好的性能和可维护性。
- 强大的编辑器，用户可以选择执行 M 文件中的部分内容。

（2）编程

- 支持函数嵌套、有条件中断点。
- 可以用匿名函数来定义单行函数。

（3）数值处理

- 整数算法，方便用户处理更大的整数。
- 单精度算法、线性代数、FFT 和滤波，方便用户处理更大的单精度数据。
- Linsolve 函数，用户可以通过定义系数矩阵更快地求解线性系统。
- ODE 求解泛函数、操作隐式差分等式和求解多点式边界值问题。

（4）图形化

- 新的绘图界面窗口，用户可以不必通过输入 M 函数代码，而直接在绘图界面窗口中交互式地创建并编辑图形。
- 可以直接从图形窗口中生成 M 代码文件，使得用户可以多次重复地执行自定义的作图。
- 强大的图形标注和处理功能，包括对象对齐、连接注释和数据点的箭头等。
- 数据探测工具，用户可以在图形窗口中方便地查询图形上某一点的坐标值。
- 功能强大的图形句柄等。

（5）图形用户界面

- 面板和分组按钮使得用户可以对用户界面的控件进行分组。
- 用户可以直接在 GUIDE 中访问 ActiveX 控件。

（6）文件 I/O 和外部应用程序接口。

- 文件 I/O 函数支持读大的文本文件，并且可以向 Excel 和 HDF5 文件中写入内容。
- 支持压缩格式的 MAT 文件，使得用户可以使用较少的磁盘空间保存大量的数据，而且速度更快。
- 可以使用 Java add path 函数来动态添加、删除和重载 Java 类，而不必重启 MATLAB。
- 支持 COM 用户接口、服务器事件和 Visual Basic 脚本。
- 可以基于简单的对象访问协议（SOAP）来访问网页服务器。
- 提供 FTP 对象用于连接 FTP 服务器，实现对异地文件的处理。
- 支持 Unicode 国际字符集标准，使得 MAT 文件中的字符数据可以在不同语言之间共享。

3. MATLAB 的安装

MATLAB 提供的功能越来越强大，涉及的应用领域也日益广泛，同时对软硬件的要求也逐渐提高。

无论是在单机，还是在网络环境，MATLAB 都可发挥其卓越的性能。若单纯地使用 MATLAB 语言进行编程，不必连接外部语言的程序，则用 MATLAB 语言编写出来的程序可以不做任何修改直接移植到其他机型上使用。MATLAB 对 PC 系统的要求如表 1-1 所示。

表 1-1　　　　　　　　　　　　　　MATLAB 对 PC 系统的要求

操作平台	Windows 2000（NT 4.0、XP）、Linux、Sun Solaris、HPUX、Mac OS 等
处理器	Pentium III、4、Xeon、Pentium M、AMD Athlon、Athlon XP、Athlon MP
存储空间	345 MB（仅包括帮助系统的 MATLAB）

续表

内存	256 MB（最小），512 MB（推荐）
显卡	16-bit、24-bit 或 32-bit 兼容 OpenGL 的图形适配卡（强烈推荐）
软件	为了运行 MATLAB Notebook、Excel Link 等，还必须安装 Office 2000 或 Office XP
编译器	为了创建自己的 MEX 文件，至少需要下列产品之一：DEC Visual Fortran 5.0、Microsoft Visual C/C++4.2 或 5.0、Borland C/C++5.0 或 5.02、Watcom 10.6 或 11 等

1.2　MATLAB 的目录结构

安装 MATLAB 后，在安装目录下包含如表 1-2 所示的文件夹。

表 1-2　　　　　　　　　　　　　　　　MATLAB 的目录结构

文 件 夹	描　　　述
\APPDATA	MATLAB 软件配置与数据
\BIN\WIN32	MATLAB 系统中可执行的相关文件
\ETC	MATLAB 软件附加配置信息
\DEMOS	MATLAB 示例程序
\EXTERN	创建 MATLAB 的外部程序接口的工具
\HELP	MATLAB 帮助系统
\JAVA	MATLAB 的 Java 支持程序
\LIB\WIN32	MATLAB 库文件
\LICENSES	MATLAB 用户使用授权文件
\NOTEBOOK	Notebook 可实现 MATLAB 与 Word 环境间的信息交互
\RESOURCES	MATLAB 资源文件夹
\RTW	MATLAB 的 Real-Time Workshop 软件包
\SIMULINK	Simulink 软件包，用于动态系统的建模、仿真和分析
\STATEFLOW	State flow 软件包，用于设计状态机的功能强大的图形化开发和设计工具
\SYS	MATLAB 所需要的工具和操作系统库
\TOOLBOX	MATLAB 的各种工具箱
\UNINSTALL	MATLAB 的卸载程序
License.txt	MATLAB 软件许可协议
Patents.txt	Math Works 产品专利号
Trademarks.txt	声明 MATLAB 和 Simulink 是 MathWorks 公司的注册商标

1.3　MATLAB 的工作环境

本节主要介绍 MATLAB 的工作界面和基本的操作方法。MATLAB 的工作界面如图 1-1 所示。

下面分别介绍各个组成部分。

1. MATLAB Desktop

MATLAB R2012b 的 MATLAB Desktop 中，工具条取代了菜单栏和工具栏，它包含了常用功能和一个预置的 MATLAB 应用程序。如图 1-1 所示，工具条包括 3 部分：【HOME】、【PLOTS】和【APPS】，下面分别介绍。

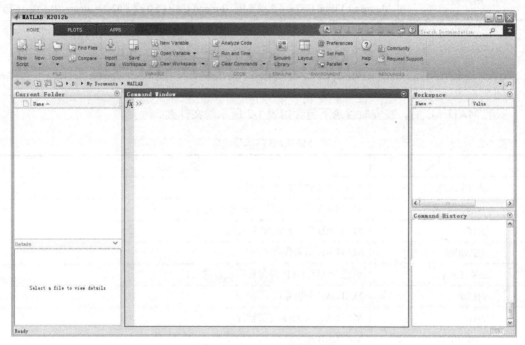

图 1-1　MATLAB 工作环境

【HOME】主要用于对文件进行处理。单击【HOME】选项卡，出现如图 1-2 所示的工具条。

图 1-2　【HOME】选项卡

其中包括：

- Import Data：用于向工作空间导入数据。
- Save Workspace As：将工作空间的变量存储在某一文件中。
- Set path：打开搜索路径设置对话框。
- Preferences：打开环境设置对话框。
- Help：用于选择打开不同的帮助系统。

【PLOTS】主要用于绘图。单击【PLOTS】，出现如图 1-3 所示的工具条。

图 1-3　【PLOTS】选项卡

其中包括：

- SELECTION：用于选定需要绘图的变量。
- PLOTS：提供不同的绘图形式。

【APPS】应用程序。单击【APPS】选项卡，出现如图 1-4 所示的工具条。

图 1-4 APPS 选项卡

其中包括：

- FILE：对应用程序进行获取、安装和打包。
- Preferences：各种不同的应用程序。

2. 命令窗口

命令窗口是 MATLAB 的主要交互窗口，用于输入命令并显示除图形以外的所有执行结果。MATLAB 命令窗口中的 ">>" 为运算提示符，表示 MATLAB 处于准备状态。在提示符后输入一段程序或一段运算式后按 Enter 键，MATLAB 会给出计算结果，并再次进入准备状态（所得结果将被保存在工作空间窗口中）。单击命令窗口右上角的 按钮，并选择 Undock 选项，可以使命令窗口脱离主窗口成为一个独立的窗口，如图 1-5 所示。

3. 历史命令窗口

历史命令窗口主要用于记录所有执行过的命令，在默认设置下，该窗口会保留自安装后所有使用过的命令，并标明使用时间。同时，可以通过双击某一历史命令来重新执行该命令。与命令窗口类似，该窗口也可以成为一个独立的窗口。

选中该窗口，然后单击鼠标右键，弹出如图 1-6 所示的上下文菜单。通过上下文菜单，可以删除和粘贴历史记录，也可为选中的表达式或命令创建一个 M 文件或快捷按钮。

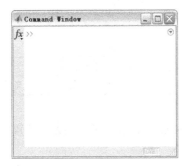

图 1-5 独立的命令窗口

图 1-6 历史命令窗口的上下文菜单

4. 当前工作目录窗口

当前工作目录是指 MATLAB 运行文件时的目录，只有在当前工作目录或搜索路径下的文件、函数才可以运行或调用。在窗口中可显示或改变当前工作目录，还可以显示当前工作目录下的文件。与命令窗口类似，该窗口也可以成为一个独立的窗口，如图 1-7 所示。

5. 工作空间窗口

工作空间窗口用于显示目前内存中所有 MATLAB 变量的变量名、数据结构、字节数以及类型等信息，如图 1-8 所示。

图 1-7　当前工作目录窗口

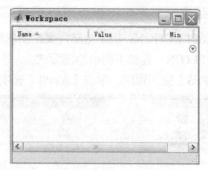

图 1-8　工作空间窗口

1.4　MATLAB 的通用命令

通用命令是 MATLAB 中经常使用的一组命令，这些命令可以用来管理目录、函数、变量、工作空间、文件和窗口等，下面对这些命令进行介绍。

1. 常用命令

MATLAB 中的常用命令如表 1-3 所示。

表 1-3　　　　　　　　　　　常用命令

命　令	说　明	命　令	说　明
cd	显示或改变当前工作目录	load	加载指定文件的变量
dir	显示当前目录或指定目录下的文件	diary	日志文件命令
clc	清除工作窗中的所有显示内容	!	调用 DOS 命令
home	将光标移至命令窗口的左上角	exit	退出 MATLAB
clf	清除图形窗口	quit	退出 MATLAB
type	显示文件内容	pack	收集内存碎片
clear	清理内存变量	hold	图形保持开关
echo	工作窗口信息显示开关	path	显示搜索目录
disp	显示变量或文字内容	save	保存内存变量到指定文件

2. 快捷键

在命令窗口中，为了便于对输入的内容进行编辑，MATLAB 提供了控制光标位置和进行简单编辑的快捷键，部分常用的键盘按键如表 1-4 所示。

表 1-4　　　　　　　　　　　命令行中常用的快捷键

快捷键	说　明	快捷键	说　明
↑	调用上一行	Home	光标置于当前文本开头
↓	调用下一行	End	光标置于当前文本末尾
←	光标左移一个字符	Esc	清除当前输入行
→	光标右移一个字符	Del	删除光标处的字符
Ctrl+←	光标左移一个单词	BackSpace	删除光标前的字符
Ctrl+→	光标右移一个单词	Ctrl +Z	恢复上一次删除

3. 标点功能

在 MATLAB 中，一些标点符号被赋予了特殊的功能，如表 1-5 所示。

表 1-5　　　　　　　　　　　　　　　　　标点的特殊功能

标　点	说　　明	标　点	说　　明
:	冒号，具有多种应用功能	%	百分号，注释标记
;	分号，区分行及取消显示运行结果	!	感叹号，调用操作系统运算
,	逗号，区分列及函数参数分隔符	=	等号，赋值标记
( )	括号，指定运算的优先级	'	单引号，字符串的标示符
[]	方括号，定义矩阵	.	小数点及对象域访问
{}	大括号，构造单元数组	…	续行符号

4. 搜索路径

MATLAB 对函数等进行搜索，都是在当前工作目录和搜索路径下进行的。如果调用的函数在此之外，MATLAB 则认为此函数并不存在。一般情况下，MATLAB 系统函数（包括工具箱函数）都在系统默认的搜索路径之中，但是用户自己编写的函数有可能并没有保存在搜索路径下。要解决这个问题，只需把程序所在的目录扩展成 MATLAB 的搜索路径即可。

（1）查看 MATLAB 的搜索路径。可以通过菜单命令或 path、genpath 命令来查看搜索路径。

选择 MATLAB Desktop 的【HOME】|【ENVIRONMENT】菜单，进入【Set Path】（设置搜索路径）对话框，如图 1-9 所示。通过该对话框可以添加或删除 MATLAB 搜索路径。

图 1-9　"设置搜索路径"对话框

在命令窗口中输入 path 或 genpath 可得到 MATLAB 的所有搜索路径，具体代码如下。

```
path
```

运行结果如下。

```
MATLABPATH

E:\MATLAB
H:\MATLAB7\toolbox\MATLAB\general
H:\MATLAB7\toolbox\MATLAB\ops
H:\MATLAB7\toolbox\MATLAB\lang
```

```
...
H:\MATLAB7\work
```

（2）设置 MATLAB 的搜索路径。

方法一：在 MATLAB 命令窗口中输入 editpath 或 pathtool 命令或选择【File】|【Set Path】选项，进入如图 1-8 所示的"设置搜索路径"对话框，通过该对话框可以编辑搜索路径。

方法二：在命令窗口执行"path(path, 'D:\Study ')"，然后通过图 1-8 所示的"设置搜索路径"对话框查看"D:\Study"是否在搜索路径中。需要注意的是，该目录必须已存在。

方法三：在命令窗口执行"addpath   D:\Study   -end"，将新的目录加到整个搜索路径的末尾。如果将 end 改为 begin，可以将新目录加到整个搜索路径的开始。同样，该目录必须已存在。

1.5 MATLAB 的帮助系统

MATLAB 提供了非常完善的帮助系统，如 MATLAB 在线帮助、帮助窗口、帮助提示、HTML 格式的帮助、pdf 格式的帮助文件以及 MATLAB 的示例和演示等。通过使用 MATLAB 帮助菜单或在命令窗口中输入帮助命令，可以很容易地获得 MATLAB 的帮助信息。下面分别介绍 MATLAB 的 3 类帮助系统。

1. 命令窗口查询帮助系统

常见的 MATLAB 帮助命令如表 1-6 所示。

表 1-6 常见的 MATLAB 帮助命令

帮助命令	功　能	帮助命令	功　能
help	获取在线帮助	which	显示指定函数或文件的路径
demo	运行 MATLAB 演示程序	lookfor	按照指定的关键字查找所有相关的 M 文件
tour	运行 MATLAB 教程	exist	检查指定变量或文件是否存在
who	列出当前工作空间中的变量	helpwin	运行帮助窗口
whos	列出当前工作空间中变量的更多信息	Help desk	运行 HTML 格式帮助面板 Help Desk
what	列出当前目录或指定目录下的 M 文件、MAT 文件和 MEX 文件	doc	在网络浏览器中显示指定内容的 HTML 格式帮助文件，或启动 helpdesk

Help 命令：用于在命令窗口显示 MATLAB 函数的帮助信息，其调用格式如下。

```
Help                              //在命令窗口列出主要的基本帮助主题
help /                            //列出所有运算符和特殊字符
help functionname                 //在命令窗口列出 functionname M 文件的描述及语法
help toolboxname                  //在命令窗口列出 toolboxname 文件夹中的内容
help toolboxname/functionname
help classname.methodname         //显示某一类的函数帮助
help classname
help syntax
t = help('topic')
```

例 1.1 查询函数 add() 的帮助信息，具体代码如下。

```
help add
```

运行结果如下。

```
--- help for hgbin/add.m ---
HGBIN/ADD Add method for hgbin object
   This file is an internal helper function for plot annotation.
   There is more than one add available.  See also
      help ccshelp/add.m
      help iviconfigurationstore/add.m
      help cgrules/add.m
      help des_constraints/add.m
      help xregcardlayout/add.m
      help xregcontainer/add.m
      help xregmulti/add.m
      help cgddnode/add.m


   Reference page in Help browser
      doc add
```

lookfor 命令：按照指定的关键字查找所有相关的函数或文件，其调用格式如下。

```
lookfor topic
lookfor topic -all
```

例 1.2　查询与关键字 inverse 相关的函数或文件，具体代码如下。

```
lookfor  inverse
```

运行结果如下。

```
INVHILB Inverse Hilbert matrix.
IPERMUTE Inverse permute array dimensions.
ACOS  Inverse cosine.
ACOSD  Inverse cosine, result in degrees.
…
ADDINVG Add the inverse Gaussian distribution.
STDRINV Compute inverse c.d.f. for Studentized Range statistic
```

2. 联机帮助系统

可以通过下述几种方法进入 MATLAB 的联机帮助系统。

- 直接单击 MATLAB 主窗口中的 ? 按钮。
- 选中【HOME】选项卡中 Help 菜单前 4 项中的任意一项。
- 在命令窗口中执行 helpwin、helpdesk 或 doc 命令。

联机帮助系统界面的菜单项与大多数 Windows 程序界面的菜单项含义和用法类似，熟悉 Windows 的用户很容易掌握，在此不做详细介绍。

帮助向导页面包含 4 部分，分别是帮助主题（Contents）、帮助索引（Index）、查询帮助（Search）以及演示帮助（Demos）。若知道查询内容的关键字，一般可选择 Index 或 Search 模式来查询；若只知道查询内容所属的主题，一般可选择 Contents 或 Demos 模式来查询。

3. 联机演示系统

通过联机演示系统，用户可以直观、快速地学习 MATLAB 的使用方法。可以通过以下几种方式打开联机演示系统。

- 在 MATLAB 主窗口选择【Help】|【Demos】选项。
- 在命令窗口输入 demos 命令。

- 直接在帮助页面上选择 Demos 选项。

例 1.3 运行"Klein Bottle"演示程序。具体步骤如下。

（1）在 MATLAB 命令窗口中执行"demos"命令，弹出联机演示系统界面。

（2）在 Demos 页面中选择【3-D Visualization】，如图 1-10 所示，并在工具箱中选择【Klein Bottle】。

（3）单击页面右上角的蓝色文字"Open this Example"，打开如图 1-11 所示的示例界面窗口。

图 1-10　演示示例 　　　　　　　　　　　图 1-11　"Klein Bottle"演示窗口

1.6　MATLAB 示例

下面以一个简单的例子，说明如何使用 MATLAB 进行简单的数值计算。

例 1.4 应用 MATLAB 进行简单的数值计算。具体步骤如下。

（1）双击桌面上的 MATLAB 图标 ，进入 MATLAB 的工作环境界面。

（2）在命令窗口中输入"w=2*pi;"后按 Enter 键，可以在工作空间窗口看到变量 w，其值为 6.2832。

（3）在命令窗口中输入"y= sin(w*2/3);"后按 Enter 键，可以在工作空间窗口看到变量 y，其值为-0.86603。

（4）在命令窗口中输入"z=sin(w/3)"后按 Enter 键，可以在工作空间窗口看到变量 z，其值为 0.86603。命令窗口中显示运行结果如下所示。

```
z =
    0.8660
```

（5）在命令窗口中输入"w2=pi"，按 Shift+Enter 组合键，再输入"m=sin(w2/2)"后按 Enter 键，可以在工作空间窗口看到变量 $w2$ 和 m，值分别为 3.1416 和 1，命令窗口中显示运行结果如下所示。

```
w2 =
    3.1416
m =
    1
```

需要说明的是：当代码后面有分号时，按 Enter 键后，在命令窗口中不显示运行结果；如果无分号，则在命令窗口中显示运行结果。如果需要同时执行输入的多条语句，则在输入下一条命令时，按 Shift+Enter 组合键进行换行。

习 题

1. 简述 MATLAB 的主要功能。

2. 在命令窗口中输入"w=3+2",然后依次使用 clear 和 clc 命令,分别观察命令窗口、工作空间窗口和历史命令窗口的变化。

3. 将硬盘上已有的目录加入搜索路径中,并将其设置为当前工作目录。

4. 通过命令窗口,查询函数 sin()的用法。

5. 通过联机帮助系统,查询函数 inv()的用法。

6. 通过联机演示系统,查询并运行"Control Systems Toolboxes"下"Case Studies"中的"Yaw Damper for a 747 Aircraft"演示程序。

7. 在命令窗口依次执行"w=5;"、"p=2*w"和"q=p+w"。

8. 在命令窗口同时执行以下代码。

```
w=5;
p=2*w
q=p+w
```

第2章 基础知识

本章着重介绍 MATLAB 的基础知识，包括数据类型、基本矩阵操作、运算符和字符串处理函数。

2.1 数据类型

MATLAB 中定义了很多数据类型，包括字符、数值、单元、结构、Java 类和函数句柄等类型，用户也可以定义自己的数据类型。本节讨论 MATLAB 中主要的数据类型及其使用方法。

需要说明的是，在 MATLAB 中有 15 种基本数据类型，每种基本数据类型均以数组/矩阵的形式出现，矩阵可以从最小的 0×0 矩阵到任意大小的 n 维矩阵。

1. 数值类型

数值类型包含整数、浮点数和复数 3 种类型，另外 MATLAB 还定义了 Inf 和 NaN 两个特殊数值。

（1）整数类型

MATLAB 支持 1、2、4 和 8 字节的有符号整数和无符号整数。这 8 种数据类型的名称、表示范围和转换函数如表 2-1 所示。其中，转换函数可将其他数据类型的数值强制转换为对应的整数类型。尽可能使用字节数少的数据类型，这样可以节约存储空间、提高运算速度。

表 2-1　　　　　　　　　　　　　　　　整数类型

名　称	表示范围	转换函数	名　称	表示范围	转换函数
有符号 1 字节整数	$-2^7 \sim 2^7-1$	int8()	无符号 1 字节整数	$0 \sim 2^8-1$	uint8()
有符号 2 字节整数	$-2^{15} \sim 2^{15}-1$	int16()	无符号 2 字节整数	$0 \sim 2^{16}-1$	uint16()
有符号 4 字节整数	$-2^{31} \sim 2^{31}-1$	int32()	无符号 4 字节整数	$0 \sim 2^{32}-1$	uint32()
有符号 8 字节整数	$-2^{63} \sim 2^{63}-1$	int64()	无符号 8 字节整数	$0 \sim 2^{64}-1$	uint64()

（2）浮点数类型

MATLAB 有单精度和双精度两种浮点数，其中双精度浮点数为 MATLAB 默认的数据类型。单精度和双精度数据类型的名称、存储空间、表示范围和转换函数如表 2-2 所示。

表 2-2　　　　　　　　　　　　　　　　　浮点数类型

名　　称	存 储 空 间	表 示 范 围	转 换 函 数
单精度浮点数	4 字节	$-3.40282\times10^{38}\sim3.40282\times10^{38}$	single()
双精度浮点数	8 字节	$-1.79769\times10^{308}\sim1.79769\times10^{308}$	double()

（3）复数类型

复数包含实部和虚部，在 MATLAB 中用 i 或者 j 来表示虚部。

例 2.1　在命令窗口用赋值语句产生复数 5+10i。具体代码如下。

```
a=5+10i
```

例 2.2　在命令窗口用函数 complex() 产生复数 5+10i。具体代码序列如下。

```
x=5;
y=10;
z=complex(x,y)
```

（4）Inf 和 NaN

在 MATLAB 中，用 Inf 和 -Inf 分别表示正无穷和负无穷。除法运算中除数为 0 或者运算结果溢出时，都会出现 Inf 或 -Inf 的运行结果。类似 2/0、exp(3000)、log(0) 等运算产生的结果均为 Inf。

在 MATLAB 中，用 NaN（Not a Number）表示一个既不是实数也不是复数的数值，类似 0/0、inf/inf 等运算产生的结果均为 NaN。

2. 逻辑类型

MATLAB 中的逻辑类型包含 true 和 false，分别由 1 和 0 表示。在 MATLAB 中，用函数 logical() 将任何非零的数值转换为 true（即 1），数值 0 转换为 false（即 0）。

3. 字符和字符串类型

在 MATLAB 中，数据类型（char）表示一个字符。一个 char 类型的 1×n 数组称为字符串 string，关于字符串更深入的介绍请参考本书 2.4 节。

例 2.3　在命令窗口用"单引号对"表示字符串'I am a great person'，具体代码如下。

```
str='I am a great person'
```

例 2.4　在命令窗口用函数 char() 构造字符串'AB'，具体代码如下。

```
str=char([65 66])
```

4. 结构体类型

结构体类型是一种由若干属性（field）组成的 MATLAB 数组，其中的每个属性可以是任意数据类型。

图 2-1 所示的结构体（Personel）包括 3 个属性：Name、Score 和 Salary，其中 Name 是一个字符串，Score 是一个数值，Salary 是一个 1×5 的向量。

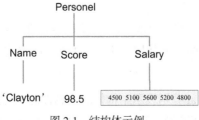

图 2-1　结构体示例

（1）结构体数组的构造

构造一个结构体（数组）有如下两种方法。

- 利用赋值语句。通过赋值语句为结构体中的每个指定属性赋值，构造结构体。

例 2.5 建立如图 2-1 所示的结构体 Personel。具体代码如下。

```
Personel.Name='Clayton';
Personel.Score=98.5;
Personel.Salary=[4500 5100 5600 5200 4800];
Personel
```

运行结果如下。

```
Personel =
    Name: 'Clayton'
    Score: 98.5
    Salary: [4500 5100 5600 5200 4800]
```

上述的结构体 Personel 可以看作是 1×1 的结构体，可以将其拓展为 $n×m$ 的结构体数组。

例 2.6 将例 2.5 的结构体 Personel 拓展成 1×2 的结构体数组，其中第 2 个元素的 Name、Score 和 Salary 属性分别为'Dana'、100、[6700 9000]。具体代码序列如下。

```
Personel(2).Name='Dana';
Personel(2).Score=100;
Personel(2).Salary=[6700 9000];
Personel
```

运行结果如下。

```
Personel =
1×2 struct array with fields:
    Name
    Score
    Salary
```

需要注意的是，结构体数组中元素属性的大小不要求一致，如 Salary 属性。

例 2.7 将例 2.6 的结构体数组 Personel 拓展成 1×3 的数组，其中第 3 个元素的 Name 属性为'John'。具体代码序列如下。

```
Personel(3).Name='John';
Personel
```

运行结果如下。

```
Personel =
1×3 struct array with fields:
    Name
    Score
    Salary
```

需要注意的是，MATLAB 将未指定数据的属性自动赋值成空矩阵，空矩阵用[]来表示。

- 利用函数 struct()。在 MATLAB 中，函数 struct()的具体使用方法如下。

```
strArray = struct('field1',val1,'field2',val2, ...)
```

其中，strArray、'field'和 val 分别表示结构体名、属性名和相应的属性值。

例 2.8 利用函数 struct()实现例 2.7 的结构体数组 Personel。具体代码如下。

```
Personel=struct('Name',{'Clayton','Dana','John'},'Score',{98.5,100,[]},'Salary',{[
4500 5100 5600 5200 4800],[6700 9000],[]})
```

（2）结构体数组的访问

通过对结构体数组的下标引用，可以访问任意元素的属性，同时可以为属性赋值。

例 2.9　读取例 2.7 结构体数组 Personel 的第 2 个元素的 Name 属性值。具体代码如下。

```
Personel(2).Name
```

运行结果如下。

```
ans =
Dana
```

例 2.10　读取例 2.7 结构体数组 Personel 的第 1 个元素的 Salary 属性的第 3 个分量。具体代码如下：

```
Personel(1).Salary(3)
```

运行结果如下。

```
ans =
    5600
```

例 2.11　读取例 2.7 结构体数组 Personel 的所有元素的 Name 属性值。具体代码如下：

```
Personel.Name
```

运行结果如下。

```
ans =
Clayton
ans =
Dana
ans =
John
```

例 2.12　修改例 2.7 结构体数组 Personel 的第 1 个元素的 Salary 属性的第 2 个分量为 8000。具体代码序列如下。

```
Personel(1).Salary(2)=8000;
Personel(1).Salary(2)
```

运行结果如下。

```
ans =
    8000
```

2.2　基本矩阵操作

在 MATLAB 中，可以用两种方式来存储矩阵，即满矩阵存储方式和稀疏矩阵存储方式，MATLAB 默认使用满矩阵存储方式。若一个矩阵只有少数的元素非零，则称为稀疏矩阵。如果稀疏矩阵采用满矩阵存储方式，则会浪费很多存储空间，有时还会降低计算速度。在 MATLAB 中引入了稀疏矩阵存储方式解决上述问题，即以非零元素及其对应的下标表示。

在 MATLAB 中，所有的数据均以二维、三维或高维矩阵的形式存储，每个矩阵的单元可以是数值类型、逻辑类型、字符类型或者其他任何数据类型。对于标量，可以用 1×1 矩阵表示；对于一组 n 个数据，可以用 $1 \times n$ 矩阵来表示；对于多维数组，可以用多维矩阵表示。

在 MATLAB 中，用 whos 命令来显示数据的类型、存储空间等信息。

例 2.13 用命令 whos 来显示实数 1.5 的信息。具体代码序列如下。

```
a=1.5;
whos a
```

运行结果如下。

```
Name      Size            Bytes    Class      Attributes
  a        1×1                8     double
```

例 2.14 用 whos 命令来显示字符串'I am a great person'的信息。具体代码序列如下。

```
str='I am a great person';
whos str
```

运行结果如下。

```
Name      Size            Bytes    Class      Attributes
 str       1×19              38     char
```

2.2.1 矩阵的构造

1. 简单矩阵构造

构造矩阵最简单的方法是采用矩阵构造符"[]"。构造 $1 \times n$ 矩阵（行向量）时，可以将各元素依次放入矩阵构造符"[]"内，并且以空格或者逗号分隔。构造 $m \times n$ 矩阵时，每行如上处理，并且行与行之间用分号分隔。

例 2.15 构造一个 1×4 矩阵，各元素依次为 1、2、3 和 4。具体代码如下。

```
a=[1 2 3 4]
```

或者是

```
a=[1,2,3,4]
```

例 2.16 构造一个 2×3 矩阵，第一行各元素依次为 1、2 和 3，第二行各元素依次为 4、5 和 6。具体代码如下。

```
A=[1,2,3;4,5,6]
```

运行结果如下。

```
A =
    1    2    3
    4    5    6
```

2. 特殊矩阵构造

MATLAB 提供了一些用来构造特殊矩阵的函数，这些函数如表 2-3 所示。

表 2-3　　　　　　　　　　　　　　　　　　特殊矩阵函数

函数名	用　途	基本调用格式	
ones	构造矩阵元素全为 1 的矩阵	A=ones(n)	构造 $n \times n$ 的全 1 矩阵
		A=ones(m,n)	构造 $m \times n$ 的全 1 矩阵
zeros	构造矩阵元素全为 0 的矩阵	A=zeros(n)	构造 $n \times n$ 的全 0 矩阵
		A=zeros(m,n)	构造 $m \times n$ 的全 0 矩阵
eye	构造单位矩阵，即主对角线上的元素为 1，其他元素全为 0	A=eye(n)	构造 $n \times n$ 的单位矩阵
diag	将向量转化为对角矩阵	A=diag(v)	把向量 v 转换为一个对角矩阵
magic	构造魔方矩阵，即每行、每列之和相等的矩阵	A=magic(n)	构造 $n \times n$ 的魔方矩阵
rand	构造 0～1 均匀分布的随机数	A=rand(n)	构造 $n \times n$ 的随机数矩阵，其中，随机数服从 0～1 的均匀分布（下同）
		A=rand(m,n)	构造 $m \times n$ 的随机数矩阵
randn	构造均值为 0，且方差为 1 的高斯分布随机数	A=randn(n)	构造 $n \times n$ 的随机数矩阵，其中，随机数服从标准高斯分布（下同）
		A=randn(m,n)	构造 $m \times n$ 的随机数矩阵
randperm	构造整数 1～n 的随机排列	A=randperm(n)	构造整数 1～n 的随机排列

例 2.17　构造一个 3×4 的全 0 矩阵。具体代码如下。

```
a=zeros(3,4)
```

运行结果如下。

```
a =
    0    0    0    0
    0    0    0    0
    0    0    0    0
```

例 2.18　构造一个 1×5 的随机数矩阵，其中，随机数服从 0～1 的均匀分布。具体代码如下。

```
a=rand(1,5)
```

运行结果如下。

```
a =
  0.4186  0.8462  0.5252  0.2026  0.6721
```

需要注意的是，rand()函数以机器时间作为随机种子，每次运行结果都不同。

3. 构造向量

构造向量最简单的方法是采用向量构造符":"，其常用的用法如下。

（1）a:b：构造以 a 为起点，以 1 为步长，且所有取值在 a 与 b 之间的向量。

例 2.19　构造一个 1×5 的矩阵，其中的元素依次为 1、2 和 3。具体代码如下。

```
A = 1:3
```

运行结果如下。

```
A =
    1    2    3
```

例 2.20   查看 $A=-3.2{:}2.2$ 的运行结果。具体代码如下。

```
A=-3.2:2.2
```

运行结果如下。

```
A =
  -3.2000  -2.2000  -1.2000  -0.2000   0.8000   1.8000
```

需要注意的是，如果 b 值小于 a 值，则 MATLAB 返回一个空矩阵。

（2）a:s:b：构造以 a 为起点，以 s 为步长，且所有取值在 a 与 b 之间的向量。

例 2.21   查看 $A=0{:}pi/4{:}pi$ 的运行结果。具体代码如下。

```
A=0:pi/4:pi
```

运行结果如下。

```
A =
      0   0.7854   1.5708   2.3562   3.1416
```

例 2.22   查看 $A=5{:}-1{:}-0.5$ 的运行结果。具体代码如下。

```
A=5:-1:-0.5
```

运行结果如下。

```
A =
    5    4    3    2    1    0
```

构造向量还可以使用 linspace()、logspace()等函数，如 linspace()函数用于创建指定范围和长度的等距向量。

例 2.23   查看 $A=\text{linspace}(-6,6,4)$ 的运行结果。具体代码如下。

```
A=linspace(-6,6,4)
```

运行结果如下。

```
A =
  -6   -2    2    6
```

2.2.2   矩阵的大小

1. 矩阵合并

矩阵合并是把两个或者两个以上的矩阵连接成一个新矩阵。前面介绍的矩阵构造符"[]"不仅可用于构造矩阵，还可以作为一个矩阵合并操作符使用。表达式 $C=[A\ B]$ 表示在水平方向上合并矩阵 A 和 B，表达式 $C=[A;B]$ 表示在竖直方向上合并矩阵 A 和 B。

值得注意的是，矩阵合并时要符合维数的约束。以水平方向为例，图 2-2 表明具有相同行数的两个矩阵，可以合并为一个新矩阵；而图 2-3 表明不具有相同行数的两个矩阵，不允许合并为一个新矩阵。

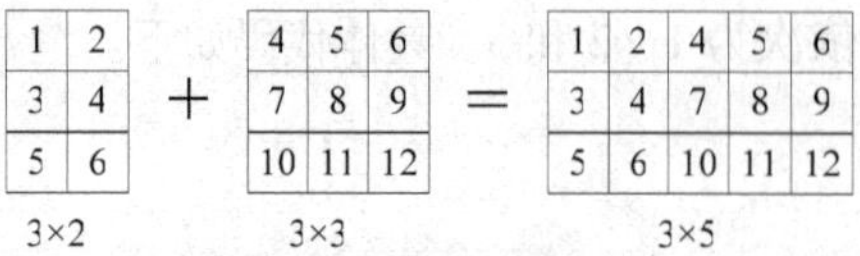

图 2-2   正确的矩阵合并 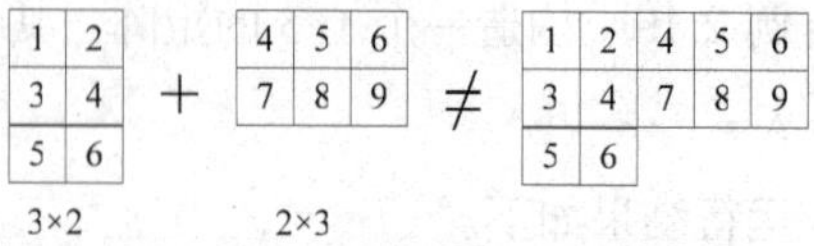   图 2-3   不正确的矩阵合并

例 2.24   在竖直方向合并矩阵 $A=\text{ones}(2,3)$ 和 $B=\text{zeros}(1,3)$。具体代码序列如下。

```
A=ones(2,3);
B=zeros(1,3);
C=[A;B]
```

运行结果如下。

```
C =
    1    1    1
    1    1    1
    0    0    0
```

除了矩阵合并符 "[]" 外，还可以使用矩阵合并函数进行矩阵合并。矩阵合并函数如表 2-4 所示。

表 2-4 矩阵合并函数

函数名	函 数 描 述	基本调用格式	
cat	在指定的方向合并矩阵	cat(1,A,B)	与[A;B]用途一致
		cat(2,A,B)	与[A B]用途一致
horzcat	在水平方向合并矩阵	horzcat(A,B)	与[A B]用途一致
vertcat	在竖直方向合并矩阵	vertcat(A,B)	与[A;B]用途一致
repmat	通过复制矩阵来构造新矩阵	repmat(A,M,N)	得到 M×N 块矩阵，其中每块都为 A
blkdiag	用已知矩阵来构造块对角化矩阵	blkdiag(A,B)	得到以矩阵 A 和 B 为对角块的矩阵

例 2.25 查看 repmat(A,2,3)的运行结果，其中 A=[1 2;3 4]。具体代码序列如下。

```
A=[1 2;3 4];
B= repmat(A,2,3)
```

运行结果如下。

```
B =
    1    2    1    2    1    2
    3    4    3    4    3    4
    1    2    1    2    1    2
    3    4    3    4    3    4
```

例 2.26 查看 blkdiag(A,B)的运行结果，其中 A= eye(2)*3 和 B= magic(3)。具体代码序列如下。

```
A=eye(2)*3;
B=magic(3);
C=blkdiag(A,B)
```

运行结果如下。

```
C =
    3    0    0    0    0
    0    3    0    0    0
    0    0    8    1    6
    0    0    3    5    7
    0    0    4    9    2
```

2. 矩阵行列的删除

要删除矩阵的某一行或者某一列，只需将该行或者该列赋予一个空矩阵 "[]" 即可。

例 2.27　删除 3 阶魔方矩阵的第 2 行。具体代码序列如下。

```
A = magic(3);
A(2,:)=[]
```

运行结果如下。

```
A =
    8    1    6
    4    9    2
```

2.2.3　矩阵元素的访问

下面介绍通过矩阵下标来存取元素值的方法，包括访问单个元素、线性引用元素和访问多个元素等。

1. 访问单个元素

若 *A* 是二维矩阵，则可以用 $A(i,j)$ 来表示第 i 行第 j 列的元素。

例 2.28　读取 *A*=magic(3)第 3 行第 2 列的元素值。具体代码序列如下。

```
A=magic(3);
b=A(3,2)
```

运行结果如下。

```
b =
    9
```

例 2.29　修改 *A*=magic(3)第 3 行第 2 列的元素值为 0。具体代码序列如下。

```
A=magic(3);
A(3,2)=0
```

运行结果如下。

```
A =
    8    1    6
    3    5    7
    4    0    2
```

若 *A* 是多维矩阵，则可以通过指定多个下标来实现对其的访问。

2. 线性引用元素

对于矩阵 *A*，线性引用元素的格式为 $A(k)$。通常这样的引用用于行向量或列向量，但也可用于二维矩阵。

MATLAB 按列优先排列的一个长列向量格式来存储矩阵元素，并不是按其命令行输出格式来存储。按照长列向量格式存取元素值即为线性引用元素。

例如，矩阵 $A = [2\ 6\ 9;\ 4\ 2\ 8;\ 3\ 5\ 1]$，在内存中被存储为以 2、4、3、6、2、5、9、8、1 排列的列向量。它第 3 行第 2 列的元素，也就是内存中的第 6 个元素，其值为 5。要访问这个元素，既可以用 $A(3,2)$，也可以用 $A(6)$。

一般地，设矩阵 *A* 是一个 $M{\times}N$ 的矩阵，矩阵元素 $A(i,j)$ 等同于 $A((j-1)*M+i)$。如上，$A(3,2)=A((2-1)*3+3)=A(6)$。

例 2.30　比较 $A(3,2)$ 和 $A(6)$ 的值，其中 $A = [2\ 6\ 9;\ 4\ 2\ 8;\ 3\ 5\ 1]$。具体代码序列如下。

```
A=[2 6 9; 4 2 8; 3 5 1];
```

```
A(3,2)-A(6)
```

运行结果如下。

```
ans =
     0
```

3. 访问多个元素

操作符 "：" 可以用来表示矩阵的多个元素。若 A 是二维矩阵，其主要用法如下。

- A(:,:)：返回矩阵 A 的所有元素。
- A(i,:)：返回矩阵 A 第 i 行的所有元素。
- A(i,k1:k2)：返回矩阵 A 第 i 行 $k1$～$k2$ 列的所有元素。
- A(:,j)：返回矩阵 A 第 j 列的所有元素。
- A(k1:k2,j)：返回矩阵 A 第 j 列 $k1$～$k2$ 行的所有元素。

若 A 是多维矩阵，也可以通过类似的方法实现对其访问。

例 2.31　读取矩阵 A 第 3 列的所有元素，其中 $A = [2\ 6\ 9;\ 4\ 2\ 8;\ 3\ 5\ 1]$，具体代码序列如下。

```
A=[2 6 9; 4 2 8; 3 5 1];
A(1:3,3)
```

运行结果如下。

```
ans =
     9
     8
     1
```

或者采用更简洁的表达 $A(:,3)$。

如前所述，操作符 "：" 也是向量构造符，可以用它来表示非相邻的多个元素。

例 2.32　读取矩阵 A 第 1、4、7 列的元素，其中 $A=1:8$。具体代码序列如下。

```
A=1:8;
B=A(1:3:7)
```

运行结果如下。

```
B =
     1     4     7
```

2.2.4　矩阵信息的获取

下面介绍如何获取矩阵的信息，包括矩阵的尺寸、元素的数据类型和矩阵的数据结构等。

1. 矩阵尺寸

矩阵尺寸函数可以得到矩阵的形状和大小信息，这些函数如表 2-5 所示。

表 2-5　　　　　　　　　　　　　　　　　　矩阵尺寸函数

函　数　名	函　数　描　述	基本调用格式	
size	矩阵各方向的长度	$d = \text{size}(X)$ $m = \text{size}(X, dim)$	返回各方向的长度，以向量方式存储 返回指定方向的长度
length	矩阵各方向中的最长长度	$n = \text{length}(X)$	相当于 $\max(\text{size}(X))$
ndims	矩阵的维数	$n = \text{ndims}(A)$	矩阵的维数
numel	矩阵的元素个数	$n = \text{numel}(A)$	矩阵的元素个数

例 2.33　计算矩阵 *A* 各方向的长度，其中 *A*=[2 6 9; 4 2 8]。具体代码序列如下。

```
A=[2 6 9; 4 2 8];
B=size(A)
```

运行结果如下。

```
B =
    2    3
```

例 2.34　计算例 2.33 矩阵 *A* 的维数。具体代码序列如下。

```
A=[2 6 9; 4 2 8];
B=ndims(A)
```

运行结果如下。

```
B =
    2
```

2．元素的数据类型

查询元素数据类型的部分函数如表 2-6 所示。

表 2-6　　　　　　　　　　　　　　查询元素数据类型的函数

函 数 名	函 数 描 述	基本调用格式
class	返回输入数据的数据类型	C = class(*obj*)
isa	判断输入数据是否为指定的数据类型	K = isa(*obj*,'*class_name*')
ischar	判断输入数据是否为字符串	*tf* = ischar(*A*)
isfloat	判断输入数据是为浮点数	*tf* =isfloat(*A*)
isinteger	判断输入数据是否为整数	*tf* =isinteger(*A*)
islogical	判断输入数据是为逻辑型	*tf* = islogical(*A*)
isnumeric	判断输入数据是否为数值型	*tf* = isnumeric(*A*)
isreal	判断输入数据是否为实数	*tf* = isreal(*A*)
isstruct	判断输入数据是否为结构体	*tf* = isstruct(*A*)

例 2.35　返回数据 3+4*i* 的数据类型，具体代码如下。

```
class(3+4i)
```

运行结果如下。

```
ans =
double
```

例 2.36　判断数据 3+4*i* 是否为浮点数。具体代码如下。

```
isfloat(3+4i)
```

运行结果如下。

```
ans =
    1
```

例 2.37　判断数据 3+4*i* 是否为实数，具体代码如下。

```
isreal(3+4i)
```

运行结果如下。

```
ans =
    0
```

3. 矩阵的数据结构

判断矩阵是否为指定数据结构的函数如表 2-7 所示。

表 2-7　　　　　　　　　　　　判断矩阵数据结构的函数

函　数　名	函　数　描　述	基本调用格式
isempty	判断矩阵是否为空矩阵	tf = isempty(A)
isscalar	判断矩阵是否为标量	tf = isscalar(A)
issparse	判断矩阵是否为稀疏矩阵	tf = issparse(A)
isvector	判断矩阵是否为矢量	tf = isvector(A)

例 2.38　判断矩阵 A 是否为标量，其中 A=[2 6 9; 4 2 8]。具体代码序列如下。

```
A=[2 6 9; 4 2 8];
b= isscalar(A)
```

运行结果如下。

```
b =
    0
```

2.2.5　矩阵结构的改变

改变矩阵结构的函数如表 2-8 所示。

表 2-8　　　　　　　　　　　　改变矩阵结构的函数

函　数　名	函　数　描　述	基本调用格式	
reshape	按照长列向量的顺序重排元素	B = reshape(A,m,n)	把 A 重新排列为 $m×n$ 的矩阵
rot90	旋转矩阵	B = rot90(A) B = rot90(A,k)	逆时针旋转矩阵 90° 逆时针旋转矩阵 $k×90°$，k 为整数
fliplr	以竖直方向为轴进行镜像	B = fliplr(A)	
flipud	以水平方向为轴进行镜像	B = flipud(A)	
flipdim	以指定的轴进行镜像	B = flipdim(A,dim)	dim=1 以水平方向为轴进行镜像 dim=2 以竖直方向为轴进行镜像
transpose	矩阵的转秩	B = transpose(A)	相当于 B=A.'
ctranspose	矩阵的共轭转秩	B = ctranspose(A)	相当于 B=A'

例 2.39～例 2.41 都将针对以下矩阵 A 进行描述。

```
A =
    1    4    7    10
    2    5    8    11
    3    6    9    12
```

例 2.39　将 A 重排成 2×6 的矩阵。具体代码序列如下。

```
A = [1 4 7 10; 2 5 8 11; 3 6 9 12];
B = reshape(A, 2, 6)
```

运行结果如下。

```
B =
   1    3    5    7    9   11
   2    4    6    8   10   12
```

例 2.40   将 *A* 旋转 90°。具体代码序列如下。

```
A = [1 4 7 10; 2 5 8 11; 3 6 9 12];
B = rot90(A)
```

运行结果如下。

```
B =
  10   11   12
   7    8    9
   4    5    6
   1    2    3
```

例 2.41   将 *A* 以竖直方向为轴进行镜像。具体代码序列如下。

```
A = [1 4 7 10; 2 5 8 11; 3 6 9 12];
B = fliplr(A)
```

运行结果如下。

```
B =
  10    7    4    1
  11    8    5    2
  12    9    6    3
```

例 2.42   将 *A* 以水平方向为轴进行镜像。具体代码序列如下。

```
A = [1 4 7 10; 2 5 8 11; 3 6 9 12];
B = flipdim(A,1)
```

运行结果如下。

```
B =
   3    6    9   12
   2    5    8   11
   1    4    7   10
```

例 2.43 和例 2.44 都将针对以下矩阵 *A* 进行描述。

```
A =
   2.0000 + 2.0000i   3.0000 + 3.0000i
   4.0000 + 4.0000i   5.0000 + 5.0000i
```

例 2.43   计算 *A* 的转秩。具体代码序列如下。

```
A=[2+2i 3+3i;4+4i 5+5i];
B=transpose(A)
```

运行结果如下。

```
B =
   2.0000 + 2.0000i   4.0000 + 4.0000i
   3.0000 + 3.0000i   5.0000 + 5.0000i
```

例 2.44   计算 *A* 的共轭转秩。具体代码序列如下。

```
A=[2+2i 3+3i;4+4i 5+5i];
B=ctranspose(A)
```

运行结果如下。

```
B =
   2.0000 - 2.0000i   4.0000 - 4.0000i
   3.0000 - 3.0000i   5.0000 - 5.0000i
```

2.3　运算符和优先级

MATLAB 提供了丰富的运算符，包括算术运算符、关系运算符和逻辑运算符。

2.3.1　算术运算符

在 MATLAB 中，算术运算符的用法和功能如表 2-9 所示。

表 2-9　　　　　　　　　　　　　　　算术运算符的用法和功能

运算符	用法	功 能 描 述
+	$A+B+A$	加法或者一元运算符正号。$A+B$ 表示矩阵 A 和 B 相加。A 和 B 必须是具有相同长度的矩阵，除非它们之一为标量。标量可以与任何一个矩阵相加
−	$A-B-A$	减法或者一元运算符负号。$A-B$ 表示矩阵 A 减去 B。A 和 B 必须是具有相同长度的矩阵，除非它们之一为标量。标量可以与任何一个矩阵相减
.*	$A.*B$	元素相乘。$A.*B$ 相当于 A 和 B 对应的元素相乘。A 和 B 必须是具有相同长度的矩阵，除非它们之一为标量。标量可以与任何一个矩阵相乘
./	$A./B$	元素的右除法。矩阵 A 除以矩阵 B 的对应元素。A 和 B 必须是具有相同长度的矩阵，除非它们之一为标量。标量可以与任何一个矩阵相除
.\	$A.\backslash B$	元素的左除法。矩阵 B 除以矩阵 A 的对应元素。A 和 B 必须是具有相同长度的矩阵，除非它们之一为标量。一个标量可以与任何一个矩阵相除
.^	$A.^B$	元素的乘方。A 和 B 必须是具有相同长度的矩阵，除非它们之一为标量。标量可以与任何一个矩阵乘方
.'	$A.'$	矩阵转秩
*	$A*B$	矩阵乘法。对于非标量的矩阵 A 和 B，矩阵 A 的列长度必须和矩阵 B 的行长度一致。标量可以与任何一个矩阵相乘
/	A/B	矩阵右除法。粗略地说相当于 $B*inv(A)$，准确地说相当于 $(A'\backslash B')'$。方程 $X*A=B$ 的解
\	$A\backslash B$	矩阵左除法。粗略地说相当于 $inv(A)*B$。方程 $A*X=B$ 的解
^	A^B	矩阵乘方。具体用法参见下面的补充说明
'	A'	矩阵共轭转秩

补充说明 A^B 的用法如下。

当 A 和 B 都为矩阵时，此运算无定义；当 A 和 B 都是标量时，表示标量 A 的 B 次幂；当 A 是标量且 B 为矩阵时，表示标量 A 的 B 中各元素次幂；当 A 为方阵且 B 为正整数时，表示矩阵 A 的 B 次乘积；当 A 为方阵且 B 为负整数时，表示矩阵 A 逆的负 B 次乘积；当 A 为可对角化的方阵且 B 为非整数时，有如下表达式。

$$A \wedge B = V \begin{bmatrix} \lambda_1^{B} & & & \\ & \cdot & & \\ & & \cdot & \\ & & & \cdot \\ & & & & \lambda_n^{B} \end{bmatrix} V^{-1}$$

其中，λ_1，…，λ_n 为矩阵 A 的特征值，V 为对应的特征向量矩阵。

需要注意的是，除某些矩阵运算符外，算术运算符只针对两个相同长度的矩阵，或其中之一是标量的情况进行运算。对于后者，是指这个标量与另一个矩阵的每元素进行运算。

例 2.45～例 2.49 都将针对以下矩阵 A=magic(3)和 B=[1 2 3;4 5 6;7 8 9]进行描述。

```
A =
    8    1    6
    3    5    7
    4    9    2
B =
    1    2    3
    4    5    6
    7    8    9
```

例 2.45 计算 $A*B$。具体代码序列如下。

```
A=magic(3);
B=[1 2 3;4 5 6;7 8 9];
C=A.*B
```

运行结果如下。

```
C =
     8     2    18
    12    25    42
    28    72    18
```

例 2.46 计算 $3./B$。具体代码序列如下。

```
B=[1 2 3;4 5 6;7 8 9];
C=3./B
```

运行结果如下。

```
C =
    3.0000    1.5000    1.0000
    0.7500    0.6000    0.5000
    0.4286    0.3750    0.3333
```

例 2.47 计算 $A.'$。具体代码序列如下。

```
A=magic(3);
C=A.'
```

运行结果如下。

```
C =
    8    3    4
    1    5    9
    6    7    2
```

例 2.48 计算 $A\backslash B$。具体代码序列如下。

```
A=magic(3);
```

```
B=[1 2 3;4 5 6;7 8 9];
C=A\B
```

运行结果如下。

```
C =
    0.0167    0.0833    0.1500
    0.7667    0.8333    0.9000
    0.0167    0.0833    0.1500
```

例 2.49　计算 2.^*B*。具体代码序列如下。

```
B=[1 2 3;4 5 6;7 8 9];
C=2.^B
```

运行结果如下。

```
C =
     2     4     8
    16    32    64
   128   256   512
```

2.3.2　关系运算符

MATLAB 中关系运算符的功能如表 2-10 所示。

表 2-10　关系运算符

运　算　符	功　能　描　述	运　算　符	功　能　描　述
<	小于	>=	大于等于
<=	小于等于	==	等于
>	大于	~=	不等于

值得注意的是，关系运算符只针对两个相同长度的矩阵，或其中之一是标量的情况进行运算。对于前者，是指两个矩阵的对应元素进行比较，返回具有相同长度的矩阵；对于后者，是指这个标量与另一个矩阵的每个元素进行运算。关系运算 $C=f(A,B)$ 的运算结果只有 0 和 1 两种情况，其中，函数 $f()$ 表示关系运算符，0 表示不满足条件，1 表示满足条件。

例 2.50　显示矩阵 *A*=magic(3) 中哪些元素值大于 4。具体代码如下。

```
magic(3)>4*ones(3)
```

运行结果如下。

```
ans =
     1     0     1
     0     1     1
     0     1     0
```

或者采用代码 magic(3)>4。

2.3.3　逻辑运算符

MATLAB 提供元素方式和比特方式等逻辑运算符。

元素方式逻辑运算符的功能如表 2-11 所示，其中例子采用如下矩阵。

```
A = [0 1 1 0 1];
B = [1 1 0 0 1];
```

表 2-11   元素方式逻辑运算符

运 算 符	功 能 描 述	例　子
&	逻辑与。两个操作数同时为 1，运算结果为 1；否则为 0	$A\&B$ ＝01001
|	逻辑或。两个操作数同时为 0，运算结果为 0；否则为 1	$A\|B$ ＝11101
~	逻辑非。当 A 为 0 时，运算结果为 1；否则为 0	$\sim A$ ＝10010
xor	逻辑异或。但两个操作数相同时，运算结果为 0；否则为 1	xor(A,B)=10100

元素方式逻辑运算符&'、 '|'和 ' ~ '与函数 and()、or()和 not()等价。

比特方式逻辑运算符只接受逻辑和非负整数类型的输入变量，它针对输入变量的二进制进行逻辑运算。它的功能如表 2-12 所示，表中例子采用 $A = 28$ 和 $B = 200$，其对应的二进制数分别为 11100 和 11001000。

表 2-12   比特方式逻辑运算符

函 数 名	功 能 描 述	例　子
bitand	位与，两个非负整数的对应位与操作	bitand(A,B) = 8　　(binary 1000)
bitor	位或，两个非负整数的对应位或操作	bitor(A,B) = 220　(binary 11011100)
bitcmp	位补，指定位数（不小于输入变量二进制的最大位数）的补操作	bitcmp($A,5$) = 3　　(binary 00011) bitcmp($A,7$) = 99　(binary 1100011)
bitxor	位异或，两个非负整数的对应位异或操作	bitxor(A,B) = 212　(binary 11010100)

2.3.4　运算优先级

若一个表达式包括运算变量、算术运算符、关系运算符和逻辑运算符等，则运算符的优先级决定其求值顺序。具有相同优先级的运算符从左到右依次进行运算，不同优先级的运算符先进行优先级高的运算。运算符的优先级如表 2-13 所示。

表 2-13   运算符的优先级

运　算　符	优 先 级
括号	
转秩（.'）、幂（.^）、复共轭转秩（'）、矩阵幂（^）	最高优先级
一元正号（+）、一元负号（−）、逻辑非（~）	依
元素相乘（.*）、元素右除（./）、元素左除（.\）、矩阵乘法（*）、矩阵右除（/）、矩阵左除（/）	次
加法（+）、减法（−）	下
冒号运算符（:）	
小于（<）、小于等于（<=）、大于（>）、大于等于（>=）、等于（==）、不等于（~=）	降
逻辑与（&）	最低优先级
逻辑或（|）	

由表 2-13 可以看出，括号的优先级最高，因此可以用括号来改变默认的优先级。

例 2.51　计算 $C = A./B.^2$，其中，$A = [3\ 9\ 5]$ 和 $B = [2\ 1\ 5]$。具体代码序列如下。

```
A = [3 9 5];
```

```
B = [2 1 5];
C = A./B.^2
```

运行结果如下。

```
C =
    0.7500    9.0000    0.2000
```

例 2.51 先运行 **B**.^2。

例 2.52 计算 **C** = (**A**./**B**).^2，其中，**A** = [3 9 5]和 **B** = [2 1 5]。具体代码序列如下。

```
A = [3 9 5];
B = [2 1 5];
C = (A./B).^2
```

运行结果如下。

```
C =
    2.2500   81.0000    1.0000
```

例 2.52 先运行 **A**./**B**。

2.4 矩阵运算函数

矩阵运算是线性代数中极其重要的部分，MATLAB 具有强大的矩阵运算能力。

2.4.1 矩阵分析

MATLAB 提供的部分矩阵分析函数如表 2-14 所示。

表 2-14　　　　　　　　　　　　　　　矩阵分析函数

函 数 名	功 能 描 述	函 数 名	功 能 描 述
norm	向量和矩阵的距离度量（范数）	null	化零空间
rank	矩阵的秩	orth	正交空间（正交基矩阵）
det	矩阵的行列式	rref	矩阵的简化梯形形式
trace	矩阵的迹	subspace	两个子空间的角度

1. 向量间的距离

对于向量（$\in R^n$ 或 $\in C^n$）$X_1 = (x_{1i})_{n \times 1}$ 和 $X_2 = (x_{2i})_{n \times 1}$，它们之间的距离可以表示为

$$d(X_1, X_2) = \sqrt{\sum_{i=1}^{n} e_i^2}\ ，令 E = X_1 - X_2 = (e_i)_{n \times 1}。$$

在 MATLAB 中，该距离可用如下两种方式计算。

● N=norm(E,2)

● N=norm(E)

上述两种方式也可以看作向量 E 与坐标原点间的距离。

例 2.53 求向量 x=[1,2,3,4,5]与坐标原点间的距离。具体代码如下。

```
norm([1:5],2)
```

运行结果如下。

```
ans =
    7.4162
```

例 2.54 求两向量 x=[1,2,3,4,5]和 y=[3,0,5,2,2]间的距离。具体代码序列如下。

```
x=[1,2,3,4,5];
y=[3,0,5,2,2];
e=x-y;
norm(e)
```

运行结果如下。

```
ans =
    5
```

2. 矩阵的秩

矩阵 A 中线性无关的列向量个数称为列秩，线性无关的行向量个数称为行秩，可以证明列秩与行秩相等。MATLAB 用函数 rank()来计算矩阵的秩。

例 2.55 求 4 阶单位矩阵的秩，具体代码如下。

```
rank(eye(4))
```

运行结果如下。

```
ans =
    4
```

3. 矩阵的行列式

矩阵 $A = (a_{ij})_{n \times n}$ 的行列式求法为 $|A| = \det(A) = \sum (-1)^k a_{1k_1} a_{2k_2} \cdots a_{nk_n}$，其中 $k_1, k_2, \cdots, k_n$ 是将序列

$1,2,\ldots,n$ 的元素次序交换 k 次所得到的一个序列，Σ 表示对 $k_1, k_2, \cdots, k_n$ 取遍 $1,2,\cdots,n$ 的一切排列求和。在 MATLAB 中用函数 det()来计算矩阵的行列式。

例 2.56 求矩阵 A=[1 2 3;4 5 6;7 8 9]的行列式，具体代码序列如下。

```
A=[1 2 3;4 5 6;7 8 9];
A_det=det(A)
```

运行结果如下。

```
ans =
    0
```

线性代数中定义行列式为 0 的矩阵为奇异矩阵，但是一般不使用语句 abs(det(A))<=ε来判断矩阵 A 的奇异性，而采用函数 cond()进行判定。

4. 矩阵的迹

矩阵的迹定义为矩阵对角元素之和。在 MATLAB 中用函数 trace()来计算矩阵的迹。

例 2.57 求矩阵 A=[1 2 3;4 5 6;7 8 9]的迹。具体代码序列如下。

```
A=[1 2 3;4 5 6;7 8 9];
A_trace=trace(A);
disp(['A的迹 = ',num2str(A_trace)]);
```

运行结果如下。

```
A的迹 = 15
```

5．矩阵的化零矩阵

对于非满秩矩阵 A，若存在矩阵 Z 使得 $AZ=0$，且 $Z^T Z=I$，则称矩阵 Z 为矩阵 A 的化零矩阵。在 MATLAB 中用函数 null() 来计算矩阵的化零矩阵。

例 2.58　求矩阵 A=[1 2 3;1 2 3;4 5 6] 的化零矩阵。具体代码序列如下。

```
A=[1 2 3;1 2 3;4 5 6];
Z=null(A)
```

运行结果如下。

```
 Z =
  -0.4082
   0.8165
  -0.4082
```

验证 $AZ=0$ 的具体代码如下。

```
AZ=A*Z
```

运行结果如下。

```
AZ =
  1.0e-015 *
    0.2220
    0.2220
   -0.8882
```

验证 $Z^T Z=I$ 的具体代码如下。

```
ZTZ= Z'*Z
```

运行结果如下。

```
ZTZ =
    1.0000
```

6．矩阵的正交空间

矩阵 A 的正交空间 Q 满足 $Q^T Q=I$，且矩阵 Q 与 A 具有相同的列基底。在 MATLAB 中用函数 orth() 来计算正交空间 Q。

例 2.59　求矩阵 A=[1 2 3;4 5 6;7 8 9;10 11 12] 的正交空间 Q。具体代码序列如下。

```
A=[1 2 3;4 5 6;7 8 9;10 11 12];
Q=orth(A)
```

运行结果如下。

```
Q =
  -0.1409    0.8247
  -0.3439    0.4263
  -0.5470    0.0278
  -0.7501   -0.3706
```

7．矩阵的简化梯形形式

矩阵 A 的简化梯形形式为 $\begin{pmatrix} I_r & * \\ 0 & * \end{pmatrix}$，其中 I_r 为 r 阶单位矩阵。在 MATLAB 中用函数 rref() 来计算矩阵的简化梯形形式。

例 2.60　求矩阵 A= [1 2 3 4;1 1 5 6;1 2 3 6;1 1 5 7] 的简化梯形形式。具体代码序列如下。

```
A= [1 2 3 4;1 1 5 6;1 2 3 6;1 1 5 7];
R=rref(A)
```

运行结果如下。

```
R =
    1    0    7    0
    0    1   -2    0
    0    0    0    1
    0    0    0    0
```

8. 矩阵空间之间的角度

矩阵空间之间的角度代表具有相同行数的两个矩阵的线性相关程度，夹角越小代表线性相关度越高。在 MATLAB 中用函数 subspace()来计算矩阵空间之间的角度。

例 2.61 求矩阵 A=[1 2 3;4 5 6;7 8 9]和 B=[1 2;3 4;5 6]之间的夹角。具体代码序列如下。

```
A=[1 2 3;4 5 6;7 8 9];
B=[1 2;3 4;5 6];
subspace(A,B)
```

运行结果如下。

```
ans =
    3.9348e-016
```

2.4.2 线性方程组求解

线性方程组求解问题，可以表述为给定两个矩阵 A 和 B，求解 X，使得 $AX=B$ 或 $XA=B$。$XA=B$ 可以表示为 $A'Y=B'$，且 $X=Y'$。下面仅讨论 $AX=B$ 的情况，如果矩阵 A 是非奇异的，则语句 $A\backslash B$ 给出了方程组的解。

例 2.62 求线性方程组 $AX=B$ 的解，其中，A=magic(3)和 B=[1;2;3]。具体代码序列如下。

```
A=magic(3);
B=[1;2;3];
X=A\B
```

运行结果如下。

```
X =
    0.0500
    0.3000
    0.0500
```

语句 $A\backslash B$ 的运行结果等价于 inv(A)*B，其中 inv(A)表示矩阵 A 的逆。

如果矩阵 A 不是方阵，或是奇异的方阵，则可以用矩阵 A 的伪逆 pinv(A)给出方程组的一个解或最小二乘意义下的最优解，即 pinv(A)*B。

例 2.63 求线性方程组 $AX=B$ 的解，其中，A = [1 3 7;-1 4 4;1 10 18]和 B=[5;2;12]。具体代码序列如下。

```
A=[1 2 3;2 4 6;1 3 7];
B=[5;2;12];
X=pinv(A)*B
```

运行结果如下。

```
X =
   -2.67140
   -2.5429
    3.1857
```

2.4.3　矩阵分解

矩阵分解是把一个矩阵分解成比较简单或者对它性质比较熟悉的若干矩阵的乘积形式。下面介绍几种矩阵分解的方法，这些方法可以用在线性方程组求解中。矩阵分解函数如表 2-15 所示。

表 2-15　　　　　　　　　　　　　　　　矩阵分解函数

函　　数	功 能 描 述	函　　数	功 能 描 述
chol	矩阵 Cholesky 分解	qr	矩阵 QR 分解
cholinc	稀疏矩阵的不完全 Cholesky 分解	svd	矩阵奇异值分解
lu	矩阵 LU 分解	schur	矩阵 Schur 分解
luinc	稀疏矩阵的不完全 LU 分解		

1.　Cholesky 分解

Cholesky 分解是把对称正定矩阵 A 表示为上三角矩阵 R 的转置与其本身的乘积，即 $A = R^T R$。在 MATLAB 中用函数 chol() 来计算 Cholesky 分解。

例 2.64　求矩阵 A=pascal(4) 的 Cholesky 分解。具体代码序列如下。

```
A= pascal(4)
R= chol(A)
```

运行结果如下。

```
A =
    1    1    1    1
    1    2    3    4
    1    3    6   10
    1    4   10   20
R =
    1    1    1    1
    0    1    2    3
    0    0    1    3
    0    0    0    1
```

对于稀疏矩阵，在 MATLAB 中用函数 cholinc() 来计算不完全 Cholesky 分解，其具体用法如下。

- R = full(cholinc(sparse (X),$DROPTOL$))：其中 $DROPTOL$ 为不完全 Cholesky 分解的丢失容限。
- R = full(cholinc(sparse (X),'0'))：完全 Cholesky 分解。

2.　LU 分解

高斯消去法又称 LU 分解，它可以将任意一个方阵 A 分解为一个交换下三角矩阵 L 和一个上三角矩阵 U 的乘积，即 $A=LU$。交换下三角矩阵为下三角矩阵经行变换的结果。

LU 分解在 MATLAB 中用函数 lu() 来实现，其具体用法如下。

- $[L, U]$ = lu(X)：X 为一个方阵，L 为交换下三角矩阵，U 为上三角矩阵，满足关系 $X=L*U$。
- $[L, U, P]$ = lu(X)：X 为一个方阵，L 为下三角矩阵，U 为上三角矩阵，P 为置换矩阵，满足关系 $P*X = L*U$ 或 $X = P^{-1}*L*U$。

考虑线性方程组 $AX=B$ 和矩阵 A 的 LU 分解，线性方程组可以改写成 $L*U*X=B$，由于左除运算符'\'可以快速处理三角矩阵，因此可以快速解出：

$$X=U\backslash(L\backslash B)$$

矩阵的行列式和逆也可以利用 LU 分解来计算，例如：

$$\det(A)=\det(L)*\det(U)$$

$$\text{inv}(A)=\text{inv}(U)*\text{inv}(L)$$

例 2.65　利用 $[L,U] = \text{lu}(X)$ 计算矩阵 A=[1 4 2;5 6 9;4 1 8] 的 LU 分解。具体代码序列如下。

```
A=[1 4 2;5 6 9;4 1 8];
[L1,U1]=lu(A)
```

运行结果如下。

```
L1 =
    0.2000   -0.7368    1.0000
    1.0000         0         0
    0.8000    1.0000         0
U1 =
    5.0000    6.0000    9.0000
         0   -3.8000    0.8000
         0         0    0.7895
```

例 2.66　利用 $[L,U,P] = \text{lu}(X)$ 计算矩阵 A=[1 4 2;5 6 9;4 1 8] 的 LU 分解。具体代码序列如下。

```
A=[1 4 2;5 6 9;4 1 8];
[L2,U2,P]=lu(A)
```

运行结果如下。

```
L2 =
    1.0000         0         0
    0.8000    1.0000         0
    0.2000   -0.7368    1.0000
U2 =
    5.0000    6.0000    9.0000
         0   -3.8000    0.8000
         0         0    0.7895
P =
     0     1     0
     0     0     1
     1     0     0
```

不难验证，在例 2.65 和例 2.66 中，$U_1=U_2$ 且 $L_1=P^{-1}*L_2$。

对于稀疏矩阵，MATLAB 提供了函数 luinc() 来做不完全 LU 分解，其具体用法如下。

- $[L\ U]= \text{luinc}(X,DROPTOL)$：其中 X、L 和 U 的含义与函数 lu() 中的变量相同，$DROPTOL$ 为不完全 LU 分解的丢失容限。当 $DROPTOL$ 设为 0 时，退化为完全 LU 分解。
- $[L,U] = \text{luinc}(X,'0')$：0 级不完全 LU 分解。
- $[L,U,P] = \text{luinc}(X,'0')$：0 级不完全 LU 分解。

3. QR 分解

QR 分解就是将 $m\times n$ 的矩阵 A 分解为 $m\times n$ 的矩阵 Q 和 $n\times n$ 的上三角矩阵 R 的乘积，且 $Q'*Q=I$，即 $A=Q*R$。

在 MATLAB 中 QR 分解是由函数 qr() 来实现的，其具体用法如下。

- $[Q,R] = \text{qr}(A)$：满足 $A=Q*R$。
- $R = \text{qr}(A)$：返回上三角矩阵 R。

例 2.67　利用[Q,R] = qr(A)计算矩阵 A=[1 4 2;5 6 9]的 QR 分解。具体代码序列如下。

```
A=[1 4 2;5 6 9];
[Q,R]=qr(A)
```

运行结果如下。

```
Q =
    -0.19612    -0.98058
    -0.98058     0.19612
R =
    -5.099     -6.6679     -9.2175
         0     -2.7456     -0.19612
```

4. 奇异值分解

奇异值分解是将 $m×n$ 的矩阵 A 分解为 $A=U*S*V'$，其中 U 为 $m×m$ 的酉矩阵，V 为 $n×n$ 的酉矩阵，S 为 $m×n$ 的矩阵，并可表示为如下形式。

$$S = \begin{pmatrix} \Lambda & 0 \\ 0 & 0 \end{pmatrix}, \text{其中} \Lambda = diag(\lambda_1, \lambda_2, \cdots, \lambda_r), \quad r = rank(A), \quad \lambda_i > 0 (i = 1, 2, \cdots, r)。$$

在 MATLAB 中，奇异值分解由函数 svd()实现，其具体用法如下。

- [U,S,V] = svd(X)：满足 $A=U*S*V'$，并且 $(\lambda_1, \lambda_2, \cdots, \lambda_r)$ 按降序排列。
- S = svd(X)：返回 $(\lambda_1, \lambda_2, \cdots, \lambda_r)$，并且 $(\lambda_1, \lambda_2, \cdots, \lambda_r)$ 按降序排列。

例 2.68　利用[U,S,V] = svd(X)计算矩阵 A=[1 4 2;5 6 9]的奇异值分解，具体代码序列如下。

```
A=[1 4 2;5 6 9];
[U S V]=svd(A)
```

运行结果如下。

```
U =
    -0.32427    -0.94597
    -0.94597     0.32427
S =
    12.574          0          0
         0     2.2111          0
V =
    -0.40194     0.30544    -0.86322
    -0.55454    -0.83138    -0.035968
    -0.72865     0.46423     0.50355
```

5. Schur 分解

Schur 分解就是将复方阵 A 分解为 $A=U*L*U'$，其中 U 为酉矩阵，L 为上（下）三角矩阵，其对角线元素为 A 的特征值。

在 MATLAB 中，Schur 分解由函数 schur()实现，其具体用法如下。

- [U,L] = schur(A)：满足 $A=U*L*U'$，其中 L 为上三角矩阵。
- L = schur(A)：返回上三角矩阵 L。

例 2.69　利用[U,L] = schur(A)计算矩阵 A=[1 4 2;5 6 9;4 1 8]的 Schur 分解。具体代码序列如下。

```
A=[1 4 2;5 6 9;4 1 8];
[U,L] = schur(A)
```

运行结果如下。

```
U =
    0.34942      0.89294      0.28383
    0.82421     -0.14885     -0.54638
    0.44563     -0.42485      0.78798
L =
    12.986      -0.3899       7.2707
        0       -0.46578     -3.9981
        0            0        2.4799
```

2.4.4   矩阵的特征值和特征向量

方阵 *A* 的特征值 λ 及其对应的特征向量 *v* 满足下式。

$$A*v=λ*v$$

在 MATLAB 中用函数 eig() 来计算特征值及其对应的特征向量，其具体用法如下。

- *d* = eig(*A*)：返回矩阵 *A* 的所有特征值。
- [*V,D*] = eig(*A*)：返回矩阵 *A* 的特征值和特征向量。

例 2.70   求矩阵 *A* = [6 12 19; -9 -20 -33; 4 9 15] 的特征值。具体代码序列如下。

```
A = [ 6 12 19; -9 -20 -33; 4 9 15 ];
d=eig(A)
```

运行结果如下。

```
d =
    -1
     1
     1
```

不难看出，例 2.70 中的 1 是两重特征根。

例 2.71   求矩阵 *A* = [6 12 19; -9 -20 -33; 4 9 15] 的特征值和特征向量。具体代码序列如下。

```
A = [ 6 12 19; -9 -20 -33; 4 9 15 ];
[V D]=eig(A)
```

运行结果如下。

```
V =
    -0.4741     -0.40825     -0.40825
    0.81274      0.8165       0.8165
    -0.33864    -0.40825     -0.40825
D =
    -1           0            0
     0           1            0
     0           0            1
```

不难看出，例 2.71 中的两重特征根 1 对应的两个特征向量相同。

2.4.5   矩阵相似变换

矩阵相似变换是指，对于方阵 *A* 和非奇异矩阵 *B*，可得到相似矩阵 *X*=*B*⁻¹**A*B*。

1. 对角阵变换

对于方阵 *A*，若 [V D]=eig(A) 得到的矩阵 *V* 非奇异，则 *A* 可经过相似变换得到对角阵，即 *D*=*V*⁻¹**A*V*，也称矩阵 *A* 可对角化。

例 2.72 计算 $V^{-1}*A*V$-D，其中矩阵 A = [1 2 3; 1 4 9; 1 8 27]和[V D]=eig(A)。具体代码序列如下。

```
A = [1 2 3; 1 4 9; 1 8 27 ];
[V D]=eig(A);
inv(V)*A*V-D
```

运行结果如下。

```
ans =
 7.1054e-015 -2.2204e-015 -1.7764e-015
 1.4676e-014  4.7184e-015 -5.2302e-015
 2.4647e-014 -1.1102e-015  1.5543e-015
```

不难看出，结果近似为 0，如果无计算误差，则应严格为 0。

2. Jordan 变换

对于方阵 A，若[V D]=eig(A)得到的矩阵 V 奇异，则 A 经过相似变换将不能得到对角阵，只能得到其对应的 Jordan 标准型。Jordan 标准型由若干 Jordan 块构成，如下所示。

$$D = \begin{pmatrix} D_1 & & & \\ & D_2 & & \\ & & \cdots & \\ & & & D_r \end{pmatrix}, \text{其中 } D_i = \begin{pmatrix} \lambda_i & 1 & \cdots & 0 \\ 0 & \lambda_i & \ddots & \vdots \\ 0 & \vdots & \ddots & 1 \\ 0 & \cdots & 0 & \lambda_i \end{pmatrix}_{m_i \times m_i} (i = 1, 2, \cdots, r) \text{ 为 } m_i \text{ 重的特征根 } \lambda_i \text{ 对应}$$

的 Jordan 块。

在 MATLAB 中用函数 jordan()来实现 Jordan 变换，其具体用法如下。

- $[V,D]$ = jordan(A)：满足 $D=V^{-1}*A*V$。
- D = jordan(A)：返回矩阵 A 对应的 Jordan 标准型。

例 2.73 计算矩阵 A = [6 12 19; -9 -20 -33; 4 9 15]的 Jordan 变换。具体代码序列如下。

```
A = [ 6 12 19; -9 -20 -33; 4 9 15 ];
[V D]=jordan(A)
```

运行结果如下。

```
V =
    -1.75       1.5      2.75
        3        -3        -3
    -1.25       1.5      1.25
D =
  -1    0    0
   0    1    1
   0    0    1
```

需要说明的是，若[V D]=eig(A)得到的矩阵 V 非奇异，使用函数 jordan()的结果等同于对角化的结果。

2.4.6 矩阵非线性运算

MATLAB 中的矩阵非线性运算函数如表 2-16 所示。

表 2-16　　　　　　　　　　　矩阵的非线性运算函数

函　数　名	功　能　描　述	函　数　名	功　能　描　述
expm	矩阵指数运算	sqrtm	矩阵开平方运算
logm	矩阵对数运算	funm	通用矩阵运算

1. 矩阵指数运算

对于常微分方程组 $\dot{X}(t) = AX(t)$，其中 $X(t)$ 是一个向量，A 是与时间无关的方阵。该方程的解可表示为如下形式，其中应用到矩阵的指数运算。在进行矩阵指数运算时，会应用到前面提到的矩阵相似变换。

$$X(t) = e^{At} X(0)$$

在 MATLAB 中用函数 expm() 来计算矩阵指数，其具体用法如下。

Y = expm(X)：返回矩阵 X 的指数。

例 2.74　计算矩阵 A = [6 12 19; -9 -20 -33; 4 9 15]的指数，具体代码序列如下。

```
A = [ 6 12 19; -9 -20 -33; 4 9 15 ];
Y=expm(A)
```

运行结果如下。

```
Y =
    10.909      16.417      24.643
   -15.206     -26.59      -43.411
    7.0154      12.891      21.486
```

值得注意的是，函数 expm() 是对整个矩阵进行指数运算，它有别于矩阵元素的指数运算函数 exp()，函数 exp() 将在 3.2.2 中介绍。

2. 矩阵对数运算

矩阵对数运算是矩阵指数运算的逆运算，在 MATLAB 中用函数 logm() 来计算矩阵对数，其具体用法如下。

L = logm(A)，返回矩阵 A 的对数。

例 2.75　计算矩阵 A =[10.909 16.417 24.643;-15.206 -26.59 -43.411;7.0154 12.891 21.486]的对数。具体代码序列如下。

```
A = [10.909 16.417 24.643;-15.206 -26.59 -43.411;7.0154 12.891 21.486];
Y= logm(A)
```

运行结果如下。

```
Y =
    6.0189      12.05       19.078
   -9.0317     -20.085     -33.132
    4.0124      9.0332      15.052
```

不难看出，例 2.75 的结果与例 2.74 的矩阵 A 近似相等。

值得注意的是，函数 logm() 是对整个矩阵进行指数运算，它有别于矩阵元素的指数运算函数 log()。

3. 矩阵开平方运算

对于矩阵 A，可以计算它的开平方得到矩阵 X，即满足 $X*X=A$。如果矩阵 A 是奇异的，它有可能不存在平方根 X，如 A =[1 2 3;1 2 3;1 2 3]，但也有可能存在平方根 X，如 A =[1 2 3;1 3 4; 2 3 7]。

在 MATLAB 中，有两种计算矩阵 A 平方根的方法，即 A^0.5 和 sqrtm(A)。函数 sqrtm() 比 A^0.5 的运算精度高，其具体用法如下。

X = sqrtm(A)，返回矩阵 A 的平方根 X。

例 2.76 计算矩阵 A =[10.909 16.417 24.643;-15.206 -26.59 -43.411;7.0154 12.891 21.486]的平方根。具体代码序列如下。

```
A = [10.909 16.417 24.643;-15.206 -26.59 -43.411;7.0154 12.891 21.486];
Y= sqrtm(A)
```

运行结果如下。

```
Y =
    4.7127      6.7173       10.37
   -5.6055     -10.219      -18.129
    2.5414      5.1504       9.4077
```

值得注意的是，函数 sqrtm()是对整个矩阵进行指数运算，它有别于矩阵元素的指数运算函数 sqrt()。

4. 通用矩阵运算

MATLAB 提供通用矩阵运算的函数 funm()，其具体用法如下。

F = funm(A,fun)：将指定函数 fun 作用在矩阵 A 上。

其中，可以使用的指定函数 fun 如表 2-17 所示。

表 2-17　　　　　　　　　　　　　　　可以使用的指定函数 fun

函 数 名	调 用 格 式	函 数 名	调 用 格 式
exp	*funm*(A, @exp)	cos	*funm*(A, @cos)
log	*funm*(A, @log)	sinh	*funm*(A, @sinh)
sin	*funm*(A, @sin)	cosh	*funm*(A, @cosh)

例 2.77 计算矩阵 A = [6 12 19; -9 -20 -33; 4 9 15]的正弦值。具体代码序列如下。

```
A = [ 6 12 19; -9 -20 -33; 4 9 15 ];
Y=funm(A,@sin)
```

运行结果如下。

```
Y =
    4.5971      9.6459      15.536
   -6.6697     -15.926     -26.865
    2.9141      7.1215       12.17
```

2.5　矩阵元素运算函数

本节将介绍矩阵元素的运算函数，包括三角、指数/对数、复数、截断/求余和特殊函数，这些函数共同的特点是运算对象为矩阵的每个元素。当然，这些函数也可以应用到标量的运算中。

2.5.1　三角函数

MATLAB 提供的三角函数如表 2-18 所示。

表 2-18 三角函数

函 数 名	功 能 描 述	函 数 名	功 能 描 述
Sin	正弦	sec	正割
Sind	正弦，输入以度为单位	secd	正割，输入以度为单位
Sinh	双曲正弦	sech	双曲正割
Asin	反正弦	asec	反正割
Asind	反正弦，输出以度为单位	asecd	反正割，输出以度为单位
Asinh	反双曲正弦	asech	反双曲正割
Cos	余弦	csc	余割
Cosd	余弦，输入以度为单位	cscd	余割，输入以度为单位
Cosh	双曲余弦	csch	双曲余割
Acos	反余弦	acsc	反余割
Acosd	反余弦，输出以度为单位	acscd	反余割，输出以度为单位
Acosh	反双曲余弦	acsch	反双曲余割
Tan	正切	cot	余切
Tand	正切，输入以度为单位	cotd	余切，输入以度为单位
Tanh	双曲正切	coth	双曲余切
Atan	反正切	acot	反余切
Atand	反正切，输出以度为单位	acotd	反余切，输出以度为单位
atan2	四象限反正切	acoth	反双曲余切
Atanh	反双曲正切		

例 2.78 计算矩阵 A = [6 12 19; -9 -20 -33; 4 9 15]每个元素的正弦，其中元素值的单位为弧度。具体代码序列如下。

```
A = [6 12 19; -9 -20 -33; 4 9 15 ];
Y=sin(A)
```

运行结果如下。

```
Y =
    -0.27942    -0.53657     0.14988
    -0.41212    -0.91295    -0.99991
    -0.7568      0.41212     0.65029
```

2.5.2 指数和对数函数

MATLAB 提供的指数和对数函数如表 2-19 所示。

表 2-19 指数和对数函数

函 数 名	功 能 描 述	函 数 名	功 能 描 述
Exp	指数	realpow	对数，若结果是复数则报错
expm1	准确计算 exp(x)-1 的值	reallog	自然对数，若输入不是正数，则报错
Log	自然对数（以 e 为底）	realsqrt	开平方根，若输入不是正数，则报错
log1p	准确计算 log(1+x) 的值	sqrt	开平方根
log10	常用对数（以 10 为底）	nthroot	求 x 的 n 次方根
log2	以 2 为底的对数	nextpow2	返回满足 2^P >= abs(N)的最小正整数 P，其中 N 为输入
pow2	以 2 为底的指数		

例 2.79 计算矩阵 A = [6 12 19; -9 -20 -33; 4 9 15]每个元素的指数，具体代码序列如下。

```
A = [6 12 19; -9 -20 -33; 4 9 15 ];
Y=exp(A)
```

运行结果如下。

```
Y =
      403.43   1.6275e+005   1.7848e+008
   0.00012341  2.0612e-009   4.6589e-015
      54.598        8103.1    3.269e+006
```

2.5.3 复数函数

MATLAB 提供的复数函数如表 2-20 所示。

表 2-20　　　　　　　　　　　　　　　复数函数

函　数　名	功　能　描　述	函　数　名	功　能　描　述
Abs	模	real	复数的实部
Angle	复数的相角	unwrap	调整矩阵元素的相位
Complex	用实部和虚部构造一个复数	isreal	是否为实数矩阵
Conj	复数的共轭	cplxpair	把复数矩阵排列成为复共轭对
Imag	复数的虚部		

例 2.80 计算矩阵 A = [6 3+4i -19; 5 1-1i 2; -4 0 15]每个元素的模。具体代码序列如下。

```
A = [6 3+4i -19; 5 1-1i 2; -4 0 15 ];
Y=abs(A)
```

运行结果如下。

```
Y =
     6        5       19
     5   1.4142        2
     4        0       15
```

2.5.4 截断和求余函数

MATLAB 提供的截断和求余函数如表 2-21 所示。

表 2-21　　　　　　　　　　　　　　截断和求余函数

函　数　名	功　能　描　述	函　数　名	功　能　描　述
fix	向 0 取整	mod	除法求余（与除数同号）
floor	向负无穷方向取整	rem	除法求余（与被除数同号）
ceil	向正无穷方向取整	sign	符号函数
round	四舍五入		

例 2.81 分别使用函数 fix()、floor()、ceil()和 round()，对向量 A=[−1.55 −1.45 1.45 1.55]的每个元素进行截断运算。具体代码序列如下。

```
A=[-1.55 -1.45 1.45 1.55];
A_fix=fix(A);
```

```
A_floor=floor(A);
A_ceil=ceil(A);
A_round=round(A);
Y=[A_fix;A_floor;A_ceil;A_round]
```

运行结果如下。

```
Y =
    -1   -1    1    1
    -2   -2    1    1
    -1   -1    2    2
    -2   -1    1    2
```

不难看出，4 种函数的运算结果不同，从而比较出它们的差异。

例 2.82 分别使用函数 mod()和 rem()，对标量除法-5/2 进行求余。具体代码序列如下。

```
c_rem=rem(-5,2);
c_mod=mod(-5,2);
c=[c_rem c_mod]
```

运行结果如下。

```
c =
    -1    1
```

不难看出，两种函数的运算结果不同，从而比较出它们的差异。

例 2.83 计算向量 a=-4:2:6 每个元素的符号。具体代码序列如下。

```
a=-4:2:6;
b=sign(a)
```

运行结果如下。

```
b =
    -1   -1    0    1    1    1
```

2.5.5 特殊函数

下面介绍一些用途比较特殊的数学函数，包括工程函数、数论函数和坐标变换函数。

1. 工程函数

工程函数经常在数学、物理和工程等问题中出现，MATLAB 提供的工程函数如表 2-22 所示。

表 2-22   工程函数

函 数 名	功 能 描 述	函 数 名	功 能 描 述
airy	Airy 函数	erfc	余误差函数：erfc(x)=1-erf(x)
besselj	第一类 Bessel 函数	erfcx	erfcx(x) = exp(x^2) * erfc(x)
bessely	第二类 Bessel 函数	erfinv	误差函数的逆函数
besselh	第三类 Bessel 函数	expint	指数积分函数
besseli	第一类改进的 Bessel 函数	gamma	Gamma 函数
besselk	第二类改进的 Bessel 函数	gammainc	不完全 Gamma 函数

函 数 名	功 能 描 述	函 数 名	功 能 描 述
beta	Beta 函数	gammaln	对数 Gamma 函数
betainc	不完全 Beta 函数	psi	多 Γ（Polygamma）函数
betaln	对数 Beta 函数	legendre	连带勒让德函数
ellipj	Jacobi 椭圆函数	cross	矢量叉乘
ellipke	完全椭圆积分	dot	矢量点乘
erf	误差函数		

表 2-22 中，Airy 函数是微分方程 $\dfrac{\mathrm{d}^2 W}{\mathrm{d}Z^2} - ZW = 0$ 的解函数，其具体用法如下。

- $W = \mathrm{Airy}(Z)$：返回第一类 Airy 函数 Ai(Z)。
- $W = \mathrm{Airy}(0,Z)$：与 Airy (Z)相同。
- $W = \mathrm{Airy}(1,Z)$：返回第一类 Airy 函数 Ai(Z)的导数 Ai'(Z)。
- $W = \mathrm{Airy}(2,Z)$：返回第二类 Airy 函数 Bi(Z)。
- $W = \mathrm{Airy}(3,Z)$：返回第二类 Airy 函数 Bi(Z)的导数 Bi'(Z)。

Bessel 函数是微分方程 $Z^2 \dfrac{\mathrm{d}^2 y}{\mathrm{d}z^2} + Z \dfrac{\mathrm{d}y}{\mathrm{d}Z} + (Z^2 - v^2)y = 0$ 的解函数，其中 v 是常量，其具体用法如下。

- $J = \mathrm{besselj}(nu,Z)$：返回第一类 Bessel 函数。
- $Y = \mathrm{bessely}(nu,Z)$：返回第二类 Bessel 函数。

改进的 Bessel 函数是微分方程 $Z^2 \dfrac{\mathrm{d}^2 y}{\mathrm{d}Z^2} + Z \dfrac{\mathrm{d}y}{\mathrm{d}Z} - (Z^2 + v^2)y = 0$ 的解函数，其中 v 是常量，其具体用法如下。

- $K = \mathrm{besseli}(nu,Z)$：返回第一类改进的 Bessel 函数。
- $K = \mathrm{besselk}(nu,Z)$：返回第二类改进的 Bessel 函数。

2. 数论函数

MATLAB 提供的数论函数如表 2-23 所示。

表 2-23   数论函数

函 数 名	功 能 描 述	函 数 名	功 能 描 述
factor	分解质因子	rat	把实数近似为有理数
isprime	是否为素数	rats	利用 rat 函数来显示输出
primes	小于等于输入值的素数	perms	给出向量的所有置换
gcd	最大公因数	nchoosek	计算 C_n^k
lcm	最小公倍数	factorial	阶乘

例 2.84 计算 78 的所有质因子。具体代码如下。

```
f=factor(78)
```

运行结果如下。

```
f =
    2    3    13
```

例 2.85 计算 C_{10}^3。具体代码如下。

```
c=nchoosek(10,3)
```

运行结果如下。

```
c =
    120
```

例 2.86 将实数 $\sqrt{2}$ 近似为有理数。具体代码如下。

```
p=eval(rat(sqrt(2)))
```

运行结果如下。

```
p =
    1.4142
```

需要说明的是，函数 eval() 的功能是执行字符串的内容。函数 rat(sqrt(2)) 的输出为如下字符串。

```
'1 + 1/(2 + 1/(2 + 1/(2 + 1/(2 + 1/(2 + 1/(2 + 1/(2 + 1/(2)))))))))'
```

3. 坐标变换函数

MATLAB 提供的坐标变换函数如表 2-24 所示。

表 2-24　　　　　　　　　　　　　　坐标变换函数

函 数 名	功 能 描 述	函 数 名	功 能 描 述
cart2sph	笛卡尔坐标系转换为球坐标系	sph2cart	球坐标系转换为笛卡尔坐标系
cart2pol	笛卡尔坐标系转换为极坐标系	hsv2rgb	灰度饱和度颜色空间转换为 RGB 颜色空间
pol2cart	极坐标系转换为笛卡尔坐标系	rgb2hsv	RGB 颜色空间转换为灰度饱和度颜色空间

例 2.87 将笛卡尔坐标系中的点（1,1,1）分别转换到球坐标系和极坐标系中。具体代码序列如下。

```
[THETA,PHI,R] = cart2sph(1,1,1);
P=[THETA,PHI,R];
[THETA,RHO,Z] = cart2pol(1,1,1);
Q=[THETA,RHO,Z];
R=[P;Q]
```

运行结果如下。

```
R =
    0.7854    0.61548    1.7321
    0.7854    1.4142         1
```

2.6　字符串处理函数

MATLAB 提供了丰富的字符串处理函数，包括字符串的创建、合并、比较、查找以及与数值之间的转换。

2.6.1　字符串的创建

在 MATLAB 中，可以用一对单引号来表示字符串。

例 2.88　创建字符串'I am a great person '。具体代码如下。

```
str= 'I am a great person '
```

运行结果如下。

```
str =
I am a great person
```

在 MATLAB 中，也可以用字符串合并函数 strcat()和矩阵合并符"[]"来创建新字符串。

例 2.89　将字符串'My name is '和' Clayton Shen'用函数 strcat()合并。具体代码序列如下。

```
a='My name is ';
b=' Clayton Shen';
c=strcat(a,b)
```

运行结果如下。

```
c =
My name is Clayton Shen
```

值得注意的是，函数 strcat()在合并字符串时会把字符串结尾的空格删除，但开始的空格不删除。例如，在例 2.89 中，因为 a 结尾的空格被删除，b 开始的空格没被删除，所以'My name is '与' Clayton Shen'之间仅有一个空格。要保留字符串结尾的空格，可以用矩阵合并符来实现字符串合并。

例 2.90　将字符串'My name is '和' Clayton Shen'用矩阵合并符合并。具体代码序列如下。

```
a='My name is ';
b=' Clayton Shen';
c=[a b]
```

运行结果如下。

```
c =
My name is  Clayton Shen
```

例如，例 2.90 中的'My name is '与' Clayton Shen'之间有两个空格。

在 MATLAB 中也可以构造二维字符串数组，值得注意的是，每行必须具有相同的长度。当每行具有不同的长度时，可以在每行字符串的结尾添加空格强制得到相同长度。

例 2.91　创建字符串数组 ['name　';'string']。具体代码如下。

```
str=['name ';'string']
```

运行结果如下。

```
str =
name
string
```

例如，例 2.91 中的' name '的结尾添加了两个空格，从而与'string'具有相同的长度 6。

在 MATLAB 中，创建字符串数组更简单的方法是利用函数 char()，该函数能够自动为每个字符串补足空格到最长字符串的长度。例如，下面的示例代码。

例 2.92 创建字符串数组 [' first ';'second ']。具体代码如下。

```
c=char('first','second')
```

运行结果如下。

```
c =
first
second
```

与函数 char() 具有类似功能的函数是 strvcat()。

2.6.2 字符串的比较

MATLAB 提供了用于比较字符串、字符串数组和字符串子串的函数。

1. 字符串比较函数

在 MATLAB 中，字符串比较函数如表 2-25 所示。

表 2-25　　　　　　　　　　　　　　字符串比较函数

函　数　名	功　能　描　述	基本调用格式
strcmp	比较两个字符串是否相等	strcmp($S1,S2$)：如果字符串相等，则返回 1，否则返回 0
strncmp	比较两个字符串的前指定字符是否相等	strncmp($S1,S2,N$)：如果字符串的前 N 个字符相等，则返回 1，否则返回 0
strcmpi	与 strcmp 函数功能相同，只是忽略字符串的大小写	strcmpi($S1,S2$)：如果字符串相等，则返回 1，否则返回 0
strncmpi	与 strncmp 函数功能相同，只是忽略字符串的大小写	strncmpi($S1,S2,N$)：如果字符串的前 N 个字符相等，则返回 1，否则返回 0

例 2.93 比较字符串'blink'和'bliss'。具体代码序列如下。

```
str1='blink';
str2='bliss';
c=strcmp(str1,str2)
```

运行结果如下。

```
c =
    0
```

例 2.94 比较字符串'blink'和'bliss'的前 3 位。具体代码序列如下。

```
str1='blink';
str2='bliss';
c=strncmp(str1,str2,3)
```

运行结果如下。

```
c =
    1
```

2. 用关系运算符比较字符串

在 MATLAB 中，可以对字符串运用关系运算符，但要求两个字符串具有相同的长度，或者其中一个是标量。

例 2.95 判断'carnal'和'casual'是否相同。具体代码序列如下。

```
str1='carnal';
str2='casual';
c=str1==str2
```

运行结果如下。

```
c =
    1    1    0    0    1    1
```

当然，其他关系运算符（＞、＞=、＜、＜=、==、!=）也可以用来比较两个字符串。

2.6.3 字符串的查找和替换

MATLAB 提供的字符串查找和替换函数如表 2-26 所示。

表 2-26　　　　　　　　　　　字符串查找和替换函数

函 数 名	功 能 描 述	基本调用格式	
strrep	字符串替换	str = strrep($str1$, $str2$, $str3$)	将 $str1$ 中的 $str2$ 子串替换成 $str3$
findstr	字符串查找 （两个输入对等）	k = findstr($str1$,$str2$)	查找输入中较长字符串中较短字符串的位置
strfind	字符串查找	k = strfind(str, $pattern$)	查找 str 中 $pattern$ 出现的位置
strtok	第一个分隔符前后的字符串	$token$ = strtok(str)	以空格符为指定分隔符
		$token$ = strtok(str, $delimiter$)	输入 $delimiter$ 为指定分隔符，分隔符包括空格、制表符和换行符等
		[$token, rem$] = strtok(str)	输出 rem 为第一个空格符后的字符串
strmatch	在字符串数组中从字头开始匹配指定字符串	x = strmatch(str, $STRS$)	在字符串数组 $STRS$ 中从字头匹配字符串 str，返回所在的行数
		x = strmatch(str, STRS, 'exact')	在字符串数组 STRS 中精确匹配字符串 str，返回所在的行数

例 2.96　将字符串'This is a good example.'中的'good'替换为'great'。具体代码序列如下。

```
s1 = 'This is a good example.';
str = strrep(s1, 'good', 'great')
```

运行结果如下。

```
str =
This is a great example.
```

例 2.97　在字符串'This is a good example.'中查找字符串'a'。具体代码序列如下。

```
str = 'This is a good example.';
index = strfind(str, 'a')
```

运行结果如下。

```
index =
    9   18
```

例 2.98　查看字符串'This is a good example.'中第一个分隔符前后的字符串。具体代码序列如下。

```
s = 'This is a simple example.';
[token, rem] = strtok(s)
```

运行结果如下。

```
token =
This
rem =
 is a simple example.
```

例 2.99　在字符串数组 strvcat('max', 'minimax', 'maximum')中匹配字符串'max'。具体代码如下。

```
x = strmatch('max', strvcat('max', 'minimax', 'maximum'))
```

运行结果如下。

```
x =
    1
    3
```

例 2.100　在字符串数组 strvcat('max', 'minimax', 'maximum')中精确匹配字符串'max'。具体代码如下。

```
x = strmatch('max', strvcat('max', 'minimax', 'maximum') , 'exact')
```

运行结果如下。

```
x =
    1
```

2.6.4　字符串与数值间的转换

MATLAB 提供的将数值转换为字符串的函数如表 2-27 所示。

表 2-27　　　　　　　　　　　　　数值转换为字符串的函数

函　数　名	功　能　描　述	例　　子
char	把一个数值截取小数部分，然后转换为等值的字符	char([72,105])　→　　'Hi'
int2str	把一个数值的小数部分四舍五入，然后转换为字符串	int2str([72,105])　→　　'72 105'
num2str	把一个数值类型的数据转换为字符串	num2str([72,105])　→　　'72 105'
dec2hex	把一个正整数转换为十六进制的字符串表示	dec2hex([72 105])　→　　[48 69]'
dec2bin	把一个正整数转换为二进制的字符串表示	dec2bin([72 105])　→ [1001000 1101001]'
dec2base	把一个正整数转换为任意进制的字符串表示	dec2base([72 105],8)　→ [110 151]'（八进制）

MATLAB 提供的将字符串转换为数值的函数如表 2-28 所示。

表 2-28　　　　　　　　　　　　　字符串转换为数值的函数

函　数　名	功　能　描　述	例　　子
double	把字符转换为等值的整数	double ('Hi')　→　　[72 105]
str2num	把一个字符串转换为数值类型	str2num('72 105')　→　　[72 105]
str2double	与 str2num 相似	str2double({'72' '105'})　→　[72 105]
hex2dec	把一个十六进制字符串转换为十进制整数	hex2dec('12B')　→　　299
bin2dec	把一个二进制字符串转换为十进制整数	bin2dec(' 010111')　→　　23
base2dec	把一个任意进制的字符串转换为十进制整数	base2dec('12',8)（八进制）→　10

例 2.101　显示向量[1:10]中的最大值。具体代码序列如下。

```
x=[1:10];
disp(['Maximum value:' num2str((max(x)))]);
```

运行结果如下。

```
Maximum value:10
```

其中，函数 disp()用于在命令行中显示一个字符串。

2.7　符号计算

2.7.1　符号计算入门

自然科学理论分析中的公式、关系式及其推导是符号计算要解决的问题。MATLAB 数值计算的对象是数值，而符号计算的对象则是非数值的符号字符串。下面通过一些简单实例来说明 MATLAB 的符号计算功能。

1. 求解代数方程

对于一元二次方程 $ax^2+bx+c=0\,(a \neq 0)$ 来说，根的形式为 $x_{1,2}=\dfrac{-b \pm \sqrt{b^2-4ac}}{2a}$。当给定参数值后，求根的过程就是数值计算问题；当需要给出通式时，求根的过程就是符号计算问题。

例 2.102　求一元二次方程 $ax^2+bx+c=0\,(a \neq 0)$ 根的通式。具体代码如下。

```
solve('a*x^2+b*x+c=0')
```

运行结果如下。

```
ans =
 1/2/a*(-b+(b^2-4*a*c)^(1/2))
 1/2/a*(-b-(b^2-4*a*c)^(1/2))
```

2. 求解微分方程

对于微分方程 $\dot{y}=ay$ 来说，解的形式为 $y(t)=e^{at+c}=c_1 e^{at}$。当给定参数值后，求解的过程就是数值计算问题；当需要给出通式时，求解的过程就是符号计算问题。

例 2.103　求微分方程 $\dot{y}=ay$ 解的通式。具体代码序列如下。

```
syms a y;
dsolve('Dy=a*y')
```

运行结果如下。

```
ans =
C1*exp(a*t)
```

3. 计算导数

对于函数 $\cos^2 x$，有导数 $\dfrac{\mathrm{d}}{\mathrm{d}x}(\cos^2 x)=-2\cos x \sin x$。

例 2.104　求函数 $\cos^2 x$ 的导数。具体代码序列如下。

```
x=sym('x');
diff(cos(x)^2)
```

运行结果如下。

```
ans =
-2*cos(x)*sin(x)
```

4. 计算定积分

对于函数 x^2，有定积分 $\int_a^b x^2 \mathrm{d}x = \frac{1}{3}(b^3 - a^3)$。

例 2.105 求定积分 $\int_a^b x^2 \mathrm{d}x \cos^2 x$。具体代码序列如下。

```
syms x a b;
int(x^2,a,b)
```

运行结果如下。

```
ans =
1/3*b^3-1/3*a^3
```

2.7.2 符号对象的创建和使用

在符号计算中，需定义一种新的数据类型 sym 类。sym 类的实例就是符号对象，符号对象是一种数据结构，用来存储代表符号变量、表达式和矩阵的字符串。

下面介绍如何创建和使用符号变量、表达式和矩阵，以及 MATLAB 的默认符号变量及其设置方法。

1. 创建符号对象和表达式

在 MATLAB 中，用函数 sym()和命令 syms 来创建符号常量、变量、函数以及表达式，用函数 class()来检验符号对象类型。

① 函数 sym()。函数 sym()的具体使用方法如下。

```
S = sym(A,flag)
S = sym('A',flag)
```

其中，如果 *A*（不带单引号对）是一个数字、数值矩阵或数值表达式，则输出是将数值对象转换成的符号对象；如果 *A*（带单引号对）是一个字符串，则输出是将字符串转换成符号对象。*flag* 为符号对象的格式，被转换的对象为数值对象时，*flag* 有如下选择。

- 'd'：最接近的十进制浮点精确表示。
- 'e'：（数值计算时）带估计误差的有理表示。
- 'f'：十六进制浮点表示。
- 'r'：默认设置，最接近有理表示。

被转换的对象为字符串时，*flag* 有如下几种选项。

- 'positive'：限定 *A* 为正的实型符号变量。
- 'real'：限定 *A* 为实型符号变量。
- 'unreal'：限定 *A* 为非实型符号变量。

② 命令 syms。命令 syms 的具体使用方法如下。

```
syms s1,…, sn flag;
```

其中，s1,…, s*n* 为符号对象，*flag* 的含义同上。

③ 函数 class()。函数 class()的具体使用方法如下。

```
str = class(object)
```

该函数用于返回符号对象的数据类型。

下面分别介绍符号常量、变量、函数以及表达式等。

（1）符号常量

符号常量是一种符号对象。数值常量如果作为函数命令 sym()的输入参量，就建立了一个符号对象——符号常量。

例 2.106 对数值 1 创建符号对象并检测数据类型。具体代码序列如下。

```
a = 1;
b = sym(a);
classa = class(a)
classb = class(b)
```

运行结果如下。

```
classa = double
classb = sym
```

从上面的结果不难看出，*a* 是浮点数，*b* 是符号常量。

（2）符号变量

符号变量通常由一个或几个特定的字符表示，而不是指符号表达式。符号变量与数值变量的命名规则相同，如下所示。

- 变量名可以由英文字母、数字和下画线组成。
- 变量名应以英文字母开头。
- 组成变量名的字母最多为 31 个。
- 区分大小写。

在 MATLAB 中，用函数 sym()和命令 syms 来创建符号变量。

例 2.107 创建符号变量 *a*、*b* 和 *c*。具体代码序列如下。

```
a = sym('a');
b = sym('b');
c = sym('c');
classa = class(a)
classb = class(b)
classc = class(c)
clear
syms a b c;
classa = class(a)
classb = class(b)
classc = class(c)
```

运行结果如下。

```
classa =
sym
classb =
sym
classc =
sym
```

```
classa =
sym
classb =
sym
classc =
sym
```

从上面的结果不难看出，定义多个符号变量时使用命令 syms 更简便。

（3）符号表达式

符号表达式是由符号常量、符号变量、符号运算符以及专用函数组成的符号对象。符号表达式包括符号函数与符号方程，区别在于符号函数不带等号，而符号方程是带等号的。

在 MATLAB 中，同样用函数 sym() 和命令 syms 来创建符号表达式。

例 2.108　创建符号函数和符号方程。具体代码序列如下。

```
syms x y z;
f1 = x*y/z
f2 = x^2+y^2+z^2
f3 = f1/f2
e1 = sym('a*x^2+b*x+c')
e2 = sym('sin(x)^2+2*cos(x)=1')
e3 = sym('Dy-y=x')
```

（4）符号矩阵

元素是符号对象的矩阵叫做符号矩阵。

例 2.109　创建符号矩阵，具体代码序列如下。

```
syms t1 t2 t3 t4;
m0=[t1 t2;t3 t4];
m1 = sym('[ab bc cd;de ef fg;h I j]');
m2 = sym('[1 12;23 34]');
```

2. 符号对象的基本运算

MATLAB 采用重载技术，使得符号计算的运算符和函数与数值计算的类似，下面进行简单介绍。

（1）基本运算符

- 运算符"＋"、"－"、"*"、"\"、"/"、"^"分别实现矩阵的加、减、乘、左除、右除和求幂运算。

- 运算符". *"、". /"、". \"、". ^"分别实现"元素对元素"的数组乘、左除、右除和求幂运算。

- 运算符"'"、". '"分别实现矩阵的共轭转置和非共轭转置。

（2）关系运算符

在符号对象中，没有"大于"、"大于等于"、"小于"和"小于等于"等概念，只有是否"等于"的概念。

运算符"＝＝"和"～＝"分别对运算符两边的对象进行"相等"、"不等"的比较。当事实为"真"时，返回结果 1；否则，返回结果 0。

（3）三角函数、双曲函数及反函数

除了函数 atan2()仅能用于数值计算外，其余的三角函数（如 sin()）、双曲函数（如 cosh()）及它们的反函数（如 asin()、acosh()）都能用于符号计算。

（4）指数、对数函数

函数 sqrt()、exp()、expm()、log()、log2()和 log10()都能用于符号计算。

（5）复数函数

函数 conj()、real()、imag()和 abs()都能用于符号计算，但 Matlab 没有提供相角函数。

（6）矩阵函数

函数 diag()、triu()、tril()、inv()、det()、rank()、rref()、null()、colspace()、poly()、expm()和 eig()都能用于符号计算，但函数 svd()稍有区别。

2.7.3　任意精度计算

符号计算的显著特点是计算过程中不会出现舍入误差，从而可以得到任意精度的数值解，但它是通过牺牲计算时间和存储空间换取的。

例 2.110　比较符号计算和数值计算。具体代码序列如下。

```
format long                    %指定输出格式
1/2+1/3                        %数值运算（浮点运算）
sym(1/2+1/3)                   %符号计算
```

运行结果如下。

```
ans =
   0.83333333333333
ans =
5/6
```

浮点运算速度快，计算机内存占用小，但是结果不精确，其精度由 format 命令控制，符号计算所需要的时间和内存开销都大。

符号计算的结果一般都是字符串，尽管有些看上去是数值。例如，例 2.110 结果中的"5/6"就是字符串，而非数值。

MATLAB 提供如下函数将从符号计算得到的精确值转换成任意精度。

（1）digits(d)

digits(d)函数设定精度为 d 位有效数字，默认值是 32。

（2）vpa(A,d)

vpa(A,d)函数对符号计算得到的精确值进行近似，有效位数为 d 位，若不指定 d，则按当前有效位数输出。

（3）double(A)

double(A)将符号计算得到的精确值转换为双精度。

例 2.111　将符号计算得到的精确值转换成任意精度。具体代码序列如下。

```
A=[1.100 2.300 3.500;4.900 5.400 6;9.100 7.890 4.230];
S=sym(A)
digits(4)
R1=vpa(S)
R2=double(S)
```

运行结果如下。

```
S =
[  11/10,  23/10,     7/2]
```

```
[   49/10,    27/5,       6]
[   91/10, 789/100, 423/100]
R1 =
[ 1.100, 2.300, 3.500]
[ 4.900, 5.400,    6.]
[ 9.100, 7.890, 4.230]
R2 =
   1.10000000000000   2.30000000000000   3.50000000000000
   4.90000000000000   5.40000000000000   6.00000000000000
   9.10000000000000   7.89000000000000   4.23000000000000
```

2.7.4 符号表达式的化简和替换

由前面的例子可以看出，符号计算的结果往往比较繁琐且不直观。MATLAB 提供函数实现对符号计算的结果进行化简和替换，如因式分解、同类项合并、符号表达式展开、化简和通分、符号替换等。

1. 符号表达式的化简

MATLAB 提供函数 collect()、expand()、horner()、factor()、simplify()和 simple()来实现符号表达式的化简。下面分别介绍这些函数。

（1）函数 collect()

该函数用于将符号表达式中同类项合并，其具体使用方法如下。

- R=collect(S)：将表达式 S 中相同次幂的项合并，S 可以是一个表达式，也可以是一个符号矩阵。
- R=collect(S,v)：将表达式 S 中变量 v 的相同次幂的项合并，若 v 没有指定，则默认为 x。

例 2.112 合并符号表达式的同类项。具体代码序列如下。

```
syms x t                         %定义符号变量
f = (x-1)*(x-2)*(x-3)            %定义符号表达式
collect(f)                       %合并 f 中 x 的同类项
```

运行结果如下。

```
ans =
-6+x^3-6*x^2+11*x
```

（2）函数 expand()

该函数用于将符号表达式展开，其具体使用方法如下。

R = expand(S)：将表达式 S 中的各项展开，如果 S 包含函数，则利用恒等变形将它写成相应和的形式。

例 2.113 展开符号表达式。具体代码序列如下。

```
syms x y;                        %定义符号变量
f = (x+y)^3;                     %创建符号表达式
f1 = expand(f)                   %展开多项式
f = cos(x-y);                    %创建符号表达式
f2 = expand(f)                   %展开三角函数
```

运行结果如下。

```
f1 =
```

```
x^3+3*x^2*y+3*x*y^2+y^3
f2 =
cos(x)*cos(y)+sin(x)*sin(y)
```

（3）函数 horner()

该函数用于将符号表达式转换成嵌套形式，其具体使用方法如下。

R = horner(S)：将符号多项式矩阵 S 中的每个多项式转换成它们的嵌套形式。

例 2.114 将符号表达式转换为嵌套形式。具体代码序列如下。

```
syms x y                        %定义符号变量
f = x^3-6*x^2+11*x-6;           %定义符号多项式
horner(f)                       %转换成嵌套形式
```

运行结果如下。

```
ans =
-6+(11+(-6+x)*x)*x
```

（4）函数 factor()

该函数用于对符号多项式进行因式分解，其具体使用方法如下。

R=factor(X)：如果 X 是一个多项式或多项式矩阵，系数是有理数，那么该函数将 X 表示成系数为有理数的低阶多项式相乘的形式；如果 X 不能分解成有理多项式乘积的形式，则返回 X 本身。

例 2.115 因式分解符号多项式 x^n+1。具体代码序列如下。

```
n = 1:9;
x = x(ones(size(n)));
p = x.^n+1;
[p;factor(p)].'
```

运行结果如下。

```
ans =
[                        x+1,                                   x+1]
[                      x^2+1,                                 x^2+1]
[                      x^3+1,                       (x+1)*(x^2-x+1)]
[                      x^4+1,                                 x^4+1]
[                      x^5+1,               (x+1)*(x^4-x^3+x^2-x+1)]
[                      x^6+1,                     (x^2+1)*(x^4-x^2+1)]
[                      x^7+1,     (x+1)*(1-x+x^2-x^3+x^4-x^5+x^6)]
[                      x^8+1,                                 x^8+1]
[                      x^9+1,             (x+1)*(x^2-x+1)*(x^6-x^3+1)]
```

（5）函数 simplify()

该函数用于将符号表达式按一定规则简化，其具体使用方法如下。

R= simplify(S)：可应用于包含和式、方根、分数的乘方、指数函数、对数函数、三角函数、Bessel 函数以及超越函数等符号表达式矩阵 S。

例 2.116 按一定规则简化符号表达式，具体代码序列如下。

```
S =sym('[(x^2+5*x+6)/(x+2);sqrt(16)]');
simplify(S)
```

运行结果如下。

```
ans =
 x+3
```

4

（6）函数 simple()

该函数用于将符号表达式表示成最简形式，其具体使用方法如下。

- r = simple(S)：用几种不同的算术简化规则对符号表达式进行简化，返回最简形式，并显示中间过程。

- [r,how] = simple(S)：不显示中间过程，并附加返回最简形式对应的简化方法。

函数 simple() 的目标是使表达式用最少的字符来表示。虽然表达式中的字符越少不一定越简洁，但往往能够得到满意的结果。为了实现这个目标，函数 simple() 综合使用以下函数进行化简。

- 用函数 simplify() 对表达式进行化简。
- 用函数 radsimp() 对包含根式的表达式进行化简。
- 用函数 combine() 把表达式中以求和形式、乘积形式、幂形式出现的各项进行合并。
- 用函数 collect() 合并同类项。
- 用函数 factor() 实现因式分解。
- 用函数 convert() 把一种形式转换成另一种形式。

例 2.117　将符号表达式表示成最简形式。具体代码序列如下。

```
syms x
simple(cos(x)^2+sin(x)^2)
[r,h]=simple(cos(x)^2+sin(x)^2);
h
```

运行结果如下。

```
simplify:
1
radsimp:
cos(x)^2+sin(x)^2
combine(trig):
1
factor:
cos(x)^2+sin(x)^2
expand:
cos(x)^2+sin(x)^2
combine:
1
convert(exp):
(1/2*exp(i*x)+1/2/exp(i*x))^2-1/4*(exp(i*x)-1/exp(i*x))^2
convert(sincos):
cos(x)^2+sin(x)^2
convert(tan):
(1-tan(1/2*x)^2)^2/(1+tan(1/2*x)^2)^2+4*tan(1/2*x)^2/(1+tan(1/2*x)^2)^2
collect(x):
cos(x)^2+sin(x)^2
mwcos2sin:
1
ans =
1
h =
simplify
```

2. 符号表达式的替换

在 MATLAB 中，用函数 subexpr()和 subs()来实现符号替换，简化符号表达式。

（1）函数 subexpr()

该函数用于将符号表达式中重复出现的字符串用符号变量代替，其具体使用方法如下。

- [Y,SIGMA] = subexpr(S,SIGMA)：指定用符号变量 *SIGMA* 来代替符号表达式中重复出现的字符串，替换后的结果由 *Y* 返回，被替换的字符串由 *SIGMA* 返回。

- [Y,SIGMA] = subexpr(S,'SIGMA')：这种形式和上一种形式的不同之处在于，第 2 个输入参数是字符或字符串，其他参数与上面的形式相同。

例 2.118　对符号表达式进行符号替换。具体代码序列如下。

```
syms a x;
s = solve('x^3+a*x+1')
r = subexpr(s)
```

运行结果如下。

```
s=1/6*(-108+12*(12*a^3+81)^(1/2))^(1/3)-2*a/(-108+12*(12*a^3+81)^(1/2))^(1/3) -1/12*
(-108+12*(12*a^3+81)^(1/2))^(1/3)+a/(-108+12*(12*a^3+81)^(1/2))^(1/3)+1/2*i*3^(1/2)*(1/
6*(-108+12*(12*a^3+81)^(1/2))^(1/3)+2*a/(-108+12*(12*a^3+81)^(1/2))^(1/3))-1/12*(-108+1
2*(12*a^3+81)^(1/2))^(1/3)+a/(-108+12*(12*a^3+81)^(1/2))^(1/3)-1/2*i*3^(1/2)*(1/6*(-108+
12*(12*a^3+81)^(1/2))^(1/3)+2*a/(-108+12*(12*a^3+81)^(1/2))^(1/3))
   sigma =
   -108+12*(12*a^3+81)^(1/2)
   r =
                                            1/6*sigma^(1/3)-2*a/sigma^(1/3)
   -1/12*sigma^(1/3)+a/sigma^(1/3)+1/2*i*3^(1/2)*(1/6*sigma^(1/3)+2*a/sigma^(1/3))
   -1/12*sigma^(1/3)+a/sigma^(1/3)-1/2*i*3^(1/2)*(1/6*sigma^(1/3)+2*a/sigma^(1/3))
```

（2）函数 subs()

该函数用指定符号替换符号表达式中的某一特定符号，其具体使用方法如下。

R = subs(S,Old,New)：用新符号变量 *New* 替代原来符号表达式 *S* 中的变量 *Old*。当 *New* 是数值形式的符号时，实际上是用数值代替原来的符号来计算表达式的值，只是所得结果仍然是字符串形式。

例 2.119　对符号表达式进行特定符号替换。具体代码序列如下。

```
syms a t a11 a12 a21 a22
r=subs(exp(a*t),a,[a11 a12;a21 a22])
s=subs(exp(a*t),a,-magic(2))
```

运行结果如下。

```
r =
[ exp(a11*t), exp(a12*t)]
[ exp(a21*t), exp(a22*t)]
s =
[  exp(-t), exp(-3*t)]
[ exp(-4*t), exp(-2*t)]
```

2.7.5　符号矩阵计算

符号矩阵的计算在形式上与数值矩阵的计算十分相似。

1. 基本代数运算

两个符号矩阵进行加减运算时必须满足数值矩阵加减的规则，当然符号矩阵也可以和符号标量进行加减运算。

例 2.120 两个符号矩阵进行加运算。具体代码序列如下。

```
syms a b c d e                    %定义符号变量
A = sym('[a b;c d]');             %定义符号矩阵
B = sym('[2*a 3*b;c+a d+8]');     %定义符号矩阵
A+B                               %符号矩阵的加法运算
A+e
```

运行结果如下。

```
ans =
[  3*a,    4*b]
[ 2*c+a, 2*d+8]
ans =
[ a+e, b+e]
[ c+e, d+e]
```

两个符号矩阵进行乘、除和幂运算时必须满足数值矩阵乘、除和幂的规则。

2. 线性代数运算

符号矩阵的线性代数运算与数值矩阵的一样。

例 2.121 计算符号矩阵的逆和行列式。具体代码序列如下。

```
H = hilb(3)       %生成三阶希尔伯特数值矩阵
H = sym(H)        %将数值矩阵转换成为符号矩阵
inv(H)            %求符号矩阵的逆矩阵
det(H)            %求符号矩阵的行列式
```

运行结果如下。

```
H =
    1.0000    0.5000    0.3333
    0.5000    0.3333    0.2500
    0.3333    0.2500    0.2000
H =
[   1, 1/2, 1/3]
[ 1/2, 1/3, 1/4]
[ 1/3, 1/4, 1/5]
ans =
[   9,  -36,   30]
[ -36,  192, -180]
[  30, -180,  180]
ans =
1/2160
```

3. 特征值分解

在 MATLAB 中，用函数 eig() 来求符号方阵的特征值和特征向量，其具体用法如下。

- E = eig(A)：求符号方阵 *A* 的符号特征值 E。
- [v,E] = eig(A)：求符号方阵 *A* 的符号特征值 *E* 和相应的特征向量 *v*。

例 2.122 计算符号方阵的特征值和特征向量，具体代码序列如下。

```
H = [1 0 0;1 2 0;1 2 3];
H = sym(H);
[v,E] = eig(H)                          %求符号方阵的特征值和特征向量
```

运行结果如下。

```
v =
[  0,  2,  0]
[  1, -2,  0]
[ -2,  1,  1]
E =
[ 2, 0, 0]
[ 0, 1, 0]
[ 0, 0, 3]
```

其中，E 的对角线元素就是 H 的特征值，v 的每一列对应特征值的特征向量。

4. 约当标准型

MATLAB 提供函数 jordan() 来求矩阵的约当标准型，其具体用法如下。

- J = jordan(A)：计算矩阵 A 的约当标准型，其中 A 是数值矩阵或符号矩阵。
- [V,J] = jordan(A)：附加返回相应的变换矩阵 V。

例 2.123 计算符号矩阵的约当标准型。具体代码序列如下。

```
syms a b c
A = [a 0;c d];                          %定义矩阵
[V,J] = jordan(A)                       %求约当标准型
```

运行结果如下。

```
V =
[         1,          0]
[ c/(-d+a), -c/(-d+a)]
J =
[ a, 0]
[ 0, d]
```

5. 奇异值分解

MATLAB 提供函数 svd () 来求矩阵的奇异值分解，其具体用法如下。

- S = svd(A)：给出符号矩阵的奇异值对角矩阵，其计算精度由函数 *digits*() 来指定。
- [U,S,V] = svd(A)：附加给出 U 和 V 两个正交矩阵，且满足 $A = U*S*V$。

例 2.124 计算符号矩阵的奇异值分解。具体代码序列如下。

```
A = [1 0;2 1];                          %定义矩阵
A = sym(A);
[U,S,V] = svd(A)                        %求奇异值分解
```

运行结果如下。

```
U =
[ -.38268343236508977172845998403036, -.92387953251128675612818318939677]
[ -.92387953251128675612818318939679, .38268343236508977172845998403041]
S =
[ 2.4142135623730950488016887242098,                                   0]
[                                   0, .41421356237309504880168874420971]
V =
```

```
[ -.92387953251128675612818318939683, -.38268343236508977172845998403041]
[ -.38268343236508977172845998403041, .92387953251128675612818318939683]
```

而对于例 2.123 中的 $A = [a\ 0; c\ d]$，执行 svd(A)将会报错。

2.7.6 符号微积分

符号微积分相关函数，具有计算极限、微分、积分、级数和、泰勒级数等功能。

1. 符号表达式的极限

在 MATLAB 中，用函数 limit()来求表达式的极限，其具体用法如下。

- limit(F,x,a)：求当 $x \to a$ 时，符号表达式 F 的极限。
- limit(F,a)：求符号表达式 F 的默认自变量趋近于 a 时的极限，默认自变量可由函数 findsym()求得。
- limit(F)：求符号表达式 F 的默认自变量趋近于 0 时的极限。
- limit(F,x,a,'right')或 limit(F,x,a,'left')：分别求取符号表达式 F 的右极限和左极限。

例 2.125 计算函数的极限。具体代码序列如下。

```
syms x
l1=limit(1/x,x,inf)              %计算趋近于正无穷的极限
l2=limit(1/x,x,0)                %计算趋近于 0 的极限
l3=limit(1/x,x,0,'left')         %计算趋近于 0 的左极限
l4=limit(1/x,x,0,'right')        %计算趋近于 0 的右极限
```

运行结果如下。

```
l1 =
0
l2 =
NaN
l3 =
-Inf
l4 =
Inf
```

2. 符号表达式的微分

在 MATLAB 中，用函数 diff()来求表达式的微分，其具体用法如下。

- diff(S,'v')：将符号"v"视作变量，对符号表达式或矩阵 S 求微分。
- diff(S,n)：将 S 中的默认变量求 n 阶微分，其中，默认变量可以用函数 findsym()确定，参数 n 必须是正整数。
- diff(S,'v',n)：将符号"v"视作变量，对符号表达式或矩阵 S 求 n 阶微分。

例 2.126 计算函数的微分，具体代码序列如下。

```
syms a x                         %定义符号变量
f = sin(a*x)                     %定义符号表达式
df = diff(f)                     %对默认变量 x 求微分
df2 = diff(f,2)                  %对默认变量 x 求 2 阶微分
```

运行结果如下：

```
f =
sin(a*x)
```

```
df =
cos(a*x)*a
df2 =
-sin(a*x)*a^2
```

3．符号表达式的积分

在 MATLAB 中，用函数 int()来求表达式的积分，其具体用法如下。

- R = int(S)：用默认变量求符号表达式 S 的不定积分，默认变量可用函数 findsym()确定。
- R = int(S,v)：用符号标量 v 作为变量求符号表达式 S 的不定积分。
- R = int(S,a,b)：符号表达式采用默认变量，该函数求默认变量为 $a\sim b$ 的符号表达式 S 的定积分。如果 S 是符号矩阵，那么积分将对各个元素进行，而且每个元素的变量也可以独立由函数 findsym()确定，a 和 b 可以是符号或数值标量。
- R = int(S,v,a,b)：符号表达式采用符号标量 v 作为标量，求当 v 为 $a\sim b$ 时，符号表达式 S 的定积分。其他参数和上一种调用方式相同。

例 2.127　计算函数的积分。具体代码序列如下。

```
syms x
r1=int(-2*x/(1+x^2)^2)              %对符号表达式进行不定积分运算
r2=int(-2*x/(1+x^2)^2,1,2)          %对符号表达式进行定积分运算
```

运行结果如下。

```
r1 =
1/(1+x^2)
r2 =
-3/10
```

例 2.128　计算含参函数的积分。具体代码序列如下。

```
syms x k;                  %定义变量
f = exp(-(k*x)^2)          %定义积分函数
I1=int(f,x,-inf,inf)       %积分该函数
syms k real                %定义 k 为实变量
I2=int(f,x,-inf,inf)       %重新积分 f 函数
```

运行结果如下。

```
I1 =
PIECEWISE([csgn(k)/k*pi^(1/2), csgn(k^2) = 1],[Inf, otherwise])
I2 =
signum(k)/k*pi^(1/2)
```

由结果 I1 可以发现，在 k^2 大于 0 的情况下，积分为 csgn(k)/k*pi^(1/2)，否则为无穷大。由结果 I1 可以发现，当指定参数 k 为实变量时，k^2 大于 0 的条件自然满足。

4．级数求和

在 MATLAB 中，用函数 symsum()来对符号表达式进行求和，其具体用法如下。

- r = symsum(s,a,b)：求符号表达式 s 中默认变量为 $a\sim b$ 的有限和。
- r = symsum(s,v,a,b)：求符号表达式 s 中变量 v 为 $a\sim b$ 的有限和。

例 2.129　计算符号表达式的级数和，具体代码序列如下。

```
syms x k                    %定义符号变量
```

```
s1 = symsum(1/k^2,1,inf)              %求无穷级数的和
s2 = symsum(x^k,k,0,inf)              %求无穷级数的和
```

运行结果如下。

```
s1 =
1/6*pi^2
s2 =
-1/(x-1)
```

5. 泰勒级数

在 MATLAB 中，用函数 taylor() 来对符号表达式进行泰勒级数展开，其具体用法如下。

- r = taylor(f)：f 是符号表达式，其变量采用默认变量，该函数将返回 f 在变量等于 0 处的 5 阶泰勒展开式。
- r = taylor(f,n,v)：符号表达式 f 以符号标量 v 作为自变量，返回 f 的 $n-1$ 阶泰勒展开式。
- r = taylor(f,n,v,a)：返回符号表达式 f 在 $v = a$ 处的 $n-1$ 阶泰勒展开式。

例 2.130 计算符号表达式的泰勒级数。具体代码序列如下。

```
syms x                                %定义基本符号变量
f = 1/(2+cos(x))                      %定义 f 函数
r1 = taylor(f,8)                      %以 x 为自变量求 f 的泰勒展开式
r2 = taylor(f,3,x,2)                  %以 x 为自变量求 f 的泰勒展开式
```

运行结果如下。

```
r1 =
1/3+1/18*x^2+1/216*x^4+1/6480*x^6
r2 =
1/(2+cos(2))+1/(2+cos(2))^2*sin(2)*(x-2)+(1/2/(2+cos(2))*cos(2)+1/(2+cos(2))^2*sin(
2)^2)/(2+cos(2))*(x-2)^2
```

2.7.7 符号积分变换

在数学中经常采用变换的方法，将复杂的运算转化为简单的运算，如数量的乘除可以通过对数变换成加减。积分变换就是通过积分运算实现变换。下面简要介绍 3 种积分变换：傅里叶变换、拉普拉斯变换与 Z 变换。

1. 傅里叶变换

时域中的 $f(t)$ 可以通过傅里叶变换，得到其对应频域中的 $F(\omega)$，这时 $f(t)$ 和 $F(\omega)$ 满足如下关系。

$$F(\omega) = \int_{-\infty}^{\infty} f(t)\mathrm{e}^{-j\omega t}\mathrm{d}t$$

$$f(t) = \frac{1}{2\pi} \int_{-\infty}^{\infty} F(\omega)\mathrm{e}^{jwt}\mathrm{d}\omega$$

在 MATLAB 中，用函数 fourier() 和 ifourier() 来实现 $f(t)$ 到 $F(\omega)$ 和 $F(\omega)$ 到 $f(t)$ 的变换，其具体用法如下。

- Fw = fourier(ft,t,w)：求时域函数 ft 的傅里叶变换 Fw，ft 是以 t 为自变量的时域函数，Fw 是以圆频率 w 为自变量的频域函数。
- ft = ifourier(Fw,w,t)：求频域函数 Fw 的傅里叶反变换，ft 是以 t 为自变量的时域函数，Fw

是以圆频率 w 为自变量的频域函数。

例 2.131 实现符号表达式的傅里叶变换，具体代码序列如下。

```
syms t w                  %定义基本符号变量
ut = heaviside(t);        %单位阶跃函数
UT = fourier(ut)          %进行傅里叶变换
ut = ifourier(UT,w,t)     %进行傅里叶反变换
```

运行结果如下。

```
UT =
pi*dirac(w)-i/w
ut =
heaviside(t)
```

2. 拉普拉斯变换

时域中的 $f(t)$ 可以通过拉普拉斯变换，得到其对应频域中的 $F(s)$，这时 $f(t)$ 和 $F(s)$ 满足如下关系。

$$F(s) = \int_0^\infty f(t)\mathrm{e}^{-st}\,\mathrm{d}t$$

$$f(t) = \frac{1}{2\pi j}\int_{c-j\infty}^{c+j\infty} F(s)\mathrm{e}^{st}\,\mathrm{d}s$$

在 MATLAB 中，用函数 laplace() 和 ilaplace() 来实现 $f(t)$ 到 $F(s)$ 和 $F(s)$ 到 $f(t)$ 的变换，其具体用法如下。

- Fs = laplace(ft,t,s)：求时域函数 ft 的拉普拉斯变换 Fs，ft 是以 t 为自变量的时域函数，Fs 是以复频率 s 为自变量的频域函数。

- ft = ilaplace(Fs,s,t)：求频域函数 Fs 的拉普拉斯逆变换 ft，ft 是以 t 为自变量的时域函数，Fs 是以复频率 s 为自变量的频域函数。

例 2.132 实现符号矩阵 $\begin{bmatrix} \delta(t-a) & u(t-b) \\ e^{-at}\sin bt & t^2\cos 3t \end{bmatrix}$ 的拉普拉斯变换。具体代码序列如下。

```
syms t s                  %定义基本符号变量
syms a b positive         %对常数进行"限定性"设置
Mt = [dirac(t-a),heaviside(t-b);exp(-a*t)*sin(b*t),t^2*cos(3*t)];    %定义输入矩阵
MS = laplace(Mt,t,s)      %进行拉普拉斯变换
Mt = ilaplace(MS,s,t)     %进行拉普拉斯反变换
```

运行结果如下。

```
MS =
[          exp(-s*a),            exp(-s*b)/s]
[  1/b/((s+a)^2/b^2+1), 2/(s^2+9)^3*(s^3-27*s)]
Mt =
[       dirac(t-a),    heaviside(t-b)]
[ exp(-a*t)*sin(b*t),      t^2*cos(3*t)]
```

3. Z 变换

时域中的采样点 $f(n)$ 可以通过 Z 变换，得到其对应 Z 域中的 $F(z)$，这时 $f(n)$ 和 $F(z)$ 满足如下关系。

$$F(z) = \sum_{n=0}^{\infty} f(n)z^{-n}$$

$$f(n) = Z^{-1}\{F(z)\}$$

其中 Z 反变换最常见的方法包括幂级数法、部分分式法和留数法，MATLAB 中采用留数法。

在 MATLAB 中，用函数 ztrans() 和 iztrans() 来实现 $f(n)$ 到 $F(z)$ 和 $F(z)$ 到 $f(n)$ 的变换，其具体用法如下。

- FZ = ztrans(fn,n,z)：求采样点 fn 的 Z 变换 FZ，fn 是以 n 为自变量的时域序列，FZ 是以 z 为自变量的函数。

- fn = iztrans(FZ,z,n)：求 FZ 的 Z 反变换 fn，fn 是以 n 为自变量的时域序列，FZ 是以 z 为自变量的函数。

例 2.133　实现符号向量的 Z 变换。具体代码序列如下。

```
syms n z
num=5;
fn = rand(num,1)
fn=sym(fn);
FZ = ztrans(fn,n,z)          %进行 Z 变换
fn = iztrans(FZ,z,n)          %进行 Z 反变换
fns=vpa(fn,4)                 %指定精度
```

运行结果如下。

```
fn =
    0.2140
    0.6435
    0.3200
    0.9601
    0.7266
FZ =
 3854420721789777/18014398509481984*z/(z-1)
 1449015813968125/2251799813685248*z/(z-1)
 1441312107423417/4503599627370496*z/(z-1)
 8647799397721621/9007199254740992*z/(z-1)
 3272458553484017/4503599627370496*z/(z-1)
fn =
 3854420721789777/18014398509481984
 1449015813968125/2251799813685248
 1441312107423417/4503599627370496
 8647799397721621/9007199254740992
 3272458553484017/4503599627370496
fns =
 .2140
 .6435
 .3200
 .9601
 .7266
```

2.7.8　符号方程求解

MATLAB 为符号方程的求解提供了强有力的支持。符号方程可以分为代数方程和微分方程，

其中代数方程相对比较简单，它还可以细分为线性方程和非线性方程两类。微分方程相对比较复杂，它还可以细分为常微分方程和偏微分方程，这里只介绍常微分方程的求解。

1. 代数方程

在 MATLAB 中，用函数 solve() 来求解代数方程（包括线性、非线性和超越方程等），当方程不存在符号解且无自由参数时，给出数值解，其具体用法如下。

- g = solve(eq)：其中 *eq* 可以是符号表达式或不带符号的字符串，该函数将求解方程 *eq* = 0，其自变量采用默认变量，可以通过函数 findsym() 来确定。
- g = solve(eq,var)：求解方程 *eq* = 0，其自变量由参数 *var* 指定。
- g = solve(eq1,eq2,…,eqn)：求解由符号表达式或不带符号的字符串 *eq1*，*eq2*，…，*eqn* 组成的方程组。其中的自变量为整个方程组的默认变量。
- g = solve(eq1,eq2,…,eqn,var1,var2,…,varn)：求解由符号表达式或不带等号的字符串 *eq1*，*eq2*，…，*eqn* 组成的方程组。其自变量由输入参数 *var1*，*var2*，…，*varn* 指定。

对于上面的 4 种情况，输出的解有如下 3 种可能。

- 对于单个方程单个输出情况，输出解。
- 对于单个方程多个输出情况，输出解向量。
- 对于多个方程且输出的个数等于方程数情况，输出结果并按照字母表排序。
- 对于多个方程单个输出情况，输出结果是以结构的形式。

例 2.134 求方程组 $\begin{cases} uy^2 + vz + w = 0 \\ y + z + w = 0 \end{cases}$ 关于 y，z 的解。具体代码序列如下。

```
S = solve('u*y^2+v*z+w = 0','y+z+w = 0','y','z')
disp('S.y')
disp(S.y)
disp('S.z')
disp(S.z)
```

运行结果如下。

```
S =
    y: [2x1 sym]
    z: [2x1 sym]
S.y
 -1/2/u*(-2*u*w-v+(4*u*w*v+v^2-4*u*w)^(1/2))-w
 -1/2/u*(-2*u*w-v-(4*u*w*v+v^2-4*u*w)^(1/2))-w
S.z
 1/2/u*(-2*u*w-v+(4*u*w*v+v^2-4*u*w)^(1/2))
 1/2/u*(-2*u*w-v-(4*u*w*v+v^2-4*u*w)^(1/2))
```

2. 微分方程

在 MATLAB 中，用函数 dsolve() 来求解微分方程，其具体用法如下。

在描述方程时，用大写字母 D 表示一次微分，D2、D3 分别表示二次、三次微分运算，以此类推。

- r = dsolve('eq1,eq2,…','cond1,cond2,…','v')：求由 *eq1*，*eq2*……指定的常微分方程组的符号解。常微分方程组以变量 *v* 作为自变量，参数 *cond1*，*cond2*……用于指定方程的边界条件或者初始条件。如果 *v* 不指定，则默认 *t* 为自变量。它的输出结果与函数 solve () 相同。
- r = dsolve('eq1','eq2',…,'cond1','cond2',…,'v')：求由 *eq1*，*eq2*……指定的常微分方程组的符

号解。这些常微分方程组以 v 作为自变量。方程的最大允许个数为 12。

例 2.135 求解两点边值问题：$xy'' - 2y' = x^2$，$y(1) = 0$，$y(2) = 5$。具体代码序列如下。

```
y = dsolve('x*D2y-2*Dy = x^2','y(1) = 0,y(5) = 0','x')
Sy=simple(y)
```

运行结果如下。

```
y =
1/3*x^3*log(x)-1/9*x^3+1/3*(1/3-125/124*log(5))*x^3+125/372*log(5)
Sy =
(1/3*log(x)-125/372*log(5))*x^3+125/372*log(5)
```

2.7.9 可视化数学分析界面

MATLAB 为符号函数可视化提供图示化符号函数计算器（由命令 funtool 启动）和泰勒级数逼近分析器（由命令 taylortool 启动）。

1. 图示化符号函数计算器

图示化符号函数计算器功能简单，操作方便，可视性强，适合简单的符号计算与图形处理。

运行命令 funtool 后，可看到如图 2-4 所示的图示化符号函数计算器界面。

两个图形窗口只能有一个处于激活状态，函数运算控制窗口上的任何操作都只能对被激活的图形窗口起作用。

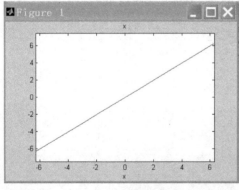
图形窗口 1

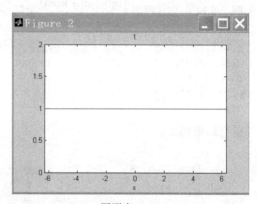
图形窗口 2

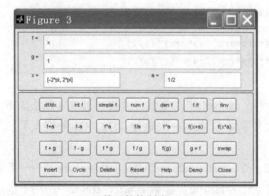
函数运算控制窗口

图 2-4　图示化符号函数计算器界面

（1）第 1 排按键只对函数 *f* 起作用，如计算导数、积分、简化、提取分子和分母、1/*f* 以及反函数。

（2）第 2 排按键处理函数 *f* 和常数 *a* 之间的加、减、乘、除等运算。

（3）第 3 排的前 4 个按键对函数 *f* 和 *g* 进行算术运算。第 5 个按键求复合函数，第 6 个按键把 *f* 函数传递给 *g*，最后一个按键实现 *f* 和 *g* 的互换。

（4）第 4 排按键对计算器自身进行操作，该计算器包含一个函数列表 fxlist，这 7 个按键的功能依次如下。

- Insert：把当前激活窗的函数写入列表。
- Cycle：依次循环显示 fxlist 中的函数。
- Delete：从 fxlist 列表中删除激活窗的函数。
- Reset：使计算器恢复到初始调用状态。
- Help：获得关于界面的在线提示说明。
- Demo：自动演示。

2．泰勒级数逼近分析器

运行命令 taylortool 后，可看到如图 2-5 所示的泰勒级数逼近分析器界面。

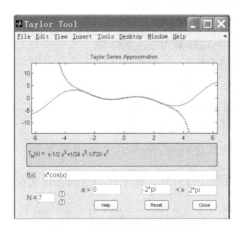

图 2-5　泰勒级数逼近分析界面

- 该界面用于观察函数 *f*(*x*) 在给定区间上被 *N* 阶泰勒多项式 $T_N(x)$ 逼近的情况。
- 函数 *f*(*x*) 在界面的 *f*(*x*) 栏中直接键入并按 Enter 键即可。
- 界面中的 *N* 默认为 7，可以用右侧的按键增减阶数，也可以直接写入阶数。
- 界面中的 *a* 是级数的展开点，默认为 0。
- 可设置函数的观察区，默认为（−2π,2π）。

习　　题

1．计算复数 3+4*i* 与 5−6*i* 的乘积。

2．构建结构体 Students，属性包含 Name、Age 和 Email，数据包括{'Zhang',18, ['zhang@163.com', 'zhang@263.com']}、{'Wang',21, []}和{'Li',[], []}，构建后读取所有 Name 属性值，并且修改'Zhang'

的 Age 属性值为 19。

3. 用满矩阵和稀疏矩阵存储方式分别构造以下矩阵。

$$A = \begin{bmatrix} 0 & 1 & 0 & 0 & 0 \\ 1 & 0 & 0 & 0 & 0 \\ 0 & 0 & 0 & 0 & 0 \\ 0 & 0 & 0 & 1 & 0 \end{bmatrix}$$

4. 采用向量构造符得到向量[1,5,9,…,41]。

5. 按水平和竖直方向分别合并以下两个矩阵。

$$A = \begin{bmatrix} 1 & 0 & 0 \\ 1 & 1 & 0 \\ 0 & 0 & 1 \end{bmatrix}, B = \begin{bmatrix} 2 & 3 & 4 \\ 5 & 6 & 7 \\ 8 & 9 & 10 \end{bmatrix}$$

6. 分别删除第 5 题两个结果的第 2 行。

7. 分别将第 5 题两个结果的第 2 行最后 3 列的数值改为[11 12 13]。

8. 分别查看第 5 题两个结果的各方向长度。

9. 分别判断 pi 是否为字符串和浮点数。

10. 分别将第 5 题两个结果均转换为 2×9 的矩阵。

11. 计算第 5 题矩阵 A 的转秩。

12. 分别计算第 5 题矩阵 A 和 B 的 $A+B$、$A.*B$ 和 $A\backslash B$。

13. 判断第 5 题矩阵 A 和 B 中哪些元素值不小于 4。

14. 将字符串' very good '转换为等值的整数。

15. 将十进制的 50 转换为二进制的字符串。

16. 计算矩阵 A 的 $\|A\|_2$ 范数、行列式、秩、化零空间和正交空间。

$$A = \begin{bmatrix} 17 & 24 & 1 & 8 & 50 \\ 23 & 5 & 7 & 14 & 49 \\ 4 & 6 & 13 & 20 & 43 \\ 10 & 12 & 19 & 21 & 62 \\ 11 & 18 & 25 & 2 & 56 \end{bmatrix}$$

17. 计算矩阵 A 的特征根及对应的特征向量，判断矩阵 A 是否可对角化，其中 A 如第 1 题所示。

18. 将球坐标系中的点(1,1,1)分别转换到笛卡尔坐标系和极坐标系。

第3章
基本编程

MATLAB 作为一种广泛应用于科学计算的工具软件，不仅提供丰富的函数库，还可以像 C、Fortran 等高级语言一样进行程序设计，编写扩展名为.m 的 M 文件，实现各种程序设计功能。由于 MATLAB 是由 C 语言开发而成的，因此 M 文件的语法规则与 C 语言几乎一致。同时，MATLAB 提供了文本编辑器和编译器，这使程序设计更为方便、灵活。

MATLAB 提供了大量的函数，包括内建函数和自带函数。其中，内建函数是用 C 语言编制的，而自带函数大多是 M 文件。用户也可以利用 M 文件来创建函数、函数库和脚本。

当需要显示一个 M 文件的内容时，最简单的方法就是使用 type 命令。

例 3.1 显示函数 sin()的内容，在命令窗口输入的具体代码如下。

```
type sin
```

运行结果如下。

```
sin is a built-in function.
```

例 3.2 显示函数 sind()的内容，在命令窗口输入的具体代码如下。

```
type sind
```

运行结果如下。

```
function x = sind(x)
%SIND   Sine of argument in degrees.
%   SIND(X) is the sine of the elements of X, expressed in degrees.
%   For integers n, sind(n*180) is exactly zero, whereas sin(n*pi)
%   reflects the accuracy of the floating point value of pi.
%
%   See also ASIND, SIN.

%   Copyright 1984-2003 The MathWorks, Inc.
%   $Revision: 1.1.6.2 $  $Date: 2003/11/24 23:23:53 $

if ~isreal(x)
    error('MATLAB:sind:ComplexInput', 'Argument should be real.');
end
```

当需要创建一个 M 文件时，可以选择【HOME】|【New】|【Script】选项进入文本编辑器界面，打开一空白文档，进而可以编辑和编译运行 M 文件的内容。

当需要打开一个 M 文件时，可以通过【HOME】|【Open】菜单进入文件选择的目录界面，选定文件后即进入文本编辑器界面，并显示该文件的内容，进而可以编辑和编译运行它的内容。

本章将着重介绍 M 文件编程的规则和注意事项。

3.1 M 文件编程

M 文件有函数（Functions）和脚本（Scripts）两种格式。二者相同之处在于它们都是以.m 作为扩展名的文本文件，并在文本编辑器中创建文件。但是，二者在语法和使用上略有区别。

需要说明的是，M 文件可以在任意的文本编辑器中进行创建和编辑，但推荐和默认使用 MATLAB 自带的文本编辑器和 Notebook，其中 Notebook 将在第 10 章中讲解。

3.1.1 函数

MATLAB 中许多常用的函数都是函数式 M 文件，函数被调用时，通过获取外部参数进行运算，并向外部返回运算结果。函数内部的变量都是隐含的，或者说都是局部变量（除特别声明外），存放在函数本身的工作空间内。这些变量不能被外部使用，也不会与外部的变量相互覆盖。对于用户来说，函数可以看作一个黑盒，提供输入得到输出。因此易于使程序模块化，适合于大型程序代码编制。下面通过一个例子来说明函数的结构。

例 3.3 创建函数 function1()，具体步骤如下。

（1）新建一个 M 文件。

（2）在文本编辑器中键入如下内容。

```
function y=function1(x)

%My first function
%y=x*x+x

%The function for Chapter 4

z=x^2;  %Compute x*x
y=z+x;
```

（3）保存文件，文件名为"function1.m"。

为了查看和使用函数 function1()，还必须将它所在的目录设置为搜索目录。

下面使用 type 命令显示函数 function1() 的内容。具体代码如下。

```
type function1
```

运行结果如下。

```
function y=function1(x)

%My first function
%y=x*x+x

%The function for Chapter 4

z=x^2;  %Compute x*x
y=z+x;
```

可以看到运行结果与在文本编辑器中键入的内容一致。

此函数的第一行为函数定义行，以 function 关键字作为引导，定义函数名称（function1）、输入参数（x，类似于 C 语言的形式参数）和返回值（y，保存函数的运行结果并返回其值）。

需要注意的是，函数名和文件名必须相同。调用函数时必须指定输入参数的值。例如，在命令窗口输入如下具体代码。

```
p=function1(2)
```

运行结果如下。

```
p =
    6
```

此函数从第二行开始为函数主体，规范函数的运算过程。与 C 语言类似的是，可以对编制的代码进行注释（注释内容不参与运算）。注释有两种情况：一行以%开头时为注释行，如例 3.3 中的"The function for Chapter 4"；一行中%以后的内容为语句注释，如例 3.3 中的"z=x^2;　%Compute x*x"。还可以提供函数的在线帮助。

需要注意的是，在线帮助和函数定义行之间可以有空行，但在线帮助的各行之间不应有空行。例如，在命令窗口输入如下具体代码。

```
help function1
```

运行结果如下。

```
My first function
y=x*x+x
```

3.1.2　脚本

脚本也是扩展名为.m 的文件，可包含 MATLAB 的各种命令，类似于 DOS 系统中的批处理文件。在命令窗口中直接键入此文件的文件名，MATLAB 可逐一执行文件内的所有命令。

需要说明的是，前 3 章在命令窗口输入的每个代码或代码序列，都可以分别复制到新建的 M 文件中，然后保存成.m 文件，其中文件名可以任意指定，该文件就是脚本式 M 文件。脚本的运行结果与在命令窗口中的一致。将脚本所在目录设置为当前工作目录，并在文本编辑器中打开脚本后，可通过如下方法运行脚本：单击【EDITOR】菜单下的【Run】；按快捷键 F5。

脚本运行过程所产生的变量都是全局变量，都驻留在 MATLAB 工作空间内，只要不关闭 MATLAB，不使用清内存的 clear 命令，这些变量将一直保存。

例 3.4　创建脚本 script1.m，具体步骤如下。

（1）新建一个 M 文件。

（2）在文本编辑器中键入如下内容。

```
%My first script

%The script for Chapter 4
clear; % Clear memory
clc;   % Clear screen

for i=1:10
    P(i)=function1(i); %Compute i*i+i
end

P
```

（3）保存文件，文件名为"script1.m"。

运行该脚本时，应保证该脚本处于当前工作目录中，所用到的函数在搜索路径中，其中函数 function1()为例 3.3 所建立的。运行脚本后可得到如下结果。

```
P =
    2    6    12   20   30   42   56   72   90   110
```

在命令窗口使用 type 命令得到的结果与文本编辑器中的内容一致；使用 help 命令时，可得到如下结果。

```
My first script
```

结合例 3.3 和例 3.4，对函数和脚本进行总结如下。

（1）函数名必须与文件名相同。

（2）脚本没有输入参数和返回值。

（3）函数可以包括 0 个或多个输入参数和返回值，如函数 nargin 和 nargout 包含输入参数和返回值的数量。

（4）函数被调用时，MATLAB 会为它开辟一个专用的临时工作空间，称为函数工作空间（Function workspace），用来存放中间变量。当执行完函数文件的最后一条命令或者遇到 return 命令时，结束该函数的运行，返回函数的输出，同时将临时工作空间清空。

（5）在 M 文件中，从开头到第一个非注释行之间的第一个注释行组（之间无空行）是帮助文本。

（6）函数中的变量（除特殊声明外）都是局部变量，而脚本中的变量都是全局变量，关于变量的有关内容详见 3.2 节。

（7）在函数中调用脚本文件，等价于在函数中将脚本文件的内容粘贴在调用的位置。

3.1.3　子函数与私有函数

一个 M 文件可以包含多个函数，一个是主函数，其他是子函数。这些子函数只能被该文件中的其他函数（主函数或子函数）调用，不能被其他文件调用。

主函数必须出现在最上方，其后可有若干子函数，子函数的次序可随意调整。主函数和各子函数的工作空间都是彼此独立的，函数间信息可通过输入参数、返回值、全局变量等传递。

私有函数是主函数的一种，它只能在一个特定的限定函数群中可见。私有函数存放在以专有名称 private 命名的子目录下，只对其父目录中的函数可见。

当 M 文件中需要调用某一个函数时，MATLAB 按照以下顺序来搜寻该函数。

● 检查此函数是否是子函数。

● 检查此函数是否为私有目录的函数。

● 从所设定的搜寻路径搜索此函数。

在搜索过程中，只要找到与第一个文件名相符的函数就会立即取用而停止搜索。

3.1.4　伪代码

一个 M 文件首次被调用时，MATLAB 将对该 M 文件进行语法分析，并把生成的相应伪代码（P 码）存放在内存中。此后再次调用该 M 文件时，直接运行该文件在内存中的伪代码，从而提高运行速度。伪代码文件和原码文件具有相同的文件名，但其扩展名为.p。

伪代码文件不是只有 M 文件被调用时才产生，也可使用 pcode 命令预先生成。

3.2　变量和语句

MATLAB 的主要功能虽然是数值运算，但是它也是一个完整的程序语言，包括各种语句格式和语法规则。与 C 语言不同的是，MATLAB 中的变量不需要事先定义，如前 3 章的例子。

3.2.1　变量类型

在 MATLAB 中，变量名必须以字母开头，之后可以是任意字母、数字或下画线，但之间不能有空格。变量区分大小写，第 63 个字符之后的部分将被忽略。

除了上述命名规则外，MATLAB 还提供一些特殊的变量，如表 3-1 所示。

表 3-1　　　　　　　　　　　　MATLAB 中的特殊变量

变 量 名 称	变 量 含 义	变 量 名 称	变 量 含 义
ans	MATLAB 中的默认变量	i(j)	复数中的虚数单位
pi	圆周率	nargin	所用函数的输入变量数目
eps	计算机中的最小数	nargout	所用函数的输出变量数目
inf	无穷大	realmin	最小可用正实数
NaN	不定值，如 0/0	realmax	最大可用正实数

除命名规则外，变量命名时还需要注意以下两个方面。

（1）变量名不能与已有的函数名相同，否则该变量在内存中不能调用同名函数。

（2）变量名不能与 MATLAB 预留的关键字和特殊变量名相同，否则系统会显示错误信息。

变量按照作用范围分为局部变量和全局变量。每一个函数在运行时，均占用单独的一块内存，此工作空间独立于 MATLAB 的基本工作空间和其他函数的工作空间，其中的变量称为局部变量。有时为了减少变量的传递，可使用全局变量，它允许其他函数对应的工作空间和基本工作空间共享。在 MATLAB 中使用命令 global 声明全局变量，如下所示。

```
global var1 var2;
```

需要使用指定全局变量的 M 文件，都必须在各自的代码中声明此全局变量。如果在 M 文件的运行过程中使得某全局变量取值发生变化，则影响到所有声明该变量的 M 文件。只要存在声明某全局变量的 M 文件，则全局变量存在。

在使用全局变量时需要注意以下几个方面。

● 在使用之前必须先定义，建议将定义放在函数体的首行位置。

● 虽然对全局变量的名称并没有特别的限制，但是为了提高程序的可读性，建议采用大写字符命名全局变量。

● 全局变量会损坏函数的独立性，使程序的书写和维护变得困难，尤其是在大型程序中，不利于模块化，不推荐使用。

前面已提到，函数中的变量（除特殊声明外）都是局部变量，而脚本和命令窗口中的变量都是全局变量。

例 3.5　创建脚本 script2.m 和函数 function2()，具体步骤如下。

（1）脚本 script2.m 的内容如下。

```
global X;
X=3;
z=function2(X)
```

（2）函数 function2()的内容如下。

```
function output=function2(y)
global X;
output=X+y;
```

执行脚本 script2.m，可得到如下的运行结果。

```
z =
    6
```

3.2.2　程序控制结构

对于实现任何功能的程序，均可由顺序、循环和选择 3 种基本结构组合实现。为了更方便地设计程序，还需要一些特殊的控制结构，如跳出循环结构。下面将分别进行介绍。

1. 顺序结构

顺序结构就是由前至后依次执行程序的各条语句，直至最后一条语句。脚本文件就是典型的顺序结构。

例 3.6　计算 $0 \sim 10$ 秒内连续系统 $G(s) = \dfrac{1}{s^2 + 3s + 2}$ 的单位阶跃响应。脚本 script3.m 的内容如下。

```
clear;
clc;
num=[1];
den=[1 2 2];
step(num,den,10);
```

运行结果如图 3-1 所示。

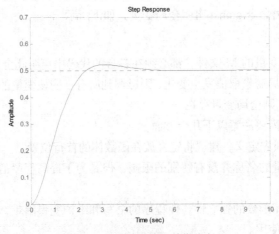

图 3-1　某连续系统的单位响应

2. 循环结构

循环结构是按照给定的条件，重复执行指定的代码。该结构一般用于有规律的重复运算。在 MATLAB 中包括 for 循环和 while 循环。

（1）for 循环。for 循环的语法结构如下。

```
for 循环变量=表达式 1:表达式 2:表达式 3
    循环体；
end
```

可以看出，MATLAB 中的 for 循环与 C 语言中的 for 循环结构类似。循环体的执行次数是确定的，它是以表达式 1 的值为起点，表达式 2 的值为步长，表达式 3 的值为终点的界限。当步长为 1 时，表达式 2 可省略。此外，for 循环可以多重嵌套。

例 3.7　近似计算 $\int_0^1 \int_1^2 xe^{\frac{y^2}{x}} \mathrm{d}x\mathrm{d}y$ 。脚本 script4.m 的内容如下。

```
clear;
clc;

x_para=[1 0.001 2];    %[x_min x_step x_max]
x=x_para(1):x_para(2):x_para(3);
x_num=floor((x_para(3)-x_para(1))/x_para(2))+1;

y_para=[0 0.001 1];    %[y_min  y_step y_max]
y=y_para(1):y_para(2):y_para(3);
y_num=floor((y_para(3)-y_para(1))/y_para(2))+1;

result=0; %Result
%First loop
for i=1:y_num-1
    y_tmp=y(i);
    result_y=0; %Temporary result for every y
    %Second loop
    for j=1:x_num-1
        x_tmp=x(j);
        result_y=result_y+x_tmp*exp(y_tmp^2/x_tmp) *x_para(2);
    end
    result=result+result_y*y_para(2);
end

result
```

运行结果如下。

```
result =
    1.9154
```

需要说明的是，不能在 for 循环体内重新对循环变量赋值来中止循环的执行。

（2）while 循环。while 循环的语法结构如下。

```
while 条件
    循环体；
end
```

　　while 循环的次数是不固定的，只要满足条件，循环体就会被执行。条件一般是逻辑类型数据并且是标量值，但也可能是数组或者矩阵。如果是后者，则要求所有的元素都必须为真。

　　例 3.8　编写函数计算 $1+p+p^2+\cdots+p^n$ 和 $1+p^3+p^6+\cdots+p^{3n}$。函数 function3() 的内容如下。

```
function output=function3(p,n)

num=1;
result1=1;
tmp1=1;
result2=1;
tmp2=1;
while num<=n
    num=num+1;
    tmp1=tmp1*p;
    result1=result1+tmp1;
    tmp2=tmp2*p^3;
    result2=result2+tmp2;
end

output=[result1 result2];
```

在命令窗口输入 p=function3(2,3)，可得到如下的运行结果。

```
p =
   15   585
```

3. 选择结构

　　选择结构是根据给定的条件来执行不同的代码，在 MATLAB 中有 if-else-end 和 switch-case-otherwise 两种结构。

　　（1）if-else-end 结构

　　其语法结构如下。

```
if 条件
    代码1;
else
    代码2;
end
```

更简化的结构如下。

```
if 条件
    代码;
end
```

更复杂的结构。

```
if 条件1
    代码1;
elseif 条件2
    代码2;
elseif 条件3
    代码3;
```

······
```
else
  代码 n;
end
```

需要说明的是，如果在条件中使用矩阵，则只有矩阵元素都不为 0 时，条件才算成立。

例 3.9 编写函数实现下述功能，在 $0 \sim x$ 生成均匀分布的随机数列，当在 $0.6x \sim 0.8x$ 有 n 个元素时结束，并返回这 n 个元素。函数 function4() 的内容如下。

```
function output=function4(x,n)

num=1;
while num<=n
    x_tmp=rand(1)*x;
    if x_tmp>=0.6*x & x_tmp<=0.8*x
        output(num)=x_tmp;
        num=num+1;
    end
end
```

（2）switch-case-otherwise 结构

此结构类似于一个数控的多路开关，其语法结构如下。

```
switch 表达式
  case 值 1
      代码 1;
  case 值 2
      代码 2;
      ······
  case 值 n
      代码 n;
  otherwise
      代码;
end
```

switch-case-otherwise 结构是将表达式的值依次和 case 指令后面的值进行比较，当存在相同值时，MATLAB 执行其对应的代码，然后跳出该结构；当值都不相同时，执行 otherwise 对应的代码，其中 otherwise 也可以省略。

例 3.10 以 MATLAB 中的 switch 关键字的帮助为例，说明 switch-case-otherwise 结构，在命令窗口输入 help switch，即可查看到如下代码。

```
method = 'Bilinear';

switch lower(method)
  case {'linear','bilinear'}
    disp('Method is linear')
  case 'cubic'
    disp('Method is cubic')
  case 'nearest'
    disp('Method is nearest')
  otherwise
    disp('Unknown method.')
```

```
end
```

将其整体复制到命令窗口，可得到如下运行结果。

```
Method is linear
```

4. 其他控制结构

在程序设计中经常遇到提前终止循环、跳出子程序、显示出错信息等情况，因此还需要一些特殊的控制结构来实现这些功能，主要有 continue、break、return、echo、error、try…catch 等。下面分别对各结构进行介绍。

（1）continue

Continue 的作用是结束本次循环，即跳过循环体中尚未执行的代码，接着判断下一次是否执行循环。

例 3.11　重新编写函数实现例 3.9 的相同功能，函数 function5()的内容如下。

```
function output=function5(x,n)

num=1;
while num<=n
    x_tmp=rand(1)*x;
    if x_tmp<0.6*x
        continue;
    elseif x_tmp>0.8*x
        continue;
    else
        output(num)=x_tmp;
        num=num+1;
    end
end
```

（2）break

它的作用是终止本次循环，跳出所在层循环。

例 3.12　编写函数实现下述功能，随机生成满足 $N(1，4)$ 的正态分布随机数序列，当出现小于 0 的数据时，返回该数值及其在序列中的位置。函数 function6()的内容如下：

```
function [pos,data]=function6

num=1;
while 1
    x_tmp=(2*randn(1))+1;
    if x_tmp<0
        pos=num;
        data=x_tmp;
        break;
    end
    num=num+1;
end
```

由于生成的数据是随机的，所以每次的结果都不同，这里仅以示例说明运行结果。

在命令窗口输入 function6，可得到如下结果，它表示返回 pos 值。

```
ans =
    9
```

在命令窗口输入 Q=function6，可得到如下结果，它也表示返回 pos 值。

```
Q =
    3
```

在命令窗口输入[Q S]=function6 时，可得到如下结果，它表示返回 pos 和 data 值。

```
Q =
    2
S =
    -1.1129
```

（3）return

此命令可使正在运行的函数正常退出，并返回调用它的代码段继续运行，它也可以强制结束该函数的执行。例如，MATLAB 自带函数 showopcevents()就运用了这个命令。

```
% Is eventStruct a struct?
if isempty(eventStruct),
   out = [];
   return;
end
```

（4）echo

执行 M 文件时，通常在命令窗口看不到执行过程，但在特殊情况下（如演示），要求 M 文件的每条命令都要显示出来，这时可以用 echo 命令实现。

对于脚本，echo 命令可以用以下方式来实现。

echo on	%显示其后所有执行文件的指令
echo off	%不显示其后所有执行文件的指令
echo	%在上述两种情况之间切换

对于函数，echo 命令可以用以下方式来实现。

echo filename on	%显示 filename 所指定文件的指令
echo filename off	%不显示 filename 所指定文件的指令
echo on all	%显示所有文件的指令
echo off all	%不显示所有文件的指令

（5）error

此命令可显示指定的出错信息并终止当前程序的运行。其语法规则如下。

```
error('message')
```

类似的还有 warning 命令，二者的区别在于，warning 显示指定警告信息后程序仍继续运行。

（6）try…catch

它的功能与 error 类似，主要用于对异常情况进行处理，其语法规则如下。

```
try
  代码1
catch
  代码2
end
```

在代码 1 执行过程中若出现错误，则转而执行代码 2。同时可通过函数 lasterr()查询出错原因。

例 3.13　处理读取 3 阶方阵第 4 行数据的错误。脚本 script5.m 的内容如下。

示例代码如下。

```
clear;
clc;
A=magic(3);
try
    a=A(4,:);
catch
    disp('error')
end
lasterr
```

运行结果如下。

```
error
ans =
Attempted to access A(4,:); index out of bounds because size(A)=[3,3].
```

（7）input

此命令用来提示并接收用户从键盘输入数据、字符串或表达式的值。其语法规则如下。

```
%在屏幕上显示提示信息 prompt，用户输入后按 Enter 键，则将输入赋给变量 user_entry
user_entry=input('prompt')
%在屏幕上显示提示信息 prompt，用户输入后按 Enter 键，则将输入转换为字符串类型赋给变量 user_entry
user_entry=input('prompt','s')
```

例 3.14 编写函数实现等待用户确认。函数 function7() 的内容如下。

```
function function7()
r=input('Do you want more?Y/N[Y]:','s');
if isempty(r)
    r='Y';
end
if r=='Y'
    disp('you have selected the first character');
else
    disp('you have selected the second one');
end
```

在命令窗口输入 function7，可得到如下运行结果。

```
Do you want more?Y/N[Y]:
```

输入 N 并按 Enter 键，可得到如下运行结果。

```
you have selected the second one
```

（8）keyboard

此命令停止文件的执行并将控制权交给键盘，此时命令窗口的提示符由 ">>" 变成 "K>>"，当输入 return 后，控制权将交回文件。该命令对程序的调试和在程序运行中修改变量值都很方便。

（9）pause

此命令用于暂时中止程序的运行。该命令对程序的调试和查询中间变量值都很方便。该命令的语法规则如下。

```
pause        %停止 M 文件的执行，按任意键继续
pause(n)      %中止执行程序 n 秒后继续，n 是任意实数
pause on      %允许后续的 pause 命令中止程序的运行
pause off     %禁止后续的 pause 命令中止程序的运行
```

3.3　程序调试

在编译和运行程序时出现错误（警告）无法避免，因此掌握程序调试的方法和技巧对提高工作效率很重要。一般来说，错误分为语法错误（Syntax Errors）和逻辑错误（Logic Errors）。语法错误一般是指变量名与函数名的误写、标点符号不匹配等，对于这类错误，MATLAB 在程序运行或编译时一般都能发现并报错，用户可根据错误信息对程序进行修改。而逻辑错误往往是程序算法的问题，MATLAB 不提供任何的信息。

下面针对这两种错误推荐两种调试方法，即直接调试法和工具调试法。

3.3.1　直接调试法

对于简单的程序，往往采用直接调试法，通常采取的措施如下。

（1）通过分析后，将重点怀疑语句后的分号删掉，将结果显示出来，然后与预期值进行比较。

（2）单独调试函数时，将函数声明行注释掉，并定义输入变量的值，然后以脚本方式运行，这样可保存中间变量，进而进行分析和找出错误。

（3）在程序中的适当位置添加输出变量值的代码。

（4）在程序中的适当位置添加 keyboard 命令。

但是对于复杂的程序，直接调试是很困难的，这时必须采用工具调试法，即借助 MATLAB 提供的工具调试器（Debugger）进行调试。

3.3.2　工具调试法

MATLAB 提供了调试程序的工具，利用这些工具可以提高编程的效率，包括命令行的调试函数和图形界面的菜单命令。

1．以命令行为主的程序调试

以命令行为主的程序调试方法具有通用性，可以适用于各种平台，它主要是运用 MATLAB 提供的调试命令。

在命令窗口输入 help debug 可以看到对于这些命令的简单描述，下面分别进行介绍。

（1）设置断点命令 dbstop

这是调试程序时最重要的部分，可以利用它来指定程序代码的断点，使程序在断点前停止执行，并进入调试模式，从而可以检查当前各个变量的值。例如：

- dbstop in mfile：在文件名为 mfile 的 M 文件的第一个可执行语句前设置断点。
- dbstop in mfile at lineno：在文件名为 mfile 的 M 文件的第 lineno 行设置断点。如果第 lineno 行为非执行语句，则在其后的第一个可执行语句前设置断点。
- dbstop in mfile at subfun：在文件名为 mfile 的 M 文件的子程序 subfun 的第一个可执行语句前设置断点。
- dbstop if error：在程序运行遇到错误时，自动设置断点。这里的错误不包括 try…catch 之间的错误。
- dbstop if all error：在程序运行遇到错误时，自动设置断点。这里的错误包括 try…catch 之间的错误。

- dbstop if warning：在程序运行遇到警告时，自动设置断点。
- dbstop if caught error：在程序运行 try…catch 间代码遇到错误时，自动设置断点。
- dbstop if naninf 或 dbstop if infnan：当程序运行遇到无穷值或者非数值时，自动设置断点。

例 3.15 以函数 function8()为例，说明如何使用命令调试程序。函数 functiong()的内容如下。

```
function y=test1(x)
l=length(x);
y=(1:l)+x;
```

由程序不难看出，函数 function8()中的输入只能为向量，如果输入的是矩阵，则会产生错误。

在命令窗口输入 dbstop in function8，并打开文件 function8.m 就可看到如图 3-2 所示的界面，它在第一个可执行语句前设置了断点。

单击图 3-2 中的红点，会发现红点被取消，此时恢复到初始状态，然后在命令窗口依次输入 dbstop if error 和 function8(magic(3))，可得到如下的运行结果和如图 3-3 所示的界面。

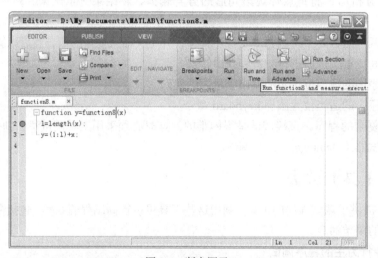

图 3-2　断点图示

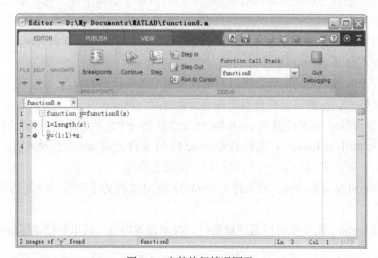

图 3-3　文件执行情况图示

```
Error using  +
Matrix dimensions must agree.

Error in function8 (line 3)
y=(1:l)+x;

3   y=(1:l)+x;
K>>
```

（2）清除断点命令 dbclear

- dbclear all：清除所有 M 文件中的所有断点。
- dbclear all in mfile：清除文件名为 mfile 的 M 文件中的所有断点。
- dbclear in mfile：清除文件名为 mfile 的 M 文件中第一个可执行语句前的断点。
- dbclear in mfile at lineno：清除文件名为 mfile 的 M 文件中第 lineno 行语句前的断点。
- dbclear in mfile at subfun：清除文件名为 mfile 的 M 文件中子程序 subfun 的第一个可执行语句前的断点。
- dbclear if error：清除由 dbstop if error 设置的断点。
- dbclear if warning：清除由 dbstop if warning 设置的断点。
- dbclear if naninf：清除由 dbstop if naninf 设置的断点。
- dbclear if infnan：清除由 dbstop if infnan 设置的断点。

（3）恢复执行命令 dbcount

- dbcont：此命令可从断点处恢复程序的执行，直到遇到程序的另一个断点或错误。

（4）调用堆栈命令 dbstack

- dbstack：此命令显示 M 文件名和断点产生的行号、调用此 M 文件的文件名和行号等，直到最高层的 M 文件，即列出函数调用的堆栈。

（5）列出所有断点命令 dbstatus

- dbstatus：此命令可列出所有的断点，包括错误、警告、nan 和 inf 等。
- dbstatus mfile：此命令可列出文件名为 mfile 的 M 文件中的所有断点。

（6）执行一行或多行语句命令 dbstep

- dbstep：执行当前 M 文件的下一条可执行语句。
- dbstep nlines：执行当前 M 文件下 nlines 行的可执行语句。
- dbstep in：当下一条可执行语句是对另一个函数的调用时，此命令将从被调用函数的第一个可执行语句执行。
- dbstep out：此命令将执行函数剩余的代码，然后停止。

（7）列出文件内容命令 dbtype

- dbtype mfile：列出文件名为 mfile 的 M 文件中的内容。
- dbtype mfile start:end：列出文件名为 mfile 的 M 文件中指定行号范围的部分。

（8）切换工作空间命令 dbdown

- dbdown：遇到断点时，将当前工作空间切换到被调用 M 文件的工作空间。
- dbup：将当前工作空间（断点处）切换到调用文件的工作空间。

（9）退出调试模式命令 dbquit

- dbquit：立即结束调试器并返回到基本工作空间，但所有断点仍有效。

2. 以图形界面为主的程序调试

MATLAB 自带的文本编辑器同时也是程序的编译器，用户可以在编辑程序后直接进行调试，更加方便和直观。

通过新建 M 文件打开文本编辑器和编译器，选择主菜单中的【Debug】选项，其下拉菜单包括多种调试命令，如图 3-4 所示。

下拉菜单中的命令有一部分在工具栏中有对应图标，其功能与命令行调试程序相同，下面只对各命令进行简单介绍。

- Step：单步执行，快捷键为 F10，与调试命令中的 dbstep 相对应。
- Step In：进入被调试函数，快捷键为 F11，与调试命令中的 dbstep in 相对应。
- Step Out：跳出被调试函数，快捷键为 Shift+F11，与调试命令中的 dbstep out 相对应。
- Run/Continue：连续执行，快捷键为 F5，与调试命令中的 dbcont 相对应。
- Go Until Cursor：运行到鼠标所在的行，与 dbstop in mfile at lineno 相对应。
- Set/Clear Breakpoint：设置或清除断点，快捷键为 F12，与 dbstop 和 dbclear 相对应。

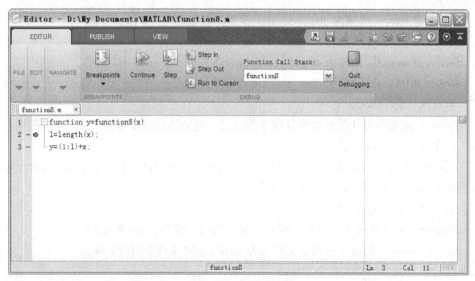

图 3-4　调试器图形界面

- Set/Modify Conditional Breakpoint：设置或者修改条件断点。
- Enable/Disable Breakpoint：允许或者禁止断点的功能。
- Clear Breakpoints In All Files：清除所有断点，与 dbclear all 相对应。
- Stop on Errors/Warnings：功能与 dbstop if error、dbstop if all error、dbstop if warning、dbstop if caught error、dbstop if naninf 和 dbstop if infnan 等命令相同，如图 3-5 所示。

可以看到，对话框的每一栏都和一个调试命令相对应，用户可以在调试前根据自己的要求设定，然后运行程序。

- Exit Debug Mode：退出调试模式，与 dbquit 相对应。

只有当程序进入调试状态时，上述命令才会生效。需要注意的是，在调试器工具栏的右侧，还有如图 3-6 所示的堆栈下拉列表。在调试中，可以从该下拉列表中选择观察和操作不同工作空间中的变量，类似于调试命令中的 dbdown 和 dbup。

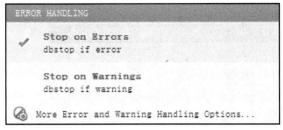

图 3-5 【Stop on Errors/Warnings for All Files】选项

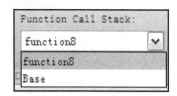

图 3-6 工作空间切换选项

下面通过一个实例来说明这些命令的用法。

例 3.16 以函数 function9() 和 function10() 为例，说明如何使用图形界面调试程序，其中函数 function9() 与 MATLAB 提供的函数 std() 功能一致。它的内容如下。

```
function f=function9(x)
l=length(x);
s=sum(x);
y=s/l;
t= function10 (x,y);
f=sqrt(t/(l-1));
```

其中，被调用函数 function10() 的内容如下。

```
function f=function10(x,y)
t=0;
for i=1:length(x)
    t=t+((x-y).^2);
end
f=t;
```

在命令窗口输入如下代码。

```
v=[1,2,3,4,5,6];
std(v)-function9 (v)
```

运行结果如下。

```
ans =
  -0.8678    0.2277    1.3231    1.3231    0.2277   -0.8678
```

这说明程序没有语法错误，但存在逻辑错误，具体调试步骤如下。

（1）在 function9.m 最后一行前设置断点，如图 3-7 所示，程序运行时将在断点处暂停。

（2）在命令窗口输入如下代码。

```
v=[1,2,3,4,5,6];
function9 (v)
```

运行结果如下，并出现图 3-8 所示的界面，其中绿色箭头表示程序运行至此停止。

```
6  f=sqrt(t/(l-1));
K>>
```

（3）此时可查看中间变量值，如查看变量 t，在命令窗口输入 t，可得到如下的运行结果。

```
t =
  37.5000   13.5000    1.5000    1.5000   13.5000   37.5000
```

（4）还可双击工作空间中的中间变量名，打开其对应的如图 3-9 所示的数组编辑器，查看或修改变量。

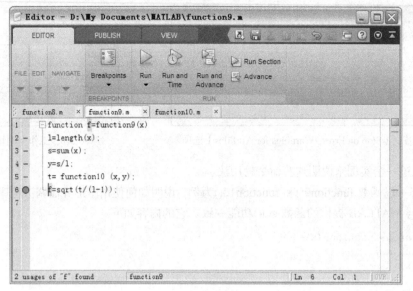

图 3-7　设置断点

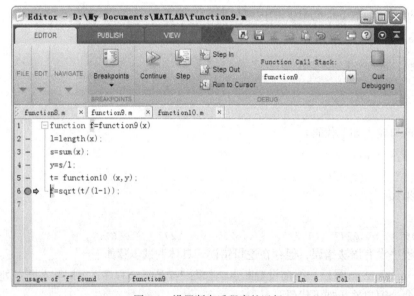

图 3-8　设置断点后程序的运行

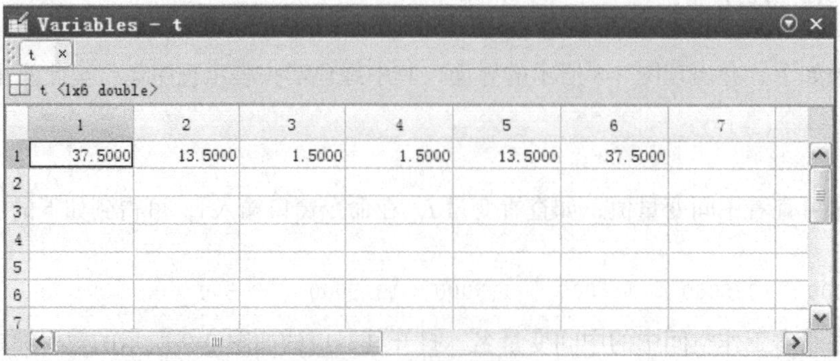

图 3-9　数组编辑器

从程序和数据可以看出，出错的是函数 function10()，需对其进行调试。

（5）切换工作空间到基本工作空间，即将图 3-6 中的【Function Call Stack】项选为【Base】，并清除在 function9.m 中设置的断点，此时标记消除，绿色箭头变为白色。要去除白色箭头，需单击【Continue】按钮使程序继续运行。

（6）在文件 function9.m 中的第 5 行设置断点，在命令窗口输入如下代码。

```
v=[1,2,3,4,5,6];
function9 (v)
```

（7）单击【Step In】按钮，使程序进入函数 function10()的第一个可执行代码行，此时可查看中间变量值，不断单击【Step In】按钮，可根据程序的流程进行单步调试。

（8）最后可发现错误，即 $t=t+((x-y).\verb|^|2)$ 应为 $t=t+((x(i)-y).\verb|^|2)$，退出调试后修改程序，清除断点，重新运行即可。

3.4　函数设计和实现

前面介绍了 MATLAB 编程的语法规则，本节将通过一个实例介绍使用 MATLAB 解决实际问题的步骤。

例 3.17　实现给定被控对象的 PID 控制。

PID 控制作为工业上最常用的控制器，有其他形式控制器无法比拟的优点：一是结构简单；二是有较成熟的参数整定方法；三是具有较好的解释性。比例 P 能够体现当前的误差信息，积分 I 能够综合体现过去的误差信息，微分 D 能够体现下一步误差信息的趋势。简单来说，PID 控制器能够反映误差过去、现在和将来的信息。

连续的 PID 控制器可以为表示如下形式。

$$u_{PID} = K_p \left(e + T_d \dot{e} + \frac{1}{T_i} \int_0^t e(\tau) \mathrm{d}\tau \right)$$

其中，K_p 称为比例系数，T_d 称为微分时间常数，T_i 称为积分时间常数。

它还可以表示为如下形式。

$$u_{PID}(t) = K_p e(t) + K_d \dot{e}(t) + K_i \int_0^t e(\tau) \mathrm{d}\tau$$

其中，K_p 称为比例系数，K_d 称为微分系数，K_i 称为积分系数，并且 $K_d = K_p T_d$，$K_i = K_p/T_i$。

在后面的论述中，采取后面一种表示形式，即 PID 控制器的参数为（K_p，K_d，K_i）。

前面已经提到，PID 控制器具有较成熟的参数整定方法，如著名的 Ziegler-Nichols 方法。它的基本流程如下。

（1）构成包含 PID 控制器和被控对象的闭环系统。

（2）令 $K_d = K_i = 0$，即纯比例控制，将 K_p 从 0 开始不断增加，直至闭环系统输出为等幅振荡，即 K_p 再稍有增加输出将发散。

（3）计算此时的比例系数 K_m 和等幅振荡频率 ω_m。

（4）根据经验公式，得到 $K_p = 0.6K_m$，$K_d = \dfrac{K_p \pi}{4\omega_m}$ 和 $K_i = \dfrac{K_p \omega_m}{\pi}$，也可以写作 $K_p = 0.6K_m$，

$K_d = 0.5 \dfrac{K_m}{\omega_m}$ 和 $K_i = 0.2 K_m \omega_m$。

需要说明的是，该整定方法对于有些实际系统是危险的，这是因为振荡可能造成设备损伤，此时可以利用 Ziegler-Nichols 频域方法等其他整定方法。

得到 PID 控制器的参数后，可以对被控对象进行控制。

3.4.1 建立数学模型

PID 控制的结构如图 3-10 所示。

图 3-10 PID 控制结构

下面按照图 3-10 中的各模块分别进行数学建模。

1. 参考输入

参考输入也称为参考信号，本例中选取单位阶跃函数作为参考输入，它满足如下条件。

$$r(t) = \begin{cases} 1 & t > 0 \\ 0 & t < 0 \end{cases}$$

2. PID 控制器

前面已经介绍了 PID 控制器参数整定方法，下面讲解它的物理含义。

闭环系统输出等幅振荡，即说明闭环系统的极点在虚轴上，依此为理论依据，利用根轨迹法，即可确定上述的 K_m 和 ω_m。K_m 为根轨迹位于虚轴时的增益，ω_m 为此点对应的频率。

下面讲解 PID 控制器的具体实现。由于计算机只能处理离散信号，连续信号被看作采样时间很小的离散信号，因而连续的 PID 控制器无法实现，但可以采用如下公式进行近似。

$$u_{PID}(kT) \approx K_p e(kT) + K_d \frac{e(kT) - e((k-1)T)}{T} + K_i T \sum_{j=0}^{k} e(jT)$$

其中，T 为采样周期，本例取 0.005 秒。

从上式不难看出，每计算一次 $u_{PID}(kT)$ 都必须包含一个求和过程 $\sum\limits_{j=0}^{k} e(jT)$，这将是非常不便的，可以做如下处理。

$$u_{PID}(kT) = u_{PID}((k-1)T) + K_p(e(kT) - e((k-1)T))$$
$$+ \frac{K_d}{T}(e(kT) - 2e((k-1)T) + e((k-2)T)) + K_i T e(kT)$$

只需再写出 $u_{PID}((k-1)T)$，并与 $u_{PID}(kT)$ 相减，即可得到上式，它也称作增量式 PID 控制算法。

3. 被控对象

本例中选取被控对象为 $G(s) = \dfrac{400}{s(s^2 + 30s + 200)}$，在仿真过程中，需要将该连续模型转换为离散模型。

3.4.2　编写代码

1．参数整定

根据连续系统进行参数整定的函数内容如下。

```
function [Kp Kd Ki]=findpara(numc,denc)
%构造被控对象的传递函数
%numc 表示分子系数, denc 表示分母系数
sys=tf(numc, denc);
%获得 km 和 wm
%画出根轨迹
rlocus(sys)
%在根轨迹上选定某点后, 得到该点的增益和根
%需要用户使用鼠标选中根轨迹与虚轴的交点
[km,poles]=rlocfind(sys);
wm=abs(imag(poles(2)));
%得到参数 Kp、Kd、Ki
Kp=0.6*km;
Kd=0.5* km/wm;
Ki=0.2*km*wm;
```

2．被控对象

需要说明的是，上述函数中采用中文注释，这在 MATLAB 中是可以识别的。而对于一些特殊的符号或字符，则需要使用函数 slCharacterEncoding()来设置解码规则，通过命令 help slCharacterEncoding 可了解该函数支持 "Unix, Linux, Mac"、"Hp-UX"、"Windows (USA, Western Europe)"、"Windows (Japan)" 和 "Windows (Other)"。

3.4.3　运行程序

当运行出错或运行结果不理想时，首先按照 3.3 节的方法进行调试，然后在确定程序无误的情况下，检查数学模型和使用的算法是否正确和恰当。

从例 3.17 中可以看出，MATLAB 提供了十分强大的功能。

3.4.4　编程习惯

MATLAB 编程也是程序开发的一种，因此应该符合一般程序开发的规律。良好的编程习惯可以提高工作效率，减少不必要的失误。对于初学者来说，应该注意以下几个方面。

（1）数据结构必须事先规划好，如果数据结构设计存在错误或不妥，那么程序修改的工作量将是巨大的。

（2）尽量避免使用全局变量。

（3）函数尽可能功能简明，使其可以重用，从而使程序模块化。

（4）良好的编写风格，使得别人或者自己能够容易读懂之前所写的代码。具体的方法包括：变量和函数名统一按规律命名，并具有较明确的意义；代码层次分明；注释清楚且充分等。

（5）注重程序的充分测试，注意警告信息。

（6）具有建立和求解数学模型的能力，能够简化程序的复杂性。

MATLAB 编程本身也有其特有的地方，如执行速度慢，为了解决这个问题可以采用如下措施。

（1）尽量避免使用循环，可以用向量化的运算来代替循环操作，在多重循环时，外循环次数应小于内循环。

（2）大型矩阵预先确定各方向长度。

（3）优先考虑使用 MATLAB 的内建函数。

（4）应用 MEX 技术，这部分内容将在第 10 章中介绍。

3.5　数据显示及存取

本节将着重介绍数据的显示、保存和读取。数据图形能使用户对数据有直观的感觉，能较方便地发现其中的规律。数据图形、MAT 文件和文件 I/O 能够实现数据的保存和再用。

3.5.1　二维绘图

二维图形的绘制是 MATLAB 语言图形处理的基础，也是广泛应用的图形方式之一。本节主要介绍函数 plot()、fplot() 和 ezplot() 的用法。

1. 函数 plot()

绘制二维图形时，函数 plot() 是最常采用的方法。根据输入参数的不同，该函数可以实现不同的功能，其具体使用方法如下。

（1）plot(y)。参数 y 可以是向量、实数矩阵或复数向量。若 y 为向量，则绘制的图形以向量索引为横坐标值，以向量元素的值为纵坐标值；若 y 为实数矩阵，则分别绘制 y 的各列向量；若 y 为复向量，则绘制的图形以复向量对应的实部向量为横坐标值，以虚部向量为纵坐标值。

例 3.18　用函数 plot() 绘制向量。具体代码序列如下。

```
t=1:0.1:10;
y=sin(t);
plot(y)
```

运行结果如图 3-11 所示。

需要说明的是，向量是离散量，而图 3-11 所显示的是连续曲线，这是因为在没有特殊说明的情况下（如用星号显示数据等），MATLAB 自动将离散量连成光滑曲线。

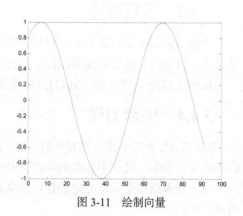

图 3-11　绘制向量

例 3.19　用函数 plot() 绘制矩阵。具体代码序列如下。

```
y= [0 1 2;2 3 4;5 6 7];
plot(y)
```

运行结果如图 3-12 所示。

例 3.20　用函数 plot() 绘制复向量。具体代码序列如下。

```
x=[1:1:100];
y=[2:2:200];
```

```
z=x+y*i;
plot(z)
```

运行结果如图 3-13 所示。

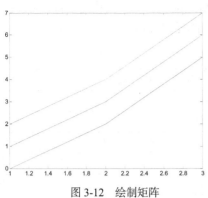

图 3-12　绘制矩阵

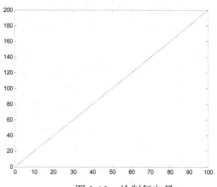

图 3-13　绘制复向量

（2）plot(*x*, *y*)。参数 *x* 和 *y* 均可为向量和矩阵。若参数 *x* 和 *y* 均为 *n* 维向量，则以向量 *x* 为横坐标值，以向量 *y* 为纵坐标值；若参数 *x* 为 *n* 维向量，且 *y* 为 *m*×*n* 或 *n*×*m* 的矩阵，则在同一图内绘制 *m* 条不同颜色的曲线，图中以向量 *x* 为横坐标值，*y* 矩阵的 *m* 个 *n* 维分量分别为纵坐标值；若参数 *x* 和 *y* 均为 *m*×*n* 矩阵，则在同一图内绘制 *n* 条不同颜色的曲线，其中，第 *i* 条曲线以 *x* 的第 *i* 列分量为横坐标值，以 *y* 的第 *i* 列分量为纵坐标值。

例 3.21　用函数 plot() 绘制双向量，具体代码序列如下。

```
x=0:0.1:10;
y=sin(x)+2;
plot(x,y)
```

运行结果如图 3-14 所示。

例 3.22　用函数 plot() 绘制向量和矩阵，具体代码序列如下。

```
x=0:0.1:10;
y=[sin(x)+2;cos(x)+1];
plot(x,y)
```

运行结果如图 3-15 所示。

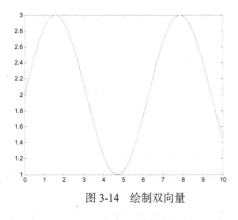

图 3-14　绘制双向量

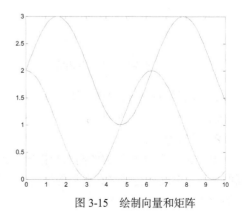

图 3-15　绘制向量和矩阵

例 3.23　用函数 plot() 绘制双矩阵，具体代码序列如下。

```
x=[1 2 3;4 5 6;7 8 9;2 3 4;5 6 7];
```

```
y=[2 4 5;3 6 7;4 6 8;1 3 5;2 6 3];
plot(x,y)
```

运行结果如图 3-16 所示。

（3）plot(*x*, *y*, *s*)。参数 *x* 和 *y* 的含义与 plot(*x*, *y*)中的相同，参数 *s* 为指定字符，可以代表不同的线型、点标和颜色等。二维绘图的图形常用设置选项如表 3-2 所示。

表 3-2 二维绘图的图形常用设置选项

选 项	说 明	选 项	说 明	选 项	说 明
-	实线	g	绿色	x	x 符号
:	点线	b	蓝色	s	方形
-.	点画线	w	白色	d	菱形
--	虚线	k	黑色	v	下三角
Y	黄色	.	点	^	上三角
M	紫红色	o	圆	<	左三角
C	蓝绿色	+	加号	>	右三角
R	红色	*	星号	p	正五边形

例 3.24 用函数 plot()绘制双向量，其中，数据点为菱形，连接曲线用红色点画线表示。具体代码序列如下。

```
x=0:0.5:20;
y=sin(x);
plot(x,y,'-.rd')
```

运行结果如图 3-17 所示。

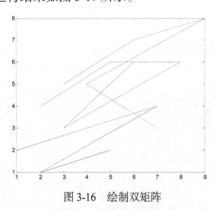

图 3-16 绘制双矩阵   图 3-17 绘制具有设置选项的双向量

需要说明的是，选项的设置不分先后。例如，在例 3.24 中，plot(x,y,'-.rd')的运行结果等同于 plot(x,y,'d-.r')、plot(x,y,'r-.d')等。

2. 函数 fplot()

函数 plot()用于将外部的离散数据转化为图形，数据点越多，绘制的曲线越精确，越能反映数据的规律，但这样会带来数据量的增大，运行时间的增长；而数据点少，则可能无法正确反映数据的规律。

函数 fplot()可以帮助用户构建所需绘制函数的数据，它通过内部的自适应算法来动态决定数据的取值间隔（如函数值变化缓慢时，间隔增大，变化剧烈时，间隔减小），从而可以准确绘制函数。函数 fplot()的具体用法如下。

```
fplot(function,limits)
fplot(function,limits,LineSpec)
fplot(function,limits,tol)
fplot(function,limits,tol,LineSpec)
fplot(function,limits,n)
fplot(axes_handle,...)
[X,Y] = fplot(function,limits,...)
[...] = fplot(function,limits,tol,n,LineSpec,P1,P2,...)
```

其中各项参数的含义如下。

- function：待绘制的函数。
- limits：定义 x 轴（自变量）的取值范围[xmin xmax]，或 x 轴和 y 轴（应变量）的范围 [xmin xmax ymin ymax]。
- LineSpec：定义绘图的线型、颜色等（见表 3-2）。
- tol：相对误差容忍度，默认值为 2e-3。
- n：当 $n \geqslant 1$ 时，至少绘制 $n+1$ 个点，默认值为 1。
- axes_handle：坐标轴句柄，函数的图形将绘制在这个坐标系中。
- P1,P2…：向函数传递参数值。
- X,Y…：采样的自变量和对应的函数值。

例 3.25　用函数 fplot()绘制函数的曲线。具体代码序列如下。

```
[X,Y]=fplot(@sin,[-pi pi],2e-4);
size(X)
fplot(@sin,[-pi pi],2e-4);
```

运行结果如下，绘制图形如图 3-18 所示。

```
ans =
   428    1
```

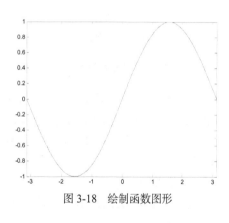

图 3-18　绘制函数图形

需要说明的是，代码第一行不显示图形，只返回采样的自变量和对应的函数值；代码第二行的结果表明采用了 428 组数据，查看变量 **X** 可发现取值间隔是不同的；代码第一行和第三行中的@sin 表示函数 sin()。@mfile 表示函数 mfile()，也称作函数 mfile()的句柄。同时 fplot(@sin,[-pi pi],2e-4)等同于 fplot('sin',[-pi pi],2e-4)，即采用函数名对应的字符串替代函数句柄。

3. 函数 ezplot()

函数 ezplot()也是用于绘制函数在某一自变量区域内的图形，它的具体使用方法如下。

```
ezplot(f)
ezplot(f,[min,max])
ezplot(f,[xmin,xmax,ymin,ymax])
ezplot(x,y)
ezplot(x,y,[tmin,tmax])
ezplot(...,figure_handle)
ezplot(axes_handle,...)
h = ezplot(...)
```

当 $f=f(x)$时，各参数的含义如下。

- ezplot(f)：绘制函数在默认区域-2*pi<x<2*pi 内的图形。

- ezplot(f,[min,max])：绘制函数在区域 min<x<max 内的图形。

当 f=$f(x,y)$ 时，各参数的含义如下。

- ezplot(f)：绘制函数在默认区域-2*pi<x<2*pi、-2*pi<y<2*pi 内的图形。

- ezplot(f,[xmin,xmax,ymin,ymax])：绘制函数 $f(x,y)$ = 0 在区域 xmin<x<xmax、ymin<y<ymax 内的图形。

- ezplot(f,[min,max])：绘制函数 $f(x,y)$ = 0 在区域 min<x<max、min<y<max 内的图形。

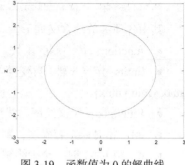

图 3-19　函数值为 0 的解曲线

- ezplot(x,y)：绘制参数方程组 x=$x(t)$、y =$y(t)$ 在默认区域 0<t<2*pi 内的图形。

- ezplot(x,y,[tmin,tmax])：绘制参数方程组 x =$x(t)$、y=$y(t)$ 在区域 tmin<t<tmax 内的图形。

- ezplot(...,figure_handle)：在句柄为 figure_handle 的窗口中绘制图形。

- ezplot(axes_handle,...)：在句柄为 axes_handle 的坐标系上绘制图形。

- h = ezplot(...)：返回图形的句柄。

需要说明的是，上述函数中的自变量名称不局限于 x 和 y。

例 3.26　用函数 ezplot() 绘制函数值为 0 的解曲线。具体代码如下。

```
ezplot('u^2+z^2-4', [-3,3,-3,3]);
```

运行结果如图 3-19 所示。

3.5.2　三维绘图

在实际的工程计算中，常常需要将结果表示成三维图形，MATLAB 为此提供了相应的三维绘图功能。三维图形的绘制与二维图形有很多类似之处。最常用的三维图形有三维曲线图、网格图和曲面图，对应的 MATLAB 函数为 plot3()、mesh() 和 surf()，下面分别介绍它们的具体使用方法。

1. 函数 plot3()

与函数 plot() 类似，　plot3() 是最常用的三维绘图函数。其具体使用方法如下。

```
plot3(X1,Y1,Z1,...)
plot3(X1,Y1,Z1,LineSpec,...)
plot3(...,'PropertyName',PropertyValue,...)
h=plot3(...)
```

其中，$X1$、$Y1$、$Z1$ 为向量或矩阵，LineSpec 定义曲线线型、颜色等（见表 3-2），PropertyName 为线对象的属性名，PropertyValue 为相应属性的值，h 是用于存放曲线簇中每一个线对象的句柄变量。

当 $X1$、$Y1$、$Z1$ 为长度相同的向量时，函数 plot3() 将绘制一条分别以向量 $X1$、$Y1$、$Z1$ 为 x、y、z 轴坐标值的空间曲线。

当 $X1$、$Y1$、$Z1$ 均为 $m×n$ 的矩阵时，函数 plot3() 绘制 m 条空间曲线，其中第 i 条空间曲线分别以 $X1$、$Y1$、$Z1$ 矩阵的第 i 列分量为 x、y、z 轴坐标值的空间曲线。

例 3.27　用函数 plot3() 绘制螺旋线。具体代码序列如下。

```
t=0:pi/50:10*pi;
plot3(cos(t),sin(t),t)
```

运行结果如图 3-20 所示。

例 3.28　用函数 plot3() 绘制向量。具体代码序列如下。

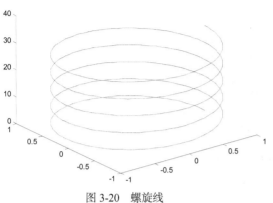

图 3-20　螺旋线

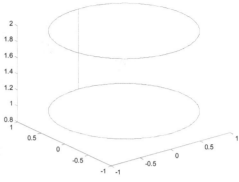

图 3-21　绘制向量

```
t=[0:pi/100:2*pi];
x=[sin(t) sin(t)];
y=[cos(t) cos(t)];
z=[(sin(t)).^2+(cos(t)).^2  (sin(t)).^2+(cos(t)).^2+1];
plot3(x,y,z)
```

运行结果如图 3-21 所示。

2. 函数 mesh()

该函数与函数 plot3() 不同之处在于，它可以绘制在某一区间内的完整曲面，而不是单条曲线。其具体使用方法如下。

```
mesh(X,Y,Z)
mesh(Z)
mesh(...,C)
mesh(...,'PropertyName',PropertyValue,...)
mesh(axes_handles,...)
h = mesh(...)
hsurface = mesh('v6'...)
```

其中，C 用于定义颜色，如果没有定义 C，则 mesh(X,Y,Z) 绘制的颜色随 Z 值（即曲面高度）成比例变化；X 和 Y 必须均为向量，若 X 和 Y 的长度分别为 m 和 n，则 Z 必须为 $m×n$ 的矩阵，在这种情况下，网格线的顶点为（$X(j),Y(i),Z(i,j)$）；若参数中没有提供 X、Y，则将(i,j)作为 $Z(i,j)$ 的 X、Y 轴坐标值。

例 3.29　用函数 mesh() 绘制三维曲面。具体代码序列如下。

```
x=-4:0.1:4;
y=x';
m=ones(size(y)) *x;
n=y* ones(size(x));
p=sqrt(m.^2+n.^2)+eps;
z=sin(p)./p;
mesh(z)
```

运行结果如图 3-22 所示。

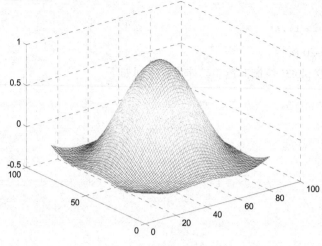

图 3-22　绘制三维曲面

3. 函数 surf()

该函数的使用方法与函数 mesh()类似，不同之处在于，函数 mesh()绘制的是网格图，而函数 surf()绘制的是着色的三维曲面。surf()函数的具体使用方法如下：

```
surf(Z)
surf(X,Y,Z)
surf(X,Y,Z,C)
surf(...,'PropertyName',PropertyValue)
surf(axes_handle,...)
h = surf(...)
hsurface = surf('v6',...)
```

其中，各参数的含义与函数 mesh()中的相同。

例 3.30　比较函数 surf()和函数 mesh()绘制三维曲面的差别。具体代码序列如下。

```
[X,Y,Z] = peaks(30);
figure(1)
surf(X,Y,Z)
figure(2)
mesh(X,Y,Z)
```

运行结果如图 3-23 和图 3-24 所示。

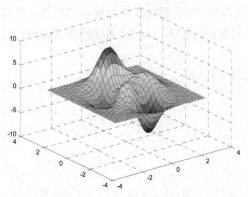

图 3-23　函数 surf()的绘制结果

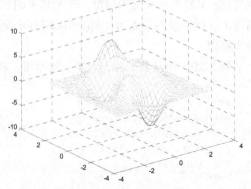

图 3-24　函数 mesh()的绘制结果

4. 改进的三维绘图函数

前面介绍了 3 个基本的三维绘图函数，下面介绍一些常用的图形处理功能。

（1）函数 meshc()和 meshz()

函数 meshc()的作用是在函数 mesh()绘制的三维曲面图基础上再绘出等高线，其具体使用方法同函数 mesh()。

例 3.31 用函数 meshc()绘制三维曲面。具体代码序列如下。

```
[X,Y,Z] = peaks(30);
meshc(Z)
```

运行结果如图 3-25 所示。

函数 meshz()的作用是在函数 mesh()绘制的三维曲面图基础上再绘出边界面，其具体使用方法同函数 mesh()。

例 3.32 用函数 meshz()绘制三维曲面。具体代码序列如下。

```
[X,Y,Z] = peaks(30);
meshz(Z)
```

运行结果如图 3-26 所示。

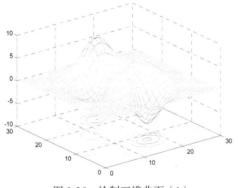

图 3-25 绘制三维曲面（1）

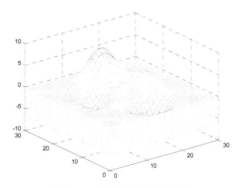

图 3-26 绘制三维曲面（2）

（2）函数 surfc()

函数 surfc()的作用与函数 meshc()类似，在函数 surf()绘制的三维图形基础上再绘出等高线，其具体使用方法同函数 surf()。

3.5.3 图形处理

MATLAB 除了提供强大的绘图功能外，还提供了强大的图形处理功能，如图形标注、坐标轴的控制、图形数据取点、子图和图形保持、图形的打印和输出等。

1. 图形标注

MATLAB 提供了丰富的图形标注函数，可以方便地对所绘图形进行标注。

（1）标注坐标轴和图形标题

用于标注坐标轴和填加图形标题的函数主要有 xlabel()、ylabel()、zlabel()和 title()等，它们的使用方法基本相同，具体如下。

```
xlabel('string')
xlabel(...,'PropertyName',PropertyValue,...)
```

```
xlabel(fname)
ylabel('string')
ylabel(fname)
zlabel('string')
zlabel(fname)
title('string')
title(...,'PropertyName',PropertyValue,...)
title(fname)
```

其中，string 是标注所用的文本，fname 是一个函数名。该函数的返回值必须是字符串，'PropertyName' 定义标注文本的属性，包括字体大小、字体名和字体粗细等，PropertyValue 为对应的属性值。

例 3.33 标注坐标轴和添加图形标题。具体代码序列如下。

```
x=1:0.1*pi:2*pi;
y=sin(x);
plot(x,y)
xlabel('x(0-2\pi)');
ylabel('y=sin(x)','fontweight','bold');
title('正弦函数','fontsize',12, 'fontweight','bold','fontname','隶书')
```

运行结果如图 3-27 所示。

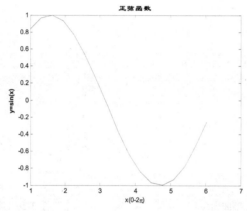

图 3-27   标注坐标轴和填加图形标题

在标注过程中经常会遇到特殊符号的输入问题，如例 3.33 中 pi 的输入，MATLAB 提供了相应的字符转换。常见的字符转换如表 3-3 所示。

表 3-3   MATLAB 中常见的字符转换

控制字符串	转换字符串	控制字符串	转换字符串
\alpha	α	\lambda	λ
\beta	β	\mu	μ
\gamma	γ	\xi	ξ
\delta	δ	\pi	π
\epsilon	ε	\omega	ω
\zeta	ζ	\tau	τ
\eta	η	\sigma	Σ
\theta	θ	\kappa	κ
\leftarrow	←	\uparrow	↑

此外还可以对标注文本进行显示控制，具体方式如下。

- \bf：黑体。
- \it：斜体。
- \sl：透视。
- \rm：标准形式。
- \fontname{fontname}：定义标注文字的字体。
- \fontsize{fontsize}：定义标注文字的字体大小。

（2）文本标注图形

在 MATLAB 中，可以使用函数 text()或函数 gtext()对图形进行文本标注。函数 text()的输入包括标注的文本字符串和位置，其中文本字符串和位置都可以通过函数的返回值来确定，而函数 gtext()可以使用鼠标来选择标注的位置。它们的具体使用方法如下：

```
text(x,y,'string')
text(x,y,z,'string')
text(...'PropertyName',PropertyValue...)
gtext('string')
gtext({'string1','string2','string3',...})
gtext({'string1';'string2';'string3';...})
```

例 3.34　用函数 text()对图形进行文本标注。具体代码序列如下。

```
x=1:0.1*pi:2*pi;
y=sin(x);
plot(x,y)
xlabel('x(0-2\pi)');
ylabel('y=sin(x)','fontweight','bold');
title('正弦函数','fontsize',12,'fontweight','bold','fontname','隶书')
text(3*pi/4,sin(3*pi/4),'\leftarrowsin(t) = .707','FontSize',16)
text(pi,sin(pi),'\leftarrowsin(t) = 0','FontSize',16)
text(5*pi/4,sin(5*pi/4),'sin(t) = -.707\rightarrow','HorizontalAlignment','right',
'FontSize',16)
```

运行结果如图 3-28 所示。

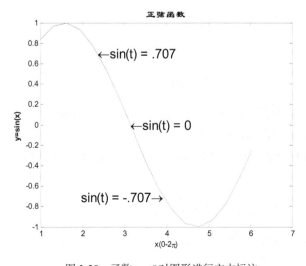

图 3-28　函数 text()对图形进行文本标注

例 3.35　用函数 gtext()对图形进行文本标注。具体代码序列如下。

```
X=1:0.1*pi:2*pi;
Y=sin(X);
plot(X,Y)
gtext('y=sin(x) ', 'fontsize',12)
```

当鼠标进入图形中时，运行结果如图 3-29 所示。

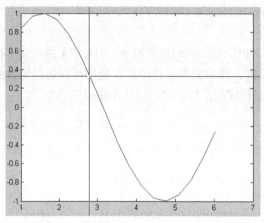

图 3-29　鼠标进入图形中时的图形

当单击鼠标左键时，运行结果如图 3-30 所示。

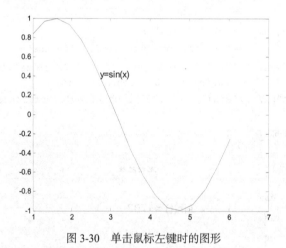

图 3-30　单击鼠标左键时的图形

同时还可以控制标注的对齐方式和添加多行标注文字，下面通过一个例子来说明这些特殊功能的效果，具体的使用方法详见在线帮助。

例 3.36　控制标注的对齐方式和添加多行标注文字。具体代码序列如下。

```
Z = peaks;
h = plot(Z(:,33));
x = get(h,'XData'); % Get the plotted data
y = get(h,'YData');
imin = find(min(y) == y);% Find the index of the min and max
imax = find(max(y) == y);
text(x(imin),y(imin),['Minimum=',num2str(y(imin))],'VerticalAlignment','middle','H
```

```
orizontalAlignment','left','FontSize',14)
    text(x(imax),y(imax),['Maximum=',num2str(y(imax))],'VerticalAlignment','bottom','H
orizontalAlignment','right','FontSize',14)
    str1(1) = {'Center each line in the Uicontrol'};
    str1(2) = {'Also check out the textwrap function'};
    str2(1) = {'Each cell is a quoted string'};
    str2(2) = {'You can specify how the string is aligned'};
    str2(3) = {'You can use LaTeX symbols like \pi \chi \Xi'};
    str2(4) = {'\bfOr use bold \rm\itor italic font\rm'};
    str2(5) = {'\fontname{courier}Or even change fonts'};
    uicontrol('Style','text','Position',[80 80 200 30],'String',str1);
    text(45,0,str2,'HorizontalAlignment','right')
```

运行结果如图 3-31 所示。

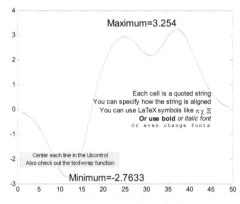

图 3-31 复杂的文本标注

（3）标注图例

图形中往往会包含多条曲线，这时可以使用函数 legend()为曲线填加图例以便区分。该函数能够为图形中的所有曲线进行标注，并以输入变量作为标注文本。其具体使用方法如下。

```
legend('string1','string2',...)
legend(...,'Location',location)
```

其中，'string1','string2'等分别标注绘图过程中按绘制先后顺序所生成的曲线，'Location'定义标注位置属性，location 用于定义属性值，可用的属性值如表 3-4 所示。

表 3-4 图例标注位置属性值

字 符 串	位 置	字 符 串	位 置
North	绘图区内的上中部	South	绘图区内的底部
East	绘图区内的右部	West	绘图区内的左中部
NorthEast	绘图区内的右上部	NorthWest	绘图区内的左上部
SouthEast	绘图区内的右下部	SouthWest	绘图区内的左下部
NorthOutside	绘图区外的上中部	SouthOutside	绘图区外的下部
EastOutside	绘图区外的右部	WestOutside	绘图区外的左部
NorthEastOutside	绘图区外的右上部	NorthWestOutside	绘图区外的左上部
SouthEastOutside	绘图区外的右下部	SouthWestOutside	绘图区外的左下部
Best	标注与图形的重叠最小处	BestOutside	绘图区外占用最小面积

例 3.37　用函数 legend()标注图例。具体代码序列如下。

```
x = -pi:pi/20:pi;
plot(x,cos(x),'-ro',x,sin(x),'-.b')
legend('cos','sin','Location','NorthWest');
```

运行结果如图 3-32 所示。

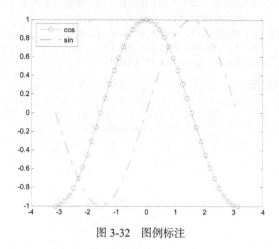

图 3-32　图例标注

其中，图例标注的位置可以用鼠标拖动来调整。

2. 坐标轴的控制

在 MATLAB 中可以通过设置参数来实现对坐标轴的各种控制，这里仅介绍常用的控制函数。

（1）函数 axis()

该函数的作用是控制坐标轴的刻度范围及显示形式，其具体使用方法如下。

```
axis([xmin xmax ymin ymax])
axis([xmin xmax ymin ymax zmin zmax])
axis string
```

其中，[xmin xmax ymin ymax zmin zmax]用于定义坐标轴的范围，string 是控制字符串，可用的 string 如表 3-5 所示。

表 3-5　　　　　　　　　　　　　　　函数 axis()的控制字符串

字　符　串	说　　　　明
auto	自动模式，使坐标轴范围能容纳下所有的图形
manual	以当前的坐标范围限定图形的绘制，此后使用 hold on 命令再次绘图时保持坐标轴范围不变
tight	将坐标范围限制在指定的数据范围内
fill	设置坐标范围和 PlotBoxAspectRatio 属性，以使坐标满足要求
ij	将坐标设置成矩阵形式，原点在左上角
xy	将坐标设置成直角坐标系
equal	将各坐标轴的刻度设置成相同
image	与 equal 类似
square	设置绘图区为正方形
vis3d	使图形在旋转或拉伸过程中保持坐标轴的比例不变

续表

字　符　串	说　　　明
normal	解除对坐标轴的所有限制
off	取消对坐标轴的所有设置
on	恢复对坐标轴的所有设置

例 3.38　用函数 axis() 控制坐标轴的刻度范围。具体代码序列如下。

```
x = -pi:pi/20:pi;
plot(x,cos(x),'-ro',x,sin(x),'-.b')
axis([0 pi/2 -1.5 1.5])
```

运行结果如图 3-33 所示。

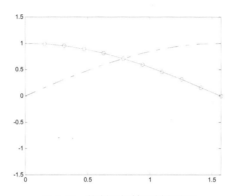

图 3-33　控制坐标轴的刻度范围

（2）命令 zoom

该命令的作用是控制二维图形的坐标轴缩放，其具体使用方法如下。

```
zoom string
```

其中，string 是控制字符串，可用的 string 如表 3-6 所示。

表 3-6　　　　　　　　　　　　　　命令 zoom 的控制字符串

字　符　串	说　　　明	字　符　串	说　　　明
空	在 zoom on 和 zoom off 之间切换	out	恢复到最初的坐标轴设置
(factor)	以 factor 作为缩放因子进行坐标轴的缩放	reset	设置当前的坐标轴为最初值
on	允许对坐标轴进行缩放	xon	允许对 x 轴进行缩放
off	禁止对坐标轴进行缩放	yon	允许对 y 轴进行缩放

（3）命令 grid

该命令的作用是绘制坐标网格，其具体使用方法如下。

```
grid on    %填加网格线
grid off   %取消网格线
grid minor %设置网格的间距
grid       %在 grid on 和 grid off 之间切换
```

例 3.39　用命令 grid 绘制坐标网格。具体代码序列如下。

```
x = -pi:pi/20:pi;
```

```
plot(x,cos(x),'-ro',x,sin(x),'-.b')
grid on
```

运行结果如图 3-34 所示。

（4）命令 box

该命令的作用是在图形边界显示坐标刻度。其具体使用方法如下。

```
box on    %在图形边界显示坐标刻度
box off   %在图形边界不显示坐标刻度
box       %在 box on 和 box off 之间切换
```

例 3.40　用命令 box 在图形边界显示坐标刻度，具体代码序列如下。

```
x = -pi:pi/20:pi;
plot(x,cos(x),'-ro',x,sin(x),'-.b')
box off
```

运行结果如图 3-35 所示。

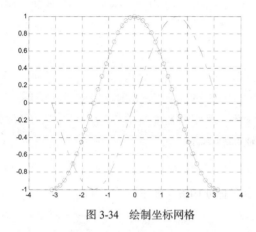

图 3-34　绘制坐标网格

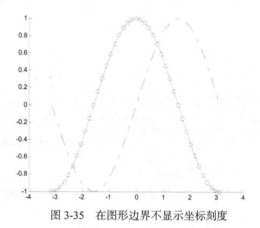

图 3-35　在图形边界不显示坐标刻度

3. 图形数据取点

当希望从已完成的图形中读取若干自变量对应的函数值时，可以使用函数 ginput()读取二维图形的数据，其具体使用方法如下。

```
[x,y] = ginput(n)   %通过单击鼠标左键选择 n 个点，它们的坐标值保存在[x,y]中
```

例 3.41　函数 ginput()读取二维图形的数据。具体代码序列如下。

```
x = -pi:pi/20:pi;
plot(x,cos(x));
[x,y] = ginput(1);
error=y-cos(x)
```

执行完[x,y] = ginput(1)代码且鼠标进入图形中时，运行结果如图 3-36 所示。

当单击鼠标左键并运行完 error=y-cos(x)代码后，运行结果如下。

```
error =
   0.0042468
```

从例 3.41 中不难看出，图形曲线与真实曲线存在差别，这是因为绘图时采用的是离散数据，在这些数据点上曲线是准确的，但这些数据间的曲线是通过某些算法近似得来的。

4. 子图和图形保持

在绘图过程中，经常需要在已绘制的图形上添加新曲线和将几个子图绘制在一个图形上。MATLAB 提供命令 hold 和函数 subplot()解决上述问题。

（1）命令 hold

该命令的常用方法如下。

```
hold on    %启动图形保持功能，此后绘制的曲线都将添加到当前的图形中，并自动调整坐标轴范围
hold off   %关闭图形保持功能
hold    %在 hold on 和 hold off 之间切换
```

例 3.42 在一个图形上依次绘制函数图形。具体代码序列如下。

```
x = -pi:pi/20:pi;
plot(x,cos(x),'-ro');
hold on
plot(x,sin(x),'-.b');
```

运行结果如图 3-37 所示。

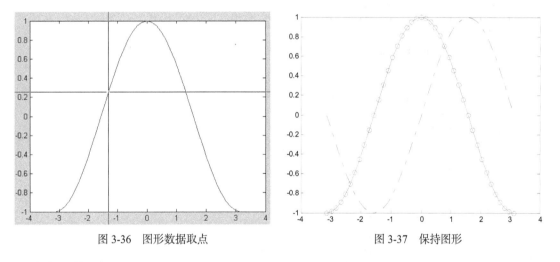

图 3-36　图形数据取点　　　　图 3-37　保持图形

（2）函数 subplot()

该函数的作用是将一个图形分隔成若干子区域，在指定子区域显示指定子图，其具体使用方法如下。

subplot(m,n,p)　%将图形分成 m*n 个子区域，在第 p 个子区域绘制坐标轴，下一个绘图指令的运行结果将显示在这个区域，0<p<m*n+1，子区域是依运行顺次按从左至右编号

subplot(m,n,[p1,p2,…])　%按上面的方法将图形分成 m*n 个子区域并进行编号，合并 p1、p2 等子区域为新的子区域，下一个绘图指令的运行结果将显示在这个区域

例 3.43 在一个图形上绘制相同大小的子图。具体代码序列如下。

```
x = -pi:pi/20:pi;
subplot(2,3,1)
plot(x,cos(x))
title('First: cos')
subplot(2,3,2)
plot(x,sin(x))
title('Second: sin')
```

```
subplot(2,3,3)
plot(x,abs(x))
title('Third: abs')
subplot(2,3,4)
plot(x,floor(x))
title('Fourth: floor')
subplot(2,3,5)
plot(x,round(x))
title('Fifth: round')
subplot(2,3,6)
plot(x,sign(x))
title('Sixth: sign')
```

运行结果如图 3-38 所示。

例 3.44　在一个图形上绘制不同大小的子图。具体代码序列如下。

```
x = -pi:pi/20:pi;
subplot(2,3,[1 4])
plot(x,cos(x))
title('The First block: cos')
subplot(2,3,[2 3])
plot(x,sin(x))
title('The Second block: sin')
subplot(2,3,5)
plot(x,round(x))
title('The Third block: round')
subplot(2,3,6)
plot(x,sign(x))
title('The Fourth block: sign')
```

运行结果如图 3-39 所示。

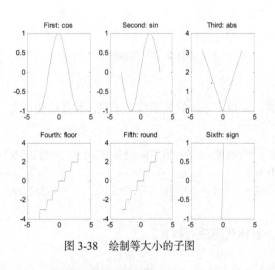

图 3-38　绘制等大小的子图

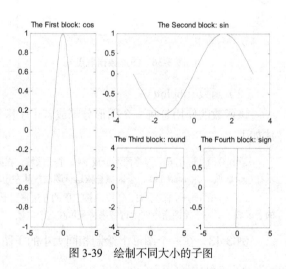

图 3-39　绘制不同大小的子图

5. 图形的打印和输出

在绘制图形后，可以将图形文件保存为 FIG 文件。有时需要将图形打印出来，以图片形式存放在其他文档中或把图形复制到其他图形或文字处理软件中，MATLAB 提供了几种方式输出当前的图形。

选择图形窗口的【Edit】菜单下的【Copy Figure】命令，拷贝的选项可以通过【Copy Options】进行设置，拷贝后可以将图形粘贴到其他图形或文字处理软件中进行编辑、保存、打印等。

还可以使用内置打印引擎或系统的打印服务，详见在线帮助。

3.5.4　图形窗口

前面例子的运行结果中的图形都是显示在同一个图形窗口中，这个窗口是自动生成的。下面介绍图形窗口的创建与控制、菜单操作、工具栏等内容。

1. 创建与控制

创建图形窗口的函数是 figure()，其具体使用方法如下。

```
figure    %创建一个图形窗口对象
figure('PropertyName',PropertyValue,...)    %按照指定属性创建一个图形窗口对象
figure(h)    %如果句柄值 h 所对应的窗口对象已存在，则使该图形窗口成为当前窗口；如果不存在，则新建一个
```
句柄值为 h 的窗口对象

```
h = figure(...)    %返回图形窗口对象的句柄
```

同时可以通过下面两个函数查阅和设置图形窗口的属性和参数。

```
get(n)    %返回句柄值为 h 的图形窗口的参数名称及其当前值
set(n)    %返回句柄值为 h 的图形窗口的参数名称并可进行设置
```

例 3.45　用函数 figure()创建与控制图形窗口，具体代码序列如下。

```
x = -pi:pi/20:pi;
figure(1);
plot(x,cos(x));
title('cos');
figure(2);
plot(x,sin(x));
title('sin');
get(2)
```

运行结果如下，并显示图 3-40 和图 3-41 的字的图形。

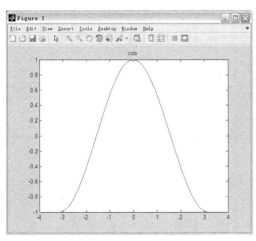

图 3-40　句柄值 1 所对应的窗口

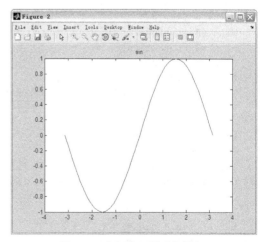

图 3-41　句柄值 2 所对应的窗口

```
Alphamap = [ (1 by 64) double array]
BackingStore = on
```

```
CloseRequestFcn = closereq
Color = [0.8 0.8 0.8]
Colormap = [ (64 by 3) double array]
CurrentAxes = [309.001]
CurrentCharacter =
CurrentObject = []
CurrentPoint = [0 0]
DockControls = on
DoubleBuffer = on
FileName =
FixedColors = [ (10 by 3) double array]
IntegerHandle = on
InvertHardcopy = on
KeyPressFcn =
MenuBar = figure
MinColormap = [64]
Name =
NextPlot = add
NumberTitle = on
PaperUnits = centimeters
PaperOrientation = portrait
PaperPosition = [0.634517 6.34517 20.3046 15.2284]
PaperPositionMode = manual
PaperSize = [20.984 29.6774]
PaperType = A4
Pointer = arrow
PointerShapeCData = [ (16 by 16) double array]
PointerShapeHotSpot = [1 1]
Position = [232 246 560 420]
Renderer = None
RendererMode = auto
Resize = on
ResizeFcn =
SelectionType = normal
ShareColors = on
ToolBar = auto
Units = pixels
WindowButtonDownFcn =
WindowButtonMotionFcn =
WindowButtonUpFcn =
WindowStyle = normal
WVisual = 00 (RGB 32  GDI, Bitmap, Window)
WVisualMode = auto

BeingDeleted = off
ButtonDownFcn =
Children = [309.001]
Clipping = on
CreateFcn =
DeleteFcn =
BusyAction = queue
HandleVisibility = on
HitTest = on
Interruptible = on
Parent = [0]
Selected = off
```

```
SelectionHighlight = on
Tag =
Type = figure
UIContextMenu = []
UserData = []
Visible = on
```

2. 菜单操作

下面简要介绍图形窗口的各菜单。

（1）【File】菜单

【New】选项用于新建一个 M-文件（M-File）、图形窗口（Figure）、Simulink 模型（Model）、MATLAB 工作空间的变量（Variable）和用户界面（GUI）。

【Generate M-File】选项用于生成 M-函数文件。

【Import Data】选项用于导入数据。

【Save Workspace As】选项用于将图形窗口中的图形数据存储在二进制 mat 文件中，以供其他编程语言（如 C 语言等）调用。

【Preferences】选项用于定义图形窗口的各种设置，包括字体、颜色等。

【Export Setup】选项用于打开【图形输出】对话框，可以把图形以 emf、ai、bmp、eps、jpg、pdf 等格式保存，并设置有关图形窗口的显示等方面的参数。

【Page Setup】选项用于打开【页面设置】对话框。设置图形尺寸、纸张大小、线型、文本类型以及坐标轴和图形。

【Print Setup】选项用于打开【打印设置】对话框，从中设置图片的题图等。

【Print Preview】选项用于打开【打印预览】对话框。

【Print】选项用于打开【打印】对话框。

（2）【Edit】菜单

【Copy Figure】选项用于复制图形。

【Copy Option】选项用于打开【复制设置】对话框，设置图形复制的格式、图形背景颜色和图形大小等。该选项打开的对话框与执行【File】|【Preferences】命令打开的对话框类似，只是当前显示的面板不同。

【Figure Properties】选项用于打开图形窗口的属性设置对话框。

【Axes Properties】选项用于打开【设置坐标轴属性】对话框。

【Current Object Properties】选项用于打开设置图形窗口中当前对象（如窗口中的坐标轴、图形等）属性的对话框。

【Colormap】选项用于打开【色图编辑】对话框。

【Clear Figure】、【Clear Command Window】、【Clear Command History】和【Clear Workspace】选项分别用于清除图形窗口中的图形、命令窗口、历史命令和工作空间。

（3）【View】菜单

该菜单各选项主要用于打开各种工具栏和控制面板，所有工具栏和控制面板打开时的界面如图 3-42 所示。

① 图形窗口工具条主要用于对图形进行各种处理，如旋转三维图形、取得图形中某点的坐标值、插入图例标注和插入色图条等。

② 照相工具条主要用于设置图形的视角和光照等，可以实现从不同角度来观察所绘制的三维

图形，并为图形设置不同的光照情况。

③ 绘图编辑工具条主要用于向图形中添加文本标注和各种标注图形等。

④ 绘图浏览器用于浏览当前图形窗口中的所有图形对象。

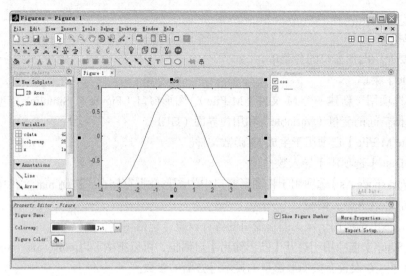

图 3-42　所有工具栏和控制面板打开的界面

（4）【Insert】菜单

该菜单主要用于向当前图形窗口中插入各种标注图形（如插入单箭头、文字等），与绘图编辑工具条中的各种功能相同。

（5）【Tools】菜单

该菜单中大部分选项实现的功能，与上面几个工具条相关图标的功能相同。

（6）【Desktop】菜单

该菜单用于将窗口合并到 MATLAB 主界面的窗口中。

（7）【Window】菜单和【Help】菜单

这两个菜单与 Windows 系统中各种应用程序界面的相关菜单类似，在此不做介绍。

3. 工具栏

图 3-42 的图形窗口中各工具栏的功能如表 3-7 所示。

表 3-7　　　　　　　　　　　　　　图形窗口工具栏

工具栏图标	说　　明	工具栏图标	说　　明
	新建一个图形窗口		打印图形
	打开图形窗口文件（后缀名为.fig）		移动图形
	保存图形窗口文件		旋转三维图形
	放大图形窗口中的图形		取点
	缩小图形窗口中的图形		插入颜色条
	插入图例		隐藏绘图工具
	打开绘图工具		设置环行视角
	设置光照相关属性		倾斜视角

续表

工具栏图标	说　明	工具栏图标	说　明
	在水平方向设置视角		前后移动视角
	设置视角大小		水平面移动视角
	以 X 方向为标准设置环行视角		以 Y 方向为标准设置环行视角
	以 Z 方向为标准设置环行视角		选择是否打开光照
	重置图形的视角和光照		停止光照和视角的移动
	设置绘图颜色		边界颜色
	添加下画线	A	设置字体
B	粗体	I	倾斜字体
	左对齐		居中
	插入直线		插入箭头
	插入双箭头	T	插入文本箭头
T	插入文本框	□	插入方框
○	插入椭圆		为图形上的点添加 pin
	对齐		编辑模式

3.5.5　MAT 文件的应用

前面重点讲解数据的显示，下面重点介绍数据的保存和调用。当然，图形文件也可以保存数据，但使用起来不太方便，这里将不做介绍。

MAT 文件是 MATLAB 存储数据的默认文件格式，由文件头和数据组成，文件扩展名是.mat。可借助命令 save 和 load 实现 MATLAB 对数据的读写，这两个命令的具体使用方法如下。

```
save filename X Y Z  %将变量X、Y、Z保存在filename.mat文件中
load filename  %将filename.mat文件中保存的所有变量读入工作空间
```

例 3.46　用命令 save 和 load 实现 MATLAB 对数据的读写。具体代码序列如下。

```
clear
clc
x = -pi:pi/3:pi;
y=cos(x)
save mydatafile x y
clear
load mydatafile
z=y
```

运行结果如下。

```
y =
  -1.0000  -0.5000   0.5000   1.0000   0.5000  -0.5000  -1.0000
z =
  -1.0000  -0.5000   0.5000   1.0000   0.5000  -0.5000  -1.0000
```

3.5.6　文件 I/O

MATLAB 具有直接对磁盘文件进行访问的功能，提供很多文件输入和输出的内建函数。它们

可以方便地对二进制文件或 ASCII 文件进行打开、关闭和存储等操作。

1. 打开和关闭文件

（1）打开文件

根据操作系统的要求，在程序中要使用或者创建一个磁盘文件时，必须向操作系统发出打开文件的命令，使用完毕后，还必须关闭这个文件。

在 MATLAB 中，使用 C 语言中的函数 fopen() 来完成打开文件的功能，其具体使用方法如下。

```
fid=fopen('filename','permission')
[fid,message]=fopen('filename', 'permission')
```

其中，filename 是要打开的文件名称，permission 表示对文件的处理方式，包括如下设置参数。

- 'r'：只读文件。
- 'w'：只写文件，覆盖文件原有内容（如果文件名不存在，则生成新文件）。
- 'a'：增补文件，在文件尾增加数据（如果文件名不存在，则生成新文件）。
- 'r+'：读写文件（不生成文件）。
- 'w+'：创建一个新文件或者删除已有文件内容，并可进行读写操作。
- 'a+'：读取和增补文件（如果文件名不存在，则生成新文件）。

文件能以二进制形式（默认情况）或者文本形式打开。在二进制形式下，字符串不会被特殊对待；在文本形式下，需在 permission 字符串后面加't'，如'rt+'，'wt+'等。

fid 是一个非负整数，称为文件标识，这个值是由操作系统设定的。MATLAB 通过这个值来标识已打开的文件，实现对文件的读、写和关闭等操作。如果文件标识为'-1'，则表示无法打开该文件。造成的原因可能是该文件不存在，却以'r'或'r+'方式打开；也可能是无权限打开此文件。因此，在程序设计时要判断打开操作是否正确。

message 包含文件打开操作结果的信息，如打开失败的错误信息。

例 3.47 在某文件不存在的情况下，用函数 fopen() 按只读方式打开该文件。具体代码如下。

```
[fid,message]=fopen('test.dat','r')
```

运行结果如下。

```
fid =
    -1
message =
No such file or directory
```

例 3.48 在某文件存在的情况下，用函数 fopen() 按只读方式打开该文件。具体代码序列如下。

```
[fid,message]=fopen('sum2.m','w');
[fid,message]=fopen('sum2.m','r')
```

运行结果如下。

```
fid =
    3
message =
    ''
```

（2）关闭文件

所有打开的文件必须关闭，否则会造成系统资源浪费。关闭文件的方法如下。

```
status=fclose(fid)
```

可通过检查 status 的值来确认文件是否关闭，如果关闭成功，则返回 0；否则返回-1。

上述代码是关闭文件标识为 fid 的文件，如果要关闭所有打开的文件，则只需执行下面的代码。

```
status=fclose('all')
```

需要说明的是，打开和关闭文件的操作都比较费时，尽量不要将它们置于循环体中。

2．存取二进制文件

（1）读取文件

在 MATLAB 中，函数 fread()可以从文件中读取二进制数据。它将读出每一个（特殊）字符对应的 ASCII 码，并以矩阵的形式返回，同时将文件指针放在读取的内容后。fread()的具体使用方法如下。

```
a=fread(fid)
a=fread(fid,size)
a=fread(fid,size,precision)
```

其中，*fid* 是某打开文件对应的文件标识，*size* 控制返回矩阵的大小和形式，它的有效输入如下所示。

- *n*：读取前 *n* 个字符，并写入一个列向量中。
- *inf*：读至文件末尾。
- [*m,n*]：读取数据到 *m×n* 的矩阵中，按列排序。

precision 包括两部分：一是数据类型和精度定义，如 int、float 等；二是一次读取的位数。默认精度是 uchar（8 位字符型）。MATLAB 中的常用精度类型及其与 C 语言中的类似形式进行的对比如表 3-8 所示。

表 3-8　　　　　　　　　　　　　　　精度类型

MATLAB	C	描　　述
'uchar'	'unsigned char'	无符号字符型
'schar'	'signed char'	带符号字符型（8 位）
'int8'	'integer*1'	整型（8 位）
'int16'	'integer*2'	整型（16 位）
'int32'	'integer*4'	整型（32 位）
'int64'	'integer*8'	整型（64 位）
'uint8'	'integer*1'	无符号整型（8 位）
'uint16'	'integer*2'	无符号整型（16 位）
'uint32'	'integer*4'	无符号整型（32 位）
'uint64'	'integer*8'	无符号整型（64 位）
'single'	'real*4'	浮点数（32 位）
'float32'	'real*4'	浮点数（32 位）
'double'	'real*8'	浮点数（64 位）
'float64'	'real*8'	浮点数（64 位）

还有一些精度类型是与平台有关的，平台不同，可能位数也不同，如表 3-9 所示。

表 3-9   与平台有关的精度类型

MATLAB	C	描　　述
'char'	'char*1'	字符型（8 位，有符号或无符号）
'short'	'short'	整型（16 位）
'int'	'int'	整型（32 位）
'long'	'long'	整型（32 位或 64 位）
'ushort'	'unsigned short'	无符号整型（16 位）
'uint'	'unsigned int'	无符号整型（32 位）
'ulong'	'unsigned long'	无符号整型（32 位或 64 位）
'float'	'float'	浮点数（32 位）

例 3.49　读取已存在文件 test.m 的内容，其中文件的内容如下。

```
a=[15,20,25,30,35];
b=[1554.88,1555.24,1555.76,1556.20,1556.68];
figure(1)
plot(a,b)
```

用函数 fread()读取文件内容的具体代码序列如下。

```
fid=fopen('test.m','r');
data=fread(fid);
disp(char(data'))
```

运行结果如下。

```
a=[15,20,25,30,35];
b=[1554.88,1555.24,1555.76,1556.20,1556.68];
figure(1)
plot(a,b)
```

其中，*data* 的转置是为了方便阅读，函数 char()用于将 *data* 中的整数值转换为 ASCII 字符。

例 3.50　读取文件 test.m 的部分内容，其具体代码序列如下。

```
fid=fopen('test.m','r');
data1=fread(fid,4);
data2=fread(fid,[3 2]);
mydata.data1=char(data1');
mydata.data2=char(data2');
mydata
```

运行结果如下。

```
mydata =
    data1: 'a=[1'
    data2: [2x3 char]
```

再输入如下代码。

```
mydata.data2
```

运行结果如下。

```
ans =
5,2
```

```
0,2
```

由上可以看出，函数 fread()第二次调用时的文件指针是在第一次调用所读取数据的末尾。

（2）写入文件

函数 fwrite()用于将矩阵元素按指定的二进制格式写入某个打开的文件，并返回成功写入的数据数目，其具体使用方法如下。

```
count=fwrite(fid,a,precision)
```

其中，*fid* 是某打开文件对应的文件标识，*a* 是待写入的矩阵，*precision* 设定了结果的精度，可用的精度类型见表 3-7 和表 3-8。

例 3.51　将矩阵写入文件 test.txt。其具体代码序列如下。

```
clear
clc
A=[1 2 3;4 5 6];
fid=fopen('test.txt','w');
count=fwrite(fid,A,'int32')
closestatus=fclose(fid)
```

运行结果如下。

```
count =
    6
closestatus =
    0
```

再输入如下代码序列。

```
clear
clc
fid=fopen('test.txt','r');
A=fread(fid,[2 3],'int32');
closestatus=fclose(fid);
B=magic(3);
C=A*B
```

运行结果如下。

```
C =
   26    38    26
   71    83    71
```

需要说明的是，尽管 test.txt 文件的扩展名是 txt，但当打开该文件时无法看到数据。

3. 存取文本文件

（1）读取文件

当需要读出文本文件中的某行内容时，可以采用函数 fgetl()和函数 fgets()，其具体使用方法如下。

```
tline=fgetl(fid)
tline=fgets(fid)
```

两个函数的功能很相似，均可从文件中读取一行数据，区别在于 fgetl 会舍弃换行符，而 fgets 则保留换行符。

例 3.52　用函数 fgetl()实现命令 type 的功能。其具体代码序列如下。

```
fid=fopen('sinc.m');
```

```
while 1
    tline = fgetl(fid);
    if ~ischar(tline)
        break;
    else
        disp(tline)
    end
end
fclose(fid);
```

运行结果如下。

```
function y=sinc(x)
%SINC Sin(pi*x)/(pi*x) function.
%   SINC(X) returns a matrix whose elements are the sinc of the elements
%   of X, i.e.
%        y = sin(pi*x)/(pi*x)    if x ~= 0
%          = 1                   if x == 0
%   where x is an element of the input matrix and y is the resultant
%   output element.
%
%   See also SQUARE, SIN, COS, CHIRP, DIRIC, GAUSPULS, PULSTRAN, RECTPULS,
%   and TRIPULS.
%   Author(s): T. Krauss, 1-14-93
%   Copyright 1988-2002 The MathWorks, Inc.
%       $Revision: 1.7 $  $Date: 2002/04/15 01:13:58 $
y=ones(size(x));
i=find(x);
y(i)=sin(pi*x(i))./(pi*x(i));
```

当确定文件的 ASCII 码格式时，可用函数 fscanf()进行更精确的读取，其具体使用方法如下。

```
[a,count]=fscanf(fid,format,size)
```

其中，*fid* 为打开文件对应的文件标识目；*format* 为指定的字符串格式；*a* 为返回矩阵；*count* 为可选项，表示成功读取的数据数目；*size* 为可选项，可限制从文件读取的数据数目，如果没有指定，则默认为整个文件，否则可以指定为 3 种类型：*n*，*inf*，[*m,n*]，各项的意义同函数 fread()。

format 用于指定读入数据的类型，常用的格式如下。

- %s：按字符串进行转换。
- %d：按十进制数据进行转换。
- %f：按浮点数进行转换。

另外，还有其他的格式，它们与 C 语言 fprintf 中参数的用法相同，可以参阅 C 语言手册。

在格式说明中，除了单个的空格字符可以匹配任意数量的空格字符外，通常字符在输入转换时会一一匹配，函数 fscanf()将输入的文件看作是一个输入流，MATLAB 根据格式来匹配输入流，并将匹配后的数据读入 MATLAB 中。

例 3.53 用函数 fscanf()精确读取某个已存在的文本 table.txt。该文本的内容如下。

```
1 4 9 12 15 26
20 34 23 46 76
```

其中，数据分为两行，共 11 个，第一行 6 个，第二行 5 个。

输入如下代码序列。

```
fid=fopen('table.txt','r');
title=fscanf(fid,'%s')
status=fclose(fid);
```

运行结果如下。

```
title =
14912152620 34234676
```

这时可以发现读取的数据解释为字符串格式，并且无任何格式信息。

再输入如下代码序列。

```
fid=fopen('table.txt','r');
data=fscanf(fid,'%f')
status=fclose(fid);
```

运行结果如下。

```
data =
    1
    4
    9
   12
   15
   26
   20
   34
   23
   46
   76
```

这时读取的数据为双精度格式，并且是数据按列的方式显示的列向量。

再输入如下代码序列。

```
fid=fopen('table.txt','r');
data=fscanf(fid,'%f',[2,6])
status=fclose(fid);
T_data=data'
```

运行结果如下。

```
data =
    1    9   15   20   23   76
    4   12   26   34   46    0
T_data =
    1    4
    9   12
   15   26
   20   34
   23   46
   76    0
```

这时可以发现读取的数据解释为双精度格式，并且返回规定大小的矩阵，当元素不足时，自动补 0。

（2）写入文件

函数 fprintf() 用于将数据转换成指定字符串格式，并写入文本文件中，其具体使用方法如下。

```
count=fprintf(fid,format,y)
```

其中，*fid* 是要写入已打开文件的标识，*format* 是指定的字符串格式，*y* 是要写入的数据，*count* 是成功写入的字节数。

fid 值也可以是代表标准输出的 1 和代表标准出错的 2，如果 *fid* 字段省略，则默认值为 1，即输出到屏幕上。常用的格式类型说明符如下。

- %e：科学计数形式，即数值表示成 $a×10^b$ 形式。
- %f：固定小数点位置的数据形式。
- %g：在上述两种格式中自动选取较短的格式。

还可以输出一些特殊字符，例如，\n、\r、\t、\b、\f 等分别产生换行、回车、Tab、退格、走纸等字符，用\\来产生反斜线符号\，用%%来产生百分号。此外还可以指定数据的最小占用宽度和精度。

例 3.54 用函数 fprintf()将数据写入文件。其具体代码序列如下。

```
clear
clc
a=1:10;
b=[a;sqrt(a)];
fid=fopen('s_table.dat','w');
fprintf(fid,'table of square root:\n');
fprintf(fid,'%2.0f  %6.4f\n',b);
fclose(fid);
clear
type s_table.dat
```

运行结果如下。

```
table of square root:
 1  1.0000
 2  1.4142
 3  1.7321
 4  2.0000
 5  2.2361
 6  2.4495
 7  2.6458
 8  2.8284
 9  3.0000
10  3.1623
```

其中，函数 fprintf()第一次调用后输出一行标题，随后换行；第二次调用后输出数据，*b* 是 $2×10$ 的矩阵，而写入后的结果是 $10×2$ 的矩阵，原数据的每列占一行，自变量占 2 个字符位且不带小数，因变量占 6 个字符位且保留小数点后 4 位，自变量和因变量之间空两格。

再输入如下代码序列。

```
clear
clc
fid=fopen('s_table.dat','r');
data=fscanf(fid,'%f',[2,10]);
status=fclose(fid);
T_data=data'
```

运行结果如下。

```
T_data =
    []
```

这时无法读出数据，当删除 s_table.dat（该文件可由任意文本编辑器打开）中的'table of square root:'字符串并保存后，运行上述代码可得到如下运行结果。

```
T_data =
     1          1
     2     1.4142
     3     1.7321
     4          2
     5     2.2361
     6     2.4495
     7     2.6458
     8     2.8284
     9          3
    10     3.1623
```

4．文件内的位置控制

读写数据时，默认从磁盘文件头开始，并顺序向后，直至文件末尾。操作系统通过一个文件指针来指示当前的读写位置。C 或 Fortran 语言都有专门的函数来控制和移动文件指针，以达到随机访问磁盘文件的目的。在 MATLAB 中也有类似的函数，如表 3-10 所示。

表 3-10　　　　　　　　　　　控制文件内位置指针的函数

函　　数	功　　能	函　　数	功　　能
feof	测试指针是否在文件结束位置	ftell	获取文件指针位置
Fseek	设定文件指针位置	frewind	重设指针至文件起始位置

（1）函数 feof()

函数 feof()用于测试指针是否在文件结束位置，其具体使用方法如下。

```
status=feof(fid)
```

如果指针位于标识为 *fid* 的已打开文件的末尾，则返回 1，否则返回 0。

（2）函数 fseek()

函数 fseek()用于设定指针位置，其具体使用方法如下。

```
status=fseek(fid,offset,origin)
```

其中，*fid* 是已打开文件的标识；*offset* 是偏移量，以字节为单位，可以是正整数（表示要往文件末尾方向移动指针）、0（不移动指针位置）和负整数（表示往文件起始方向移动指针）；*origin* 是基准点，可以是'bof'（文件的起始位置）、'cof'（指针的当前位置）、'eof'（文件的末尾），也可以分别用-1、0 或 1 来表示；*status* 为 0 表示操作成功，-1 表示操作失败，如果要了解更多信息可以调用函数 ferror()。

（3）函数 ftell()

函数 ftell()用于返回当前的位置指针，其具体使用方法如下。

```
position=ftell(fid)
```

position 是距离文件起始位置的字节数，如果值为-1，则说明操作失败。

（4）函数 frewind()

函数 frewind()用于将指针返回到文件开始处，其具体使用方法如下。

```
frewind(fid)
```

例 3.55 用上述函数控制文件指针，其具体代码序列如下。

```
a=[1:6];
fid=fopen('six.bin','w');
fwrite(fid,a,'short');
status=fclose(fid);
fid=fopen('six.bin','r');
six=fread(fid,3)
eof=feof(fid);
frewind(fid);
status=fseek(fid,2,0);
position=ftell(fid);
posresult=[eof status position]
```

运行结果如下。

```
six =
    1
    0
    2
posresult =
    0    0    2
```

习　　题

1. 创建脚本，将随机数序列的各元素由大到小排列，其中随机数服从 $U(-5,9)$ 的均匀分布，并且序列长度为 10。

2. 创建函数，将指定长度的随机数序列的各元素由大到小排列，其中随机数服从 $N(3,9)$ 的高斯分布。

3. 提示用户输入 1 或 2，输入 1 时，执行第一题的脚本；输入 2 时，提示用户输入随机数序列长度，然后执行第二题的函数。

4. 分别使用 if 和 switch 结构实现如下函数表示。

$$f(x,y)=\begin{cases}\sin(x) & y=1\\\cos(x) & y=2\\\sin(x)\cos(x) & y\text{为其他值}\end{cases}$$

$$f(x)=\begin{cases}0 & x\leqslant a\\\dfrac{1}{b-a}(x-a) & a<x\leqslant b\\1 & b<x\leqslant c\\\dfrac{1}{c-d}(x-d) & c<x\leqslant d\\0 & x>d\end{cases}$$

5. 分别用 for 和 while 结构计算下述函数。

$$\sin(x)-\cos(x)+\sin(2x)+\cos(2x)+\cdots+\sin(nx)+(-1)^{n}\cos(nx)$$

$$e^{At} + Ae^{At} + \cdots + A^n e^{A^n t}, \text{ 其中 } A = \begin{pmatrix} 1 & 2 & 3 \\ 0 & 1 & 2 \\ 0 & 0 & 1 \end{pmatrix}$$

6. 在第 3 题的代码中添加 continue、break、return、echo 等命令，熟悉它们的用法。

7. 计算 n 个随机数的自然对数，并对运算结果求其算术平方根和四舍五入的和，其中，随机数服从 $U(-2,2)$ 的均匀分布。运行下述函数并进行调试。

```
function function11(n)

x=4*(rad(1,n)-0.5);

for i=1:n
    disp(x(i));
    if x(i)>0
        y=function12(log(x(i)));
    else
        disp('x<0 for ln(x)');
    end
end


function output=function12(x)

try
    output=realsqrt(x)+floor(x);
catch
    output=0;
    disp('ln(x)<0 for realsqrt(ln(x)');
end
```

8. 针对本专业的一个实例，实现 MATLAB 编程。

第4章
Simulink 仿真

Simulink 是 MATLAB 的重要组成部分，它提供了集动态系统建模、仿真和综合分析于一体的图形用户环境。通过 Simulink 构造复杂仿真模型时，不需要书写大量的程序，只需要使用鼠标对已有模块进行简单的操作，以及使用键盘设置模块的属性。它可以非常容易地实现可视化建模，并把理论研究和工程实践有机地结合在一起，因此越来越受到人们的关注。

本章着重讲解 Simulink 的概念及应用、Simulink 搭建系统模型的方法及特点，以及 Simulink 环境中的仿真及调试。

4.1　Simulink 概述

Simulink 是 Math Works 公司为 MATLAB 提供的系统模型化的图形输入与仿真工具，它使仿真进入了模型化的图形阶段。Simulink 主要有两个功能，即 Simu（仿真）和 Link（连接），它可以针对自动控制、信号处理以及通信等系统进行建模、仿真和分析。

首先通过一个实例介绍 Simulink 的基本功能。

例 4.1　计算两个不同频率正弦函数先相加再积分的结果，并显示结果的波形，具体步骤如下。

（1）在 MATLAB 界面窗口选择【 File 】|【 New 】|【 Model 】菜单项，弹出如图 4-1 所示的 Simulink 模块库浏览器和图 4-2 所示的新建模型窗口。

图 4-1　Simulink 模块库浏览器

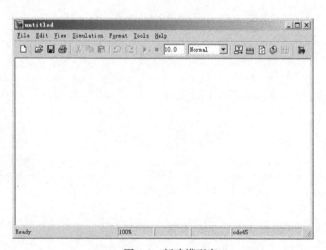

图 4-2　新建模型窗口

（2）在 Simulink 模块库浏览器的左窗格选中 Sources 库，然后在右窗格选择 Sine Wave 模块并按住鼠标左键不放，将它拖到新建模型窗口中。重复该操作添加第 2 个 Sine Wave 模块。

（3）按上述方法，在新建模型窗口中添加 Math Operations 库中的 Add 模块、Continuous 库中的 Integrator 模块和 Sinks 库中的 Scope 模块。

（4）按如图 4-3 所示连接模块。连接模块的方法为：将鼠标指针移到源模块的输出端口，当鼠标指针变成十字形时，按住鼠标左键不放，然后拖动鼠标指向目标模块输入端口后释放鼠标。

（5）设置 Sine Wave 模块的参数。双击 Sine Wave 模块，弹出如图 4-4 所示参数设置对话框，设置 Frequency 为 2，然后单击【OK】按钮。

（6）单击▸按钮运行仿真，然后双击模型中的 Scope 模块，弹出如图 4-5 所示的输出波形。

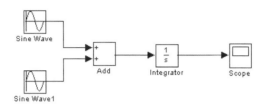

图 4-3　简单示例模型

图 4-4　设置参数

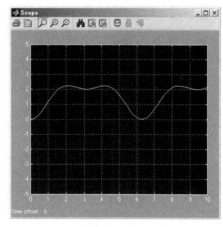

图 4-5　输出波形

4.1.1　Simulink 的概念

Simulink 是 MATLAB 提供的实现动态系统建模和仿真的软件包，是 MATLAB 相对独立的重要组成部分。

Simulink 的突出特点是支持图形用户界面（GUI），模型由模块组成的框图来表示。同时 Simulink 通过如图 4-1 所示的自带模块库，提供大量的基本功能模块。通过简单的单击和拖动鼠标的动作就能完成建模工作，在仿真中只能把精力放在具体算法的实现上即可。使用 Simulink 进行建模就是选择合适的模块，设置相应的参数，并把它们按照流程或者逻辑关系连接起来的过程。

启动 Simulink 有如下 3 种方式。

- 在 MATLAB 的命令窗口中直接键入命令 Simulink。

- 单击 MATLAB 工具条上的 █ 按钮。
- 在 MATLAB 中选择【File】|【New】|【Model】选项。

执行上述操作中的一种后会弹出 Simulink 模块库浏览器（见图4-1），使用第3种方式打开时还会弹出新建模型窗口（见图4-2）。单击 Simulink 模块库浏览器工具条左边的 █ 按钮，也会弹出如图4-2所示的窗口。

4.1.2 Simulink 的工作环境

Simulink 模块库浏览器如图4-6所示。

图 4-6 Simulink 模块库浏览器的结构

1.【File】菜单

【File】菜单中主要选项的功能如表4-1所示。

表 4-1 【File】菜单的主要选项

主要选项	功 能
New	新建模型（Model）或库（Library）
Open	打开一个模型
Close	关闭模型
Save	保存模型
Save as	另存为
Model Properties	打开【模型属性】对话框
Preferences	打开【模型参数设置】对话框，主要用于设置用户界面的显示形式，如颜色、字体等
Source control	设置 Simulink 与 SCS 的接口
Print	打印模型或打印输出到一个文件
Print Details	生成 HTML 格式的模型报告文件，包括模块的图标和模块参数的设置等
Print Setup	打印模型或模块图标
Exit MATLAB	退出 MATLAB

2.【Edit】菜单

【Edit】菜单中主要选项的功能如表4-2所示。

表 4-2　　　　　　　　　　　　　　　　　　　　　　　【Edit】菜单的主要选项

主要选项	功　　能
Copy Model to Clipboard	把模型拷贝到粘贴板
Explore	打开模型浏览器，只有模块被选中时才可用
Block Properties	打开模块属性对话框，只有模块被选中时才可用
<Blockname> Parameters	打开模块参数设置对话框，只有模块被选中时才可用
Create Subsystem	创建子系统，只有模块被选中时才可用
Mask Subsystem	封装子系统，只有子系统被选中时才可用
Look under Mask	查看子系统内部构成，只有子系统被选中时才可用
Signal Properties	设置信号属性，只有信号被选中时才可用
Edit Mask	编辑封装，只有子系统被选中时才可用
Subsystem Parameters	打开子系统参数设置对话框，只有子系统被选中时才可用
Mask Parameters	设置封装好的子系统的参数，只有被封装过的子系统被选中时才可用

3.【View】菜单

【View】菜单中的主要选项的功能如表 4-3 所示。

表 4-3　　　　　　　　　　　　　　　　　　　　　　　【View】菜单的主要选项

主要选项	功　　能
Block Data Tips Optioons	用于设定在鼠标指针移到某一模块时是否显示模块的相关提示信息（如模块名、模块参数名及其值和用户自定义描述字符串）
Library Browser	打开模型库浏览器
Port Values	设置如何通过鼠标操作来显示模块端口的当前值
Model Explorer	打开如图 4-7 所示的模型资源管理器，将模块的参数、仿真参数以及解法器选择、模块的各种信息等集成到一个界面来设置

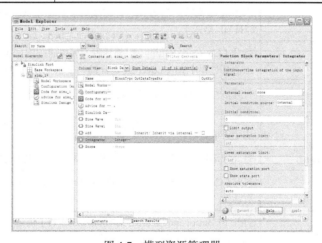

图 4-7　模型资源管理器

4.【Simulation】菜单

【Simulation】菜单如图 4-8 所示，各选项的功能如下。

图 4-8　【Simulation】菜单

- Run：开始运行仿真。
- Step Forward：单步运行。
- Model Configuration Parameters：设置仿真参数和选择解法器。
- Normal、Accelerator、External：分别表示正常工作模式、加速仿真和外部工作模式。

5.【Tools】菜单

【Tools】菜单中主要选项的功能如表 4-4 所示。

表 4-4　　　　　　　　　　　　　　　【Tools】菜单的主要选项

主要选项	功　能
Simulink Debugger	打开调试器
Fixed-Point Settings	打开定点设置对话框
Model Advisor	打开模型分析器对话框，帮助用户检查和分析模型的配置
Lookup Table Editor	打开查表编辑器，帮助用户检查和修改模型中的 lookup table（LUT）模块的参数
Data Class Designer	打开数据类设计器，帮助用户创建 Simulink 类的子类，即创建自定义数据类
Bus Editor	打开 Bus 编辑器，帮助用户修改模型中 Bus 类型对象的属性
Profiler	选中此选项后，当仿真运行结束后会自动生成并弹出一个仿真报告文件（HTML 格式）
Coverage Settings	打开【Coverage Settings】 对话框，可以通过该对话框设置在仿真结束后给出仿真过程中有关 coverage data 的一个 HTML 格式报告文件
Signal & Scope Manager	打开信号和示波器的管理器，帮助用户创建各种类型的信号生成模块和示波器模块
Real-Time WorkShop	用于将模块转换为实时可执行的 C 代码
External Mode Control Panel	打开外部模式控制板，用于设置外部模式的各种特性
Control Design	打开【Control and Estimation Tools Manager】和【Simulink Model Discretizer】对话框
Parameter Estimation	打开【Control and Estimation Tools Manager】窗口，可用于分析模型的参数
Report Generator	打开报告生成器

6.【Help】菜单

【Help】菜单中主要选项的功能如表 4-5 所示。

表 4-5	【 Help 】菜单的主要选项
主要选项	功　　能
Using Simulink	打开 MATLAB 的帮助，当前显示在 Simulink 帮助部分
Blocks	打开 MATLAB 的帮助，当前显示在按字母排序的 Blocks 帮助部分
Blocksets	打开按应用方向分类的帮助
Block Support Table	打开模型所支持的数据类型帮助文件
Shortcuts	打开 MATLAB 的帮助，当前显示在鼠标和键盘快捷键设置的帮助部分
S-function	打开 MATLAB 的帮助，当前显示在 S 函数的帮助部分
Demos	打开 MATLAB 的帮助，当前显示在 Demos 页的帮助部分，通过它可以打开许多有用的演示示例
About Simulink	显示 Simulink 的版本

4.1.3　Simulink 的工作原理

1.　图形化模型与数学模型间的关系

现实中每个系统都有输入、输出和状态 3 个基本要素，它们之间随时间变化的数学函数关系，即数学模型。图形化模型也体现了输入、输出和状态间随时间变化的某种关系，如图 4-9 所示。只要这两种关系在数学上是等价的，就可以图形化模型代替数学模型。

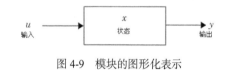

图 4-9　模块的图形化表示

2.　图形化模型的仿真过程

Simulink 的仿真过程包括如下几个阶段。

（1）模型编译阶段。Simulink 引擎调用模型编译器，将模型编译成可执行文件。其中编译器主要完成以下任务。

- 计算模块参数的表达式，以确定它们的值。
- 确定信号属性（如名称、数据类型等）。
- 传递信号属性，以确定未定义信号的属性。
- 优化模块。
- 展开模型的继承关系（如子系统）。
- 确定模块运行的优先级。
- 确定模块的采样时间。

（2）连接阶段。Simulink 引擎按执行次序创建运行列表，初始化每个模块的运行信息。

（3）仿真阶段。Simulink 引擎从仿真的开始到结束，在每一个采样点按运行列表计算各模块的状态和输出。该阶段又分成以下两个子阶段。

- 初始化阶段：该阶段只运行一次，用于初始化系统的状态和输出。
- 迭代阶段：该阶段在定义的时间段内按采样点间的步长重复运行，并将每次的运算结果用于更新模型。在仿真结束时获得最终的输入、输出和状态值。

4.1.4　Simulink 模型的特点

Simulink 建立的模型具有以下 3 个特点。

- 仿真结果的可视化。
- 模型的层次性。
- 可封装子系统。

例 4.2　演示 Simulink 建立模型的特点，具体步骤如下。

（1）通过命令 Help 打开如图 4-10 所示的帮助窗口。

（2）在选项 Demos 中选择【 Simulink 】|【 General Applications 】|【 Thermodynamic Model of a House 】。

（3）单击【 Open this model 】，打开如图 4-11 所示的窗口。

（4）单击【开始】按钮，可以看到如图 4-12 所示的仿真结果。

（5）双击模型图标中的 House 模块，弹出如图 4-13 所示 House 子系统图标。

图 4-10　MATLAB 帮助　　　　　　　　图 4-11　thermo 演示模型

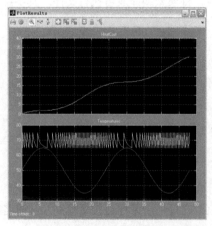
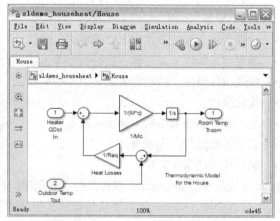

图 4-12　仿真结果可视化　　　　　　　图 4-13　House 子系统图标

4.1.5　Simulink 的数据类型

Simulink 在仿真开始之前和运行过程中会自动确认模型的类型安全性，以保证该模型产生的代码不会出现上溢或下溢。

1．Simulink 支持的数据类型

Simulink 支持所有的 MATLAB 内置数据类型，除此之外 Simulink 还支持布尔类型。绝大多数模块都默认为 double 类型的数据，但有些模块需要布尔类型和复数类型等。

在 Simulink 模型窗口中选择菜单 Help 下的选项 Block Support Table，其中总结了所有 Simulink 库中的模块所支持的数据类型的情况。

还可以在 Simulink 模型窗口选择【Display】|【Signal & Ports】|【Port Data Types】选项，查看信号的数据类型和模块输入/输出端口的数据类型，如图 4-14 所示。

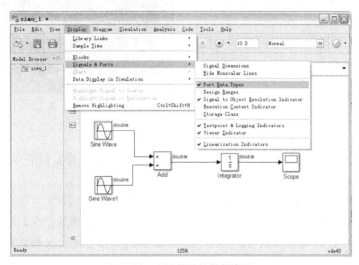

图 4-14　查看信号的数据类型

2．数据类型的统一

如果模块的输出/输入信号支持的数据类型不相同，则在仿真时会弹出错误提示对话框，告知出现冲突的信号和端口。此时可以尝试在冲突的模块间插入 DataTypeConversion 模块来解决类型冲突。

例 4.3　解决信号冲突的方法，具体步骤如下。

（1）在如图 4-15 所示的示例模型中，当两个常数模块的输出信号类型设置为布尔型时，由于连续信号积分器只接受 double 类型信号，所以弹出出错提示框。

（2）在示例模型中插入 DataTypeConversion 模块，并将其输出改成 double 数据类型，如图 4-16 所示。

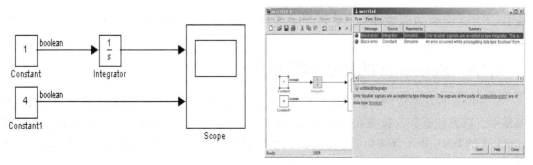

图 4-15　数据类型示例模型

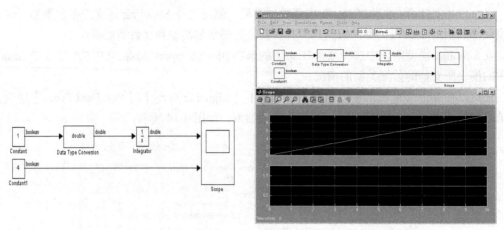

图 4-16　修改后的示例

3. 复数类型

Simulink 默认的信号值都是实数，但在实际问题中有时需要处理复数信号。在 Simulink 中通常用下面 3 种方法来建立处理复数信号的模型，如图 4-17 所示。

- 在模型中加入 Constant 模块，并将其参数设为复数。
- 分别生成复数的虚部和实部，再用 Real-Image to Complex 模块把它们联合成一个复数。
- 分别生成复数的幅值和幅角，再用 Magnitue-Angle to Complex 模块把它们联合成一个复数。

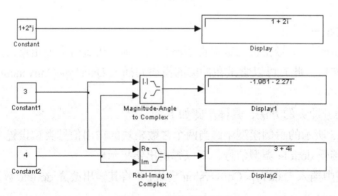

图 4-17　复数信号模型

其中，Real-Image to Complex 模块和 Magnitue-Angle to Complex 模块均在 Simulink 库的 Math Operations 子库中。

4.1.6　Simulink 的模块和模块库

Simulink 模块库提供了各种基本模块，它按应用领域以及功能组成若干子库，并按树状结构显示，以方便查找。模块是 Simulink 建模的基本元素，了解各个模块的作用是熟练掌握 Simulink 的基础。下面详细介绍 Simulink 几个常用子库中的常用模块的功能，如表 4-6～表 4-15 所示。

表 4-6 Commonly Used Blocks 子库

模 块 名	功 能
Bus Creator	将输入信号合并成向量信号
Bus Selector	将输入向量分解成多个信号,输入只接受从 Mux 和 Bus Creator 输出的信号
Constant	输出常量信号
Data Type Conversion	数据类型的转换
Demux	将输入向量转换成标量或更小的标量
Discrete-Time Integrator	离散积分器模块
Gain	增益模块
In1	输入模块
Integrator	连续积分器模块
Logical Operator	逻辑运算模块
Mux	将输入的向量、标量或矩阵信号合成
Out1	输出模块
Product	乘法器,执行标量、向量或矩阵的乘法
Relational Operator	关系运算,输出布尔类型数据
Saturation	定义输入信号的最大和最小值
Scope	输出示波器
Subsystem	创建子系统
Sum	加法器
Switch	选择器,根据第二个输入信号来选择输出第一个还是第三个信号
Terminator	终止输出,用于防止模型最后的输出端没有接任何模块时报错
Unit Delay	单位时间延迟

表 4-7 Continuous 子库

模 块 名	功 能
Derivative	数值微分
Integrator	积分器与 Commonly Used Blocks 子库中的同名模块一样
State-Space	创建状态空间模型 $dx/dt = Ax + Bu$ $y = Cx + Du$
Transport Delay	定义传输延迟,如果将延迟设置得比仿真步长大,就可以得到更精确的结果
Transfer Fcn	用矩阵形式描述的传输函数
Variable Transport Delay	定义传输延迟,第一个输入接收输入,第二个输入接收延迟时间
Zero-Pole	用矩阵描述系统零点,用向量描述系统极点和增益

表 4-8   Discontinuities 子库

模 块 名	功 能
Coulomb& Viscous Friction	刻画在零点的不连续性，$y = \text{sign}(x) * (\text{Gain} * \text{abs}(x) + \text{Offset})$
Dead Zone	产生死区，当输入在某一范围取值时输出为 0
Dead Zone Dynamic	产生死区，当输入在某一范围取值时输出为 0，与 Dead Zone 不同的是，它的死区范围在仿真过程中是可变的
Hit Crossing	检测输入是上升经过某一值还是下降经过这一值或是固定在某一值，用于过零检测
Quantizer	按相同的间隔离散输入
Rate Limiter	限制输入的上升和下降速率在某一范围内
Rate Limiter Dynamic	限制输入的上升和下降速率在某一范围内，与 Rate Limiter 不同的是，它的范围在仿真过程中是可变的
Relay	判断输入与某两阈值的大小关系，大于开启阈值时，输出为 on；小于关闭阈值时，输出为 off；当在两者之间时，输出不变
Saturation	限制输入在最大和最小范围之内
Saturation Dynamic	限制输入在最大和最小范围之内，与 Saturation 不同的是，它的范围在仿真过程之中是可变的
Wrap To Zero	当输入大于某一值时，输出 0，否则输出等于输入

表 4-9   Discrete 子库

模 块 名	功 能
Difference	离散差分，输出当前值减去前一时刻的值
Discrete Derivative	离散偏微分
Discrete Filter	离散滤波器
Discrete State-Space	创建离散状态空间模型 $x(n+1) = Ax(n) + Bu(n)$ $y(n) = Cx(n) + Du(n)$
Discrete Transfer Fcn	离散传输函数
Discrete Zero-Pole	离散零极点
Discrete-Time Integrator	离散积分器
First-Order Hold	一阶保持
Integer Delay	整数倍采样周期的延迟
Memory	存储单元，当前输出是前一时刻的输入
Transfer Fcn First Order	一阶传输函数，单位的直流增益
Zero-Order Hold	零阶保持

表 4-10   Logic and Bit Operations 子库

模 块 名	功 能
Bit Clear	将向量信号中某一位置为 0
Bit Set	将向量信号中某一位置为 1
Bitwise Operator	对输入信号进行自定义的逻辑运算

模　块　名	功　　能
Combinatorial　Logic	组合逻辑，实现一个真值表
Compare To Constant	定义如何与常数进行比较
Compare To Zero	定义如何与 0 进行比较
Detect Change	检测输入的变化，如果输入的当前值与前一时刻的值不等，则输出 TRUE，否则为 FALSE
Detect Decrease	检测输入是否下降，是则输出 TRUE，否则输出 FALSE
Detect Fall Negative	若输入当前值是负数，前一时刻值为非负数，则输出 TRUE，否则为 FALSE
Detect Fall Nonpositive	若输入当前值是非正数，前一时刻值为正数，则输出 TRUE，否则为 FALSE
Detect Increase	检测输入是否上升，是则输出 TRUE，否则输出 FALSE
Detect Rise Nonnegative	若输入当前值是非负数，前一时刻值为负数，则输出 TRUE，否则为 FALSE
Detect Rise Positive	若输入当前值是正数，前一时刻值为非正数，则输出 TRUE，否则为 FALSE
Extract Bits	从输入中提取某几位输出
Interval Test	检测输入是否在某两个值之间，是则输出 TRUE，否则输出 FALSE
Logical Operator	逻辑运算
Relational Operator	关系运算
Shift Arithmetic	算术平移

表 4-11　　　　　　　　　　　　　　　　Math Operations 子库

模　块　名	功　　能
Abs	求绝对值
Add	加法运算
Algebraic Constraint	将输入约束为 0，主要用于代数等式的建模
Assignment	选择输出输入的某些值
Bias	将输入加一个偏移，$Y = U + Bias$
Complex to Magnitude-Angle	将输入的复数转换成幅度和幅角
Complex to Real-Imag	将输入的复数转换成实部和虚部
Divide	实现除法或乘法
Dot Product	点乘
Gain	增益，实现点乘或普通乘法
Magnitude-Angle to Complex	将输入的幅度和幅角合成复数
Math Function	实现数学函数运算
Matrix Concatenation	实现矩阵的串联
MinMax	将输入的最小或最大值输出
Polynomial	多项式求值，多项式的系数以数组的形式定义
MinMax Running Resettable	将输入的最小或最大值输出，当有重置信号 R 输入时，输出被重置为初始值
Product of Elements	将所有输入实现连乘
Real-Imag to Complex	将输入的两个数当成一个复数的实部和虚部合成一个复数

模 块 名	功 能
Reshape	改变输入信号的维数
Rounding Function	将输入的整数部分输出
Sign	判断输入的符号，为正时，输出 1，为负时，输出-1，为 0 时，输出 0
Sine Wave Function	产生一个正弦函数
Slider Gain	可变增益
Subtract	实现减法
Sum	实现加法
Sum of Elements	实现输入信号所有元素的和
Trigonometric Function	实现三角函数和双曲线函数
Unary Minus	一元的求负
Weighted Sample Time Math	根据采样时间实现输入的加法、减法、乘法和除法，只适用离散信号

表 4-12　　　　　　　　　　　　　　　Ports & Subsystems 子库

模 块 名	功 能
Configurable Subsystem	用于配置用户自建模型库，只在库文件中可用
Atomic Subsystem	只包括输入/输出模块的子系统模板
CodeReuseSubsystem	只包括输入/输出模块的子系统模板
Enable	使能模块，只能用在子系统模块中
Enabled and Triggered Subsystem	包括使能和边沿触发模块的子系统模板
Enabled Subsystem	包括使能模块的子系统模板
For Iterator Subsystem	循环子系统模板
Function-Call Generator	实现循环运算模板
Function-Call Subsystem	包括输入/输出和函数调用触发模块的子系统模板
If	条件执行子系统模板，只在子系统模块中可用
If Action Subsystem	由 If 模块触发的子系统模板
Model	定义模型名称的模块
Subsystem	只包括输入/输出模块的子系统模板
Subsystem Examples	子系统演示模块，在模型中双击该模块图标可以看到多个子系统示例
Switch Case	条件选择模块
Switch Case Action Subsystem	由 Switch Case 模块触发的子系统模板
Trigger	触发模块，只在子系统模块中可用
Triggered Subsystem	触发子系统模板
While Iterator Subsystem	条件循环子系统模板

表 4-13　　　　　　　　　　　　　　　　Sinks 子库

模　块　名	功　　能
Display	显示输入数值的模块
Floating Scope	浮置示波器，由用户设置所要显示的数据
Stop Simulation	当输入不为 0 时，停止仿真
To File	将输入和时间写入 MAT 文件
To Workspace	将输入和时间写入 MATLAB 工作空间中的数组或结构中
XY Graph	将输入分别当成 X、Y 轴数据绘制成二维图形

表 4-14　　　　　　　　　　　　　　　　Sources 子库

模　块　名	功　　能
Band-Limited White Noise	有限带宽的白噪声
Chirp Signal	产生 Chirp 信号
Clock	输出当前仿真时间
Constant	输出常数
Counter Free-Running	自动计数器，发生溢出后又从 0 开始
Counter Limited	有限计数器，当计数到某一值后又从 0 开始
Digital Clock	以数字形式显示当前的仿真时间
From File	从 MAT 文件中读取数据
From Workspace	从 MATLAB 工作空间读取数据
Pulse Generator	产生脉冲信号
Ramp	产生按某一斜率的数据
Random Number	产生随机数
Repeating Sequence	重复输出某一数据序列
Signal Builder	具有 GUI 界面的信号生成器，在模型中双击模块图标可看到如图 4-18 所示的图形用户界面，利用该界面可以直观地构造各种信号
Signal Generator	信号产生器
Sine Wave	产生正弦信号
Step	产生阶跃信号
Uniform Random Number	按某一分布在某一范围生成随机数

表 4-15　　　　　　　　　　　　　　　User-Defined Functions 子库

模　块　名	功　　能
Fcn	简单的 MATLAB 函数表达式模块
Embedded MATLAB Function	内置 MATLAB 函数模块，在模型窗口双击该模块图标就会弹出 M 文件编辑器
M-file S-function	用户使用 MATLAB 语言编写的 S 函数模块
MATLAB Fcn	对输入进行简单的 MATLAB 函数运算
S-function	用户按照 S 函数的规则自定义的模块，可以使用多种语言进行编写
S-function Builder	具有 GUI 界面的 S 函数编辑器，在模型中双击该模块图标可看到如图 4-19 所示的图形用户界面，利用该界面可以方便地编辑 S 函数模块
S-function Examples	S 函数演示模块，在模型中双击该模块图标可以看到多个 S 函数示例

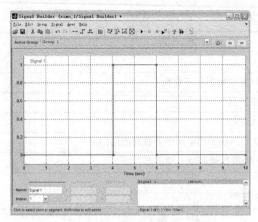

图 4-18　信号产生器图形用户界面

图 4-19　S 函数编辑器

4.2　模型的创建

1. 模块的基本操作

表 4-16 和表 4-17 所示分别为 Simulink 对模块和直线进行操作的基本方法。

表 4-16　　　　　　　　　　　　　　　对模块进行操作

任　　务	Microsoft Windows 环境下的操作
选择一个模块	单击要选择的模块，当选择一个模块后，之前选择的模块被放弃
选择多个模块	按住鼠标左键不放拖动鼠标，将要选择的模块包括在鼠标画出的方框里；或者按住 Shift 键，然后逐个选择
不同窗口间复制模块	直接将模块从一个窗口拖动到另一个窗口
同一模型窗口内复制模块	先选中模块，然后按 Ctrl+C 组合键，再按 Ctrl+V 组合键；还可以在选中模块后，通过快捷菜单来实现
移动模块	按下鼠标左键直接拖动模块
删除模块	先选中模块，再按 Delete 键或者通过 Delete 菜单
连接模块	先选中源模块，然后按住 Ctrl 键并单击目标模块
断开模块间的连接	先按住 Shift 键，然后拖动模块到另一个位置；或者将鼠标指向连线的箭头处，当出现一个小圆圈圈住箭头时，按下鼠标左键并移动连线
改变模块大小	先选中模块，然后将移到鼠标模块方框的一角，当鼠标指针变成两端有箭头的线段时，按下鼠标左键拖动模块图标，以改变图标大小
调整模块的方向	先选中模块，然后通过【Format】|【Rotate Block】菜单来改变模块方向
给模块加阴影	先选中模块，然后通过【Format】|【Show Drop Shadow】菜单来改变模块方向
修改模块名	双击模块名，然后修改
模块名的显示与否	先选中模块，然后通过【Format】|【ShowName/Hide Name】菜单来决定是否显示模块名
改变模块名的位置	先选中模块，然后通过【Format】|【Flip Name】菜单来改变模块名的显示位置
在连线之间插入模块	拖动模块到连线上，使模块的输入/输出端口对准连线

表 4-17	对直线进行操作
任　　务	Microsoft Windows 环境下的操作
选择多条直线	与选择多个模块的方法一样
选择一条直线	单击要选择的连线，选择一条连线后，之前选择的连线被放弃
连线的分支	按住 Ctrl 键，然后拖动直线；或者按下鼠标左键并拖动直线
移动直线段	按住鼠标左键直接拖动直线
移动直线顶点	将鼠标指向连线的箭头处，当出现一个小圆圈圈住箭头时，按住鼠标左键移动连线
直线调整为斜线段	按住 Shift 键，将鼠标指向需要移动的直线上的一点，并按下鼠标左键直接拖动直线，如图 4-20 所示
直线调整为折线段	按住鼠标左键不放直接拖动直线

图 4-20　对连线的操作

双击模块会弹出【参数设置】对话框，如图 4-21 所示，设置增益模块的参数值。

用鼠标右键单击模块，在弹出的快捷菜单中选择【Block Properties】，或选中模块后，选择【Edit】|【Block Properties】菜单，弹出属性设置对话框，如图 4-22 所示，其中包括如下 3 项内容。

（1）【General】选项卡。

Description：用于注释该模块在模型中的用法。

Priority：定义该模块在模型中执行的优先顺序，其中优先级的数值必须是整数，且数值越小（可以是负整数），优先级越高，一般由系统自动设置。

Tag：为模块添加文本格式的标记。

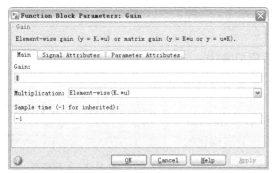

图 4-21　模块参数设置对话框

图 4-22　模块属性设置对话框

（2）【Block Annotation】选项卡。指定在图标下显示模块的参数、取值及格式。

（3）【Callbacks】选项卡。用于定义该模块发生某种指定行为时所要执行的回调函数。

对信号进行标注和对模型进行注释，是一个良好的建模习惯，其方法分别如表 4-18 和表 4-19 所示。

表 4-18　　　　　　　　　　　　　　标注信号

任　　务	Microsoft Windows 环境下的操作
建立信号标签	直接在直线上双击，然后输入
复制信号标签	按住 Ctrl 键，然后按住鼠标左键选中标签并拖动
移动信号标签	按住鼠标左键选中标签并拖动
编辑信号标签	在标签框内双击，然后编辑
删除信号标签	按住 Shift 键，然后单击选中标签，再按 Delete 键
用粗线表示向量	选择【Foamat】|【Port/Signal Displays】|【Wide Nonscalar Lines】菜单
显示数据类型	选择【Foamat】|【Port/Signal Displays】【Port Data Types】菜单

表 4-19　　　　　　　　　　　　　　注释模型

任　　务	Microsoft Windows 环境下的操作
建立注释	在模型图标中双击，然后输入文字
复制注释	按住 Ctrl 键，然后按住鼠标左键选中注释文字并拖动
移动注释	按住鼠标左键选中注释并拖动
编辑注释	单击注释文字，然后编辑
删除注释	按住 Shift 键，然后选中注释文字，再按 Delete 键

2. 创建模型的基本步骤

利用 Simulink 进行系统建模和仿真的一般步骤如下。

（1）绘制系统流图。首先将所要建模的系统根据功能划分成若干子系统，然后用模块来搭建每个子系统，所选用的模块最好是 Simulink 自带的。这一步骤也体现了用 Simulink 进行系统建模的层次性特点。

（2）启动 Simulink 模块库浏览器，新建一个空白模型窗口。

（3）将所需模块放入空白模型窗口中，按系统流图的布局连接各模块，并封装子系统。

（4）设置各模块的参数以及与仿真有关的各种参数。

（5）保存模型，模型文件的后缀名为.mdl。

（6）运行并调试模型。

3. 模型文件格式

Simulink 提供了通过命令行建立模型和设置模型参数的方法。一般情况下，用户不需要使用这种方式来建模，因为它很不直观，这里仅做粗略介绍。

Simulink 将每一个模型（包括库）都保存在一个后缀名.mdl 的文件里，称为模型文件。一个模型文件就是一个结构化的 ASCII 文件，它包括关键字和各种参数的值。

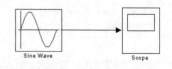

图 4-23　示例模型

例 4.4　查看如图 4-23 所示模型对应的.mdl 文件，具体内容如下。

```
Model {
  Name          "ex0904"
  …
  }
…
BlockDefaults {
  Orientation        "right"
  …
  }
…
AnnotationDefaults {
  HorizontalAlignment    "center"
  …
  }
  …
System {
  Name          "ex0904"
  …
}
```

文件主要由以下几个部分构成。

* Model：用来描述模型参数，包括模型名称、模型版本和仿真参数等。

* BlockDefaults：用来描述模块参数的默认设置。

* AnnotationDefaults：用来描述模型的注释参数的默认值，这些参数值不能用 set_param 命令来修改。

* System：用来描述模型中每一个系统（包括顶层的系统和各级子系统）的参数。每一个 System 部分都包括模块、连线和注释等。

4.3　子系统及其封装

4.3.1　创建子系统

随着系统规模的不断扩大，复杂性不断增加，模型的结构也变得越来越复杂。在这种情况下，将功能相关的模块组合在一起形成几个小系统，将使整个模型变得非常简洁，使用起来非常方便。

1. 子系统的优点

通过子系统可以把复杂的模型分割成若干简单的模型，从而使整个模型具有以下优点。

* 减少模型窗口中模块的数量，使得模型窗口更加整洁。

* 把一些功能相关的模块集成在一起，可以实现复用。

* 通过子系统可以实现模型图表的层次化，这样既可以采用自上而下的设计方法，也可以采用自下而上的设计方法。

2. 子系统的创建方法

在 Simulink 中有如下两种创建子系统的方法。

* 通过子系统模块来创建子系统：先向模型中添加 Subsystem 模块，然后打开该模块并向其中添加模块。

- 组合已存在的模块集。

3. 子系统创建示例

例 4.5 通过 Subsystem 模块创建子系统。具体步骤如下。

（1）从 Commonly Used Blocks 复制 Subsystem 模块到模型中，如图 4-14 所示。

（2）双击 Subsystem 模块图标，打开如图 4-24 所示的 Subsystem 模块编辑窗口。

（3）在新的空白窗口创建子系统，然后保存。

（4）运行仿真并保存。

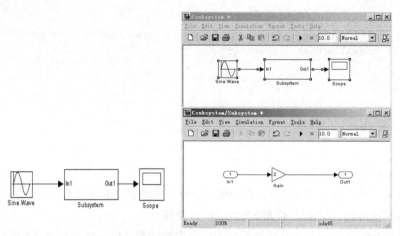

图 4-24　通过 Subsystem 模块创建子系统

例 4.6 通过组合已存在的模块创建子系统。具体步骤如下。

（1）选中要创建成子系统的模块，如图 4-25 所示。

（2）选择【Edit】|【Create Subsystem】选项，结果如图 4-26 所示。

（3）运行仿真并保存。

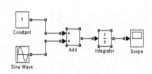

图 4-25　组合已存在的模块创建子系统

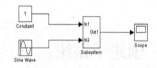

图 4-26　创建子系统示例

4.3.2　封装子系统

封装后的子系统与 Simulink 提供的模块一样拥有图标，并且双击图标时会出现一个用户自定义的【参数设置】对话框，从中设置子系统中的参数。

1. 封装的作用

（1）子系统中各个模块的参数通过参数对话框就可以设置。

（2）为子系统创建可以反映子系统功能的图标。

（3）可以避免用户在无意中修改子系统中模块的参数。

2. 封装的过程

（1）选择需要封装的子系统，选择【Diagram】|【Mask】|【Creat Mask】选项进行封装。

（2）选择【Diagram】|【Mask】|【Creat Mask】选项，弹出如图 4-27 所示的封装编辑器，从中进行各种设置。

（3）单击【Apply】或【OK】按钮保存设置。

图 4-27　封装编辑器

3. 封装示例

例 4.7 封装的过程。具体步骤如下。

（1）建立如图 4-28 所示的含有子系统的模型，并设置子系统中 Gain 模块的 Gain 参数为变量 m。

（2）选中模型中的 Subsystem 子系统，选择【Diagram】|【Mask】|【Creat Mask】菜单进行封装，进而选择【Diagram】|【Mask】|【Creat Mask】菜单（或用鼠标右键单击子系统，在弹出的快捷菜单中选择【Mask】菜单），打开封装编辑器，如图 4-29 所示。

（3）按照如图 4-29 所示设置【Icon】选项卡中的参数。

① Icon options：设置图标的边框是否可见等。

② Drawing commands：设置绘制模型图标的方式。

③ Examples of drawing commands：说明各种绘制图标的命令，每种命令都对应一个示例。

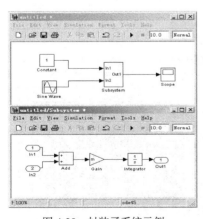

图 4-28　封装子系统示例

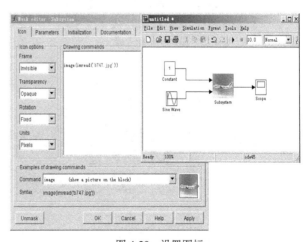

图 4-29　设置图标

（4）按照如图 4-30 所示设置【Parameters】选项卡。设置封装子系统参数设置对话框的可设置参数，其中各项设置的含义如图 4-31 所示。

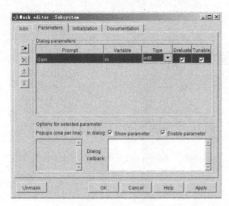
图 4-30　设置参数

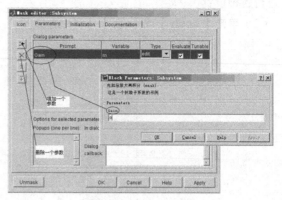
图 4-31　参数设置的含义

（5）按照如图 4-32 所示设置【Initialization】选项卡，定义封装子系统的初始化命令，包括 MATLAB 表达式、函数、运算符和在【Parameters】选项卡定义的变量。

（6）按照如图 4-33 所示设置【Documentation】选项卡，设置封装子系统的封装类型、模块描述和模块帮助信息，其中各项设置的含义如图 4-34 所示。

（7）设置参数后运行仿真，双击模型中的 Scope 模块，看到如图 4-35 所示的结果。

图 4-32　设置初始化参数

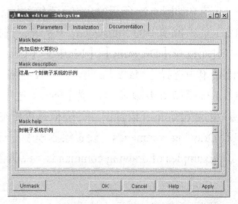
图 4-33　设置【Documentation】选项卡参数

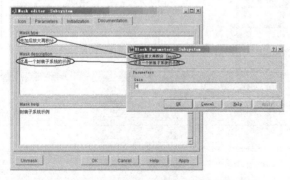
图 4-34　【Documentation】选项卡设置的含义

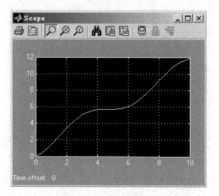
图 4-35　示例模型仿真结果

4.3.3　自定义模块库

大量封装子系统模块按照功能分门别类地存储，以方便查找，每一类即为一个模块库。通过自定义模块库，可以集中存放为某个领域服务的所有模块。

选择 Simulink 界面的【File】|【New】|【Library】菜单，弹出一个空白的库窗口，将需要存放在同一模块库中的模块复制到模块库窗口中即可创建模块库，如图 4-36 所示。

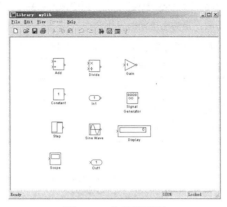

图 4-36　自建模型库

创建好模型后，只需在 MATLAB 命令窗口中输入模块库的名称即可调用，也可以通过设置模块库所在路径为搜索路径，将其加入 Simulink 模块库浏览器。

4.4　过零检测

对于动态系统，在其输出和状态随时间变化的曲线上，有些区域是平缓的，而有些区域是显著变化的。Simulink 中的仿真都是根据某种方式选定若干采样点进行计算和数据传递，因此对于显著变化的区域，若采样点不足，则可能无法反映真实的情况。

固定步长仿真方式是在整数倍步长的采样点上计算状态变量的值，它无法保证准确描述显著变化的区域。当然可以通过减小步长解决这个问题，但是这会减慢仿真速度。

可变步长仿真方式是根据曲线的变化趋势动态调整步长，当变化趋势平缓时，保持或增加步长，变化趋势剧烈时，减小步长。

过零检测就是解决上述问题的技术。它通过 Simulink 为模块注册若干过零函数，当变化趋势剧烈时，过零函数发生符号变化。每个采样点仿真结束时，Simulink 检测是否有过零函数符号变化，如果检测到过零点，Simulink 将在前一个采样点和目前采样点间内插值，即减少了步长。

大多数 Simulink 模块都支持过零检测，表 4-20。所示为 Simulink 中支持过零检测的模块。

表 4-20　　　　　　　　　　　　　　　　支持过零点检测的模块

模　块　名	说　　　明
Abs	一个过零检测：检测输入信号沿上升或下降方向通过零点
Backlash	两个过零检测：一个检测是否超过上限阈值，一个检测是否超过下限阈值
Dead Zone	两个过零检测：一个检测何时进入死区，一个检测何时离开死区

模 块 名	说 明
Hit Crossing	一个过零检测：检测输入何时通过阈值
Integrator	若提供了 Reset 端口，就检测何时发生 Reset；若输出有限，则有 3 个过零检测，即检测何时达到上限饱和值、检测何时达到下限饱和值和检测何时离开饱和区
MinMax	一个过零检测：对于输出向量的每一个元素，检测一个输入何时成为最大或最小值
Relay	一个过零检测：若 relay 是 off 状态，就检测开启点；若是 on 状态，就检测关闭点
Relational Operator	一个过零检测：检测输出何时发生改变
Saturation	两个过零检测：一个检测何时达到或离开上限，一个检测何时达到或离开下限
Sign	一个过零检测：检测输入何时通过零点
Step	一个过零检测：检测阶跃发生时间
Switch	一个过零检测：检测开关条件何时满足
Subsystem	用于有条件地运行子系统：一个使能端口，一个触发端口

4.5　代数环

如果 Simulink 模块的输入依赖于该模块的输出，就会产生一个代数环，如图 4-37 和图 4-38 所示。这意味着无法进行仿真，因为没有输入就得不到输出，没有输出也得不到输入。

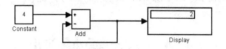

图 4-37　代数环示例 1

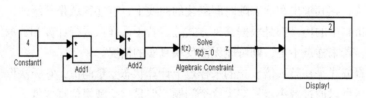

图 4-38　代数环示例 2

解决代数环的方法有以下几种。

- 尽量不形成代数环的结构，采用替代结构。
- 为可以设置初始值的模块设置初值。
- 对于离散系统，在模块的输出一侧增加 unit delay 模块。
- 对于连续系统，在模块的输出一侧增加 memory 模块。

4.6　回调函数

为模型或模块设置回调函数的方法有下面两种。

- 通过模型或模块的属性对话框来设置。
- 通过 MATLAB 相关的命令来设置。

在如图 4-39 和图 4-40 所示的【模型属性设置】和【模块属性设置】对话框中的 Callbacks 选项卡给出了回调函数列表，分别如表 4-21 和表 4-22 所示。

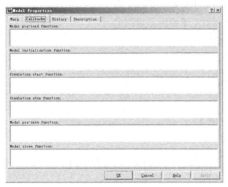

图 4-39　模型属性对话框

图 4-40　模块属性设置对话框

表 4-21　　　　　　　　　　　　　　　　　　模型的回调参数

模型回调参数名称	参 数 含 义
CloseFcn	在模型图表被关之前调用
PostLoadFcn	在模型载入之后调用
InitFcn	在模型的仿真开始时调用
PostSaveFcn	在模型保存之后调用
PreLoadFcn	在模型载入之前调用，用于预先载入模型使用的变量
PreSaveFcn	在模型保存之前调用
StartFcn	在模型仿真开始之前调用
StopFcn	在模型仿真停止之后，在 StopFcn 执行前，仿真结果先写入工作空间中的变量和文件中

表 4-22　　　　　　　　　　　　　　　　　　模块的回调参数

模块回调参数名称	参 数 含 义
ClipboardFcn	在模块被复制或剪切到系统粘贴板时调用
CloseFcn	使用 close_system 命令关闭模块时调用
CopyFcn	模块被复制之后调用，该回调对于子系统是递归的。如果是使用 add_block 命令复制模块，该回调也会被执行
DeleteFcn	在模块删除之前调用
DeleteChildFcn	从子系统中删除模块之后调用
DestroyFcn	模块被毁坏时调用
InitFcn	在模块被编译和模块参数被估值之前调用
LoadFcn	模块载入之后调用，该回调对于子系统是递归的
ModelCloseFcn	模块关闭之前调用，该回调对于子系统是递归的
MoveFcn	模块被移动或调整大小时调用
NameChangeFcn	模块的名称或路径发生改变时
OpenFcn	双击打开模块或者使用 open_system 命令打开模块时调用，一般用于子系统模块

续表

模块回调参数名称	参 数 含 义
ParentCloseFcn	在关闭包含该模块的子系统或者用 new_system 命令建立的包含该模块的子系统时调用
PostSaveFcn	模块保存之后调用，该回调对于子系统是递归的
PreSaveFcn	模块保存之前调用，该回调对于子系统是递归的
StartFcn	模块被编译之后，仿真开始之前调用
StopFcn	仿真结束时调用
UndoDeleteFcn	一个模块的删除操作被取消时调用

例 4.8 模型或模块回调函数的实现。具体步骤如下。

（1）建立一个如图 4-41 所示的模型 example。

（2）在模型属性对话框的【Callbacks】选项卡的 Simulation stop function 文本框中输入 plot(tout,yout)。

（3）运行仿真，结束时会自动弹出图形窗口。

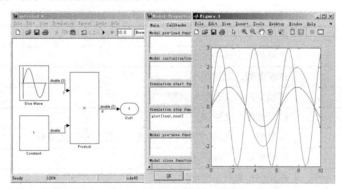

图 4-41 通过模型属性对话框为模型设置回调函数

4.7 运行仿真

本节主要讲解运行仿真及仿真参数设置。

1. 窗口运行仿真

建立好模型后，可以直接在模型窗口通过菜单项或工具栏进行仿真，如图 4-42 所示。

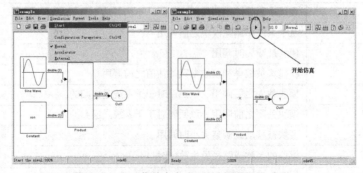

图 4-42 通过菜单命令或工具栏按钮运行仿真

2．仿真参数设置

在模型窗口中选择【Simulation】|【Mode Configuration Parameters】菜单项，打开设置仿真参数的对话框，如图 4-43 所示。

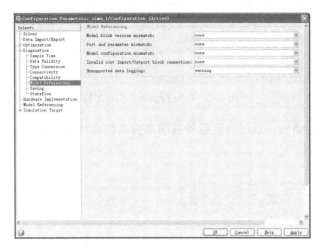

图 4-43　设置仿真参数的对话框

该对话框中各参数的含义如下。

（1）Solver。主要用于设置仿真开始和结束时间，选择解法器，并设置相应的参数，如图 4-44 所示。

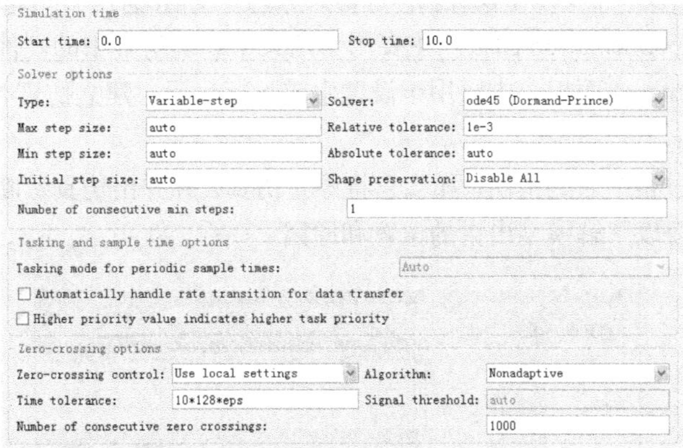

图 4-44　Solver 面板

Simulink 支持两类解法器：固定步长和变步长解法器。Type 下拉列表用于设置解法器类型，Solver 下拉列表用于选择相应类型的具体解法器。

（2）Data Import/Export 面板。主要用于向 MATLAB 工作空间输出模型仿真结果，或从 MATLAB 工作空间读入数据到模型，如图 4-45 所示。

Load from workspace：设置从 MATLAB 工作空间向模型导入数据。

Save to workspace：设置向 MATLAB 工作空间输出仿真时间、系统状态、输出和最终状态。

Save options：设置向 MATLAB 工作空间输出数据。

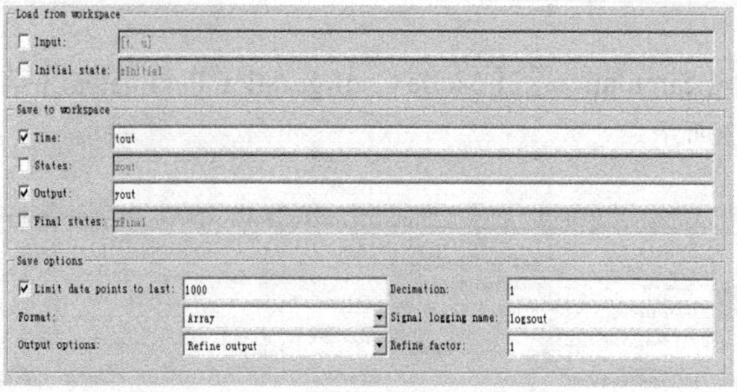

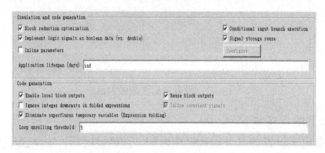

图 4-45　Data Import/Export 面板

（3）Optimization 面板。通过设置各种选项来提高仿真性能和由模型生成代码的性能，如图 4-46 所示。

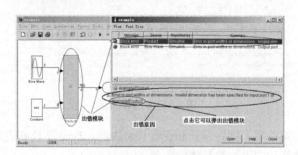

图 4-46　Optimization 面板

（4）Diagnostics 面板。主要用于设置编译和仿真遇到突发情况时，Simulink 将采用的诊断动作。

（5）Hardware Implementation 面板。主要用于定义半物理仿真中的硬件特性。

（6）Model Referencing 面板。主要用于设置生成目标代码、建立仿真时的一些参数。

3. 仿真错误诊断

如果模型在运行过程中遇到错误，那么它将停止仿真，并弹出仿真诊断对话框，如图 4-47 所示。通过该对话框，可以了解模型出错的位置和原因。

图 4-47　仿真诊断对话框

对话框分为上下两个部分，上部分列出了每个错误的信息，这些信息包括如下内容。

- Message：消息类型（模块错误、警告、log 等）。
- Source：导致错误的模型元素（如模块或连线等）的名称。
- Reported by：报告错误的组件（如 Simulink、Real-Time Workshop 等）。
- Summary：错误消息的简写，便于在列表中显示。

下部分显示当前所选中的 Message 的完整内容，包括出错原因和元素。当选中某个 Message 时，Simulink 打开模型窗口，并将产生错误的模型元素用黄色加亮显示。

4. 命令运行仿真

MATLAB 允许通过命令窗口运行仿真，当然也可以从 M 文件中运行仿真。MATLAB 提供函数 sim()运行仿真，其具体使用方法如下。

```
[t,x,y] = sim(filename, timespan, options, ut);
[t,x,y1, y2, ..., yn] = sim(filename,timespan,options,ut);
```

其中，只有参量 filename 是必需的，各参量的含义如表 4-23 所示。

表 4-23　　　　　　　　　　　　　　函数 sim()参量

参　量　名	参　量　含　义	参　量　名	参　量　含　义
T	返回仿真时间	filename	字符串类型，并且模型保存为 filename.mdl
X	返回仿真的状态矩阵	Timespan	设置仿真的开始和结束时间
Y	返回仿真输出矩阵	Options	用于设置仿真相关参数的一个结构
Y1,…,yn	每一个 Yi 对应一个输出模块	Ut	模型输入

比较常用的方式是，通过设置仿真参数对话框进行参数设置，然后在 M 文件中执行 sim（filename）即可。

5. 仿真性能及精度的改善

Simulink 的仿真性能和精度受许多因素的影响，包括模型的设计、仿真参数的设置等。对于绝大多数的问题，使用默认设置就可以得到满意的仿真结果，但是对于某些问题，适当的调整仿真参数可以得到更好的结果。

（1）加速仿真过程。可能造成模型仿真速度过慢的原因有以下几种。

- 模型中有 MATLAB Fcn 模块，应该尽可能地使用 Simulink 的内置 Fcn 模块或 Math Function 模块。
- 模型中有 M 文件的 S 函数，应该将它转换成一个子系统或 C-MEX 文件的 S 函数。
- 模型中含存储模块。
- 仿真步长过小。
- 仿真精度要求过高。
- 解法器选择不合理。
- 模型中含代数环。
- 模型中将 Random Number 模块作为 Integrator 模块的输入。
- 模型中各模块的采样时间不是整数倍,解法器会选择足够小的时间步长来满足所有的采样时间。

（2）提高仿真精度。可以通过设置不同的相对误差或绝对误差参数值，比较仿真结果，并判断解是否收敛。如果仿真结果间差距不大，则说明收敛；如果仿真结果间差距较大，那么模型中可能含有取值接近 0 的状态，可采用下面的方法加以解决。

- 设置较小的绝对误差参数。
- 如果上述方法无效，则尝试减小相对误差参数值和仿真步长。

4.8 仿真结果分析

仿真结果的可视化是 Simulink 建模的一个特点，而且 Simulink 还可以分析仿真结果。

1. 仿真结果输出

在 Simulink 中输出模型的仿真结果有如下 3 种方法。

- 在模型中将信号输入 Scope 模块或 XY Graph 模型。
- 将输出写入 To Workspace 模块，然后使用 MATLAB 绘图功能。
- 将输出写入 To File 模块，然后使用 MATLAB 文件读取和绘图功能。

2. 线性化分析

线性化就是将所建模型用如下的线性时不变模型进行近似表示：

$$\begin{cases} \dot{x} = Ax + Bu \\ y = Cx + Du \end{cases}$$

其中，x、u、y 分别表示状态、输入和输出的向量。模型中的输入/输出必须使用 Simulink 提供的输入（In1）和输出（Out1）模块。

一旦将模型近似表示成线性时不变模型，大量关于线性的理论和方法就可以用来分析模型。

在 MATLAB 中用函数 linmod() 和 dlinmod() 来实现模型的线性化，其中，函数 linmod() 用于连续模型，函数 dlinmod() 用于离散系统或者混杂系统。其具体使用方法如下：

```
[A,B,C,D] = linmod(filename);
[A,B,C,D] = dlinmod(filename, Ts);
```

其中参量 Ts 表示采样周期。

3. 平衡点分析

Simulink 通过函数 trim() 来计算动态系统的平衡点，所谓稳定状态点，就是满足 $x = f(x)$。并不是所有时候都有解，如果无解，则函数 trim() 返回离期望状态最近的解。

4.9 模型调试

Simulink 提供了调试器，方便查找和诊断模型中的错误，它允许通过单步运行仿真显示模块的即时状态、输入和输出。当然，也可以通过命令行进行调试。

1. Simulink 调试器

首先通过一个例子说明调试器的作用。

例 4.9 简介 Simulink 调试器，具体步骤如下。

（1）打开例 4.7 的示例。

（2）选择【Tools】【Simulink Debugger】菜单项，打开如图 4-48 所示的调试器，对话框工具栏各按钮的功能如表 4-24 所示。

图 4-48 调试器窗口

表 4-24 调试器工具栏

工具栏按扭	功 能	工具栏按扭	功 能
	进入当前方法		停止仿真
	跳过当前方法		在运行到下一个模块前跳出
	跳出当前方法		当选中的模块被执行时显示其输入输出
	在下一个仿真时间步跳转到第一个方法		显示选中模块的当前输入输出
	跳转到下一个模块方法		选择动画模式
	开始或继续调试	?	显示调试器的帮助
	暂停仿真	Close	关闭调试器

调试器窗口中各选项卡的作用如下。

Break points：用于设置断点。

Simulation Loop：用于显示当前采样点的相关信息。

Outputs：用于显示调试结果。

Sorted List：用于显示被调试的模块，按模块执行顺序排列。

Status：用于显示调试器各种选项设置的值以及其他状态信息。

（3）单击 ► 按钮开始调试，在【Simulation Loop】选项卡显示当前运行方法的名称，并且该方法也将显示在模块窗口中，如图 4-49 所示。调试开始后，MATLAB 的命令窗口也会进入调试状态，如图 4-50 所示。

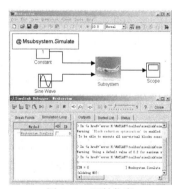

图 4-49 开始仿真

（4）单击 按钮进行仿真，如图 4-51 所示，在仿真过程中还可以设置断点。

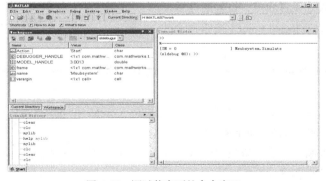

图 4-50 调试状态下的命令窗口

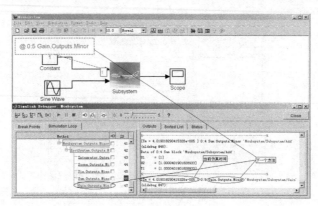

图 4-51　单步仿真

2．命令行调试

由于命令行调试方式需要使用许多命令和函数，比调试器方式复杂且不直观，这里仅简单介绍几个有助于理解命令行调试的基本概念。

许多 Simulink 命令和消息是通过 Method ID 和 Block ID 来引用方法和模块的，Method ID 是按方法被调用的顺序从 0 开始分配的一个整数。Block ID 是在编译阶段分配的，形式为 sid:bid。其中，sid 是一个用来表示系统的整数，bid 是模块在系统中的位置。可以通过命令 slist 来查看当前运行模型的每一个模块的 ID，还可以通过下面两个命令来启动调试器。

```
sim('vdp',[0,10],simset('debug','on'))
sldebug 'vdp'
```

其中，vdp 是模型名。

3．设置断点功能

断点就是使仿真运行到该位置时停止，同时可以使用命令 continue 使仿真继续运行。调试器允许定义无条件断点和有条件断点，无条件断点是指仿真运行到该位置时就停止，而有条件断点是指仿真运行到该位置，且满足指定条件时才停止。

（1）设置无条件断点。设置无条件断点有如下 3 种方式。

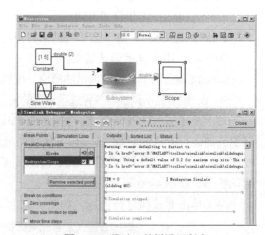

图 4-52　通过工具栏设置断点

- 通过调试器工具栏。在模型窗口中选择要设置断点的模块，单击 按钮。在如图 4-52 所示模型中的 Scope 模块处设置断点，设置断点后，还可以通过【Remove selected point】按钮删除已设置好的断点。

- 通过调试器的 Simulation Loop 选项卡。选中该选项卡 Breakpoints 列中要设置的断点处即可。

- 在 MATLAB 命令窗口运行相关命令。使用命令 break 和 bafter 可以分别在一个方法的前面和后面设置断点，使用命令 clear 清除断点。

（2）设置有条件断点。设置有条件断点可以通过在调试器的【Break on conditions】选项卡中设置相应的断点条件来实现。

4. 仿真信息显示

Simulink 调试器工具栏中的 ⊡ 按钮用于显示模块的输入/输出信息。在模型窗口选中模块，单击该按钮，被选中模块在当前采样点的输入、输出和状态信息将显示在调试器窗口的【Outputs】选项卡中。⊡ 按钮也是用于显示模块的信息，与 ⊡ 按钮稍有不同，在此不再赘述。

在 MATLAB 命令窗口中，可以使用命令 states 显示系统的当前信息，可以用命令 ishow 锁定信息的显示。

5. 模型信息显示

调试器除了可以显示仿真的相关信息外，还可以显示模型的相关信息。

在 MATLAB 命令窗口中，可以用命令 slist 显示系统中各模块的索引，模块的索引就是它们的执行顺序，它与调试器窗口中【Sorted List】选项卡显示的内容一样。

其他用于显示模块信息的命令还有 bshow、systems、zclist、ashow、status 等。

4.10　S 函数

S 函数（System-函数）是扩展 Simulink 功能的强有力的工具，本节主要解释以下几个问题。

- 什么是 S 函数？
- 为什么使用 S 函数？
- 如何书写 S 函数？

4.10.1　S 函数的概念

S 函数是一种描述动态系统的计算机语言，可以用 MATLAB、C、C++、Ada 和 Fortran 语言编写。用 C、C++、Ada 和 Fortran 等语言编写的 S 函数用 mex 命令可编译成 MEX 文件，从而可以像 MATLAB 中的其他 MEX 文件一样，动态地连接到 MATLAB。本章只介绍用 MATLAB 语言编写的 S 函数。

S 函数采用一种特殊的调用语法，使得 S 函数可以和 Simulink 解法器进行交互，这种交互与解法器和 Simulink 自带模块间的交互十分类似。S 函数可以用来描述连续、离散和混杂系统。

例 4.10　用 S 函数（MySfunction.m）描述方程 $\begin{cases} \dot{x}_1 = x_2 \\ \dot{x}_2 = x_1 + 2x_2 + u \\ y = [x_1, x_2] \\ x_1(0) = 1; x_2(0) = 0 \end{cases}$ ，具体内容如下。

```
function [sys,x0,str,ts] = MySfunction (t,x,u,flag)

switch flag,
  case 0,
    [sys,x0,str,ts]=mdlInitializeSizes;
case 1,
    sys=mdlDerivatives(t,x,u);
  case 3,
    sys=mdlOutputs(t,x,u);
  case {2, 4, 9 }
```

```
      sys = [];
  otherwise
      error(['Unhandled flag = ',num2str(flag)]);
end

function [sys,x0,str,ts]=mdlInitializeSizes
sizes = simsizes;
sizes.NumContStates    = 2;
sizes.NumDiscStates    = 0;
sizes.NumOutputs       = 2;
sizes.NumInputs        = 1;
sizes.DirFeedthrough   = 0;
sizes.NumSampleTimes   = 0;
sys = simsizes(sizes);
x0  = [1 0];
str = [];
ts  = [];

function sys=mdlDerivatives(t,x,u)
sys(1)=x(2);
sys(2)=x(1)+2*x(2)+u;

function sys=mdlOutputs(t,x,u)
sys = x;
```

4.10.2　S 函数的功能

S 函数可以实现以下操作。

- 可以通过 S 函数用多种语言来创建新的通用性的 Simulink 模块。
- 编写好的 S 函数，可以在 User-Defined Functions 模块库的 S-function 模块中通过名称来调用，并可以进行封装。
- 可以通过 S 函数将一个系统描述成一个数学方程。
- 便于图形化仿真。
- 可以创建代表硬件驱动的模块。

4.10.3　S 函数的工作流程

在理解 S 函数的工作流程前，需要理解 Simulink 模块对应的数学描述以及 Simulink 仿真流程。

1. Simulink 模块的数学描述

描述一个 Simulink 模块需要 3 个基本元素，即输入向量（u）、状态向量（x）和输出向量（y），输出是输入向量、状态向量和采样时间的函数。在计算中，往往需要利用如下的 3 种关系：

$$y = f_0(t,u,x) \qquad 输出$$
$$\dot{x}_c = f_d(t,x,u) \qquad 微分$$
$$x_d(k+1) = f_u(t,x,u) \quad 更新$$

Simulink 在仿真时把上面的关系对应为不同的函数，它们分别实现计算模块的输出、更新模块的离散状态和计算连续状态的微分。

Simulink 在仿真的开始和结束，还包括初始化和结束处理。上述每个部分，Simulink 都需要重复对模型进行调用。

2. Simulink 仿真流程

Simulink 仿真按照如图 4-53 所示的流程进行，由此可知仿真是分阶段进行的。在初始化阶段，Simulink 将库中的模块并入自建模型中，确定模块端口的数据宽度、数据类型和采样时间，评估模块参数，决定模块运行的优先级，定位存储地址；然后进入仿真循环；如此循环，直至仿真结束。含有 S 函数模块的模型的仿真流程与此类似。

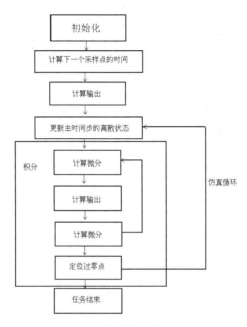

图 4-53　仿真执行流程图

3. S 函数的回调函数

一个 S 函数是由一系列回调函数组成的，仿真循环中的每个仿真阶段都由 Simulink 调用回调函数来执行相应的任务。与一般模型的仿真类似，S 函数的回调函数可以完成以下任务。

- 初始化：在进入第一个仿真循环之前，Simulink 初始化 S 函数。在此阶段，Simulink 主要完成初始化 SimStruct（SimStruct 包含 S 函数信息的数据结构）、确定输入/输出端口的数目和大小、确定模块的采样时间、分配内存和 Sizes 数组的工作。
- 计算下一个采样点。如果模型使用变步长解法器，那么就需要在当前仿真时确定下一个采样点的时刻。
- 计算当前仿真步的输出。本次回调完成后，模块所有输出端口的值对当前仿真步有效，即模块的输出被更新后才能作为其他模块的有效输入。
- 更新当前仿真步的离散状态。在此仿真阶段，所有的模块都更新离散状态。
- 积分。只有当模块具有连续状态或者非采样过零点时，Simulink 才会有这一仿真阶段。

4.10.4　S 函数的编写

使用 MATLAB 语言编写的 S 函数称为 M 文件 S 函数，M 文件 S 函数的形式如下。

```
[sys,x0,str,ts]=f(t,x,u,flag,p1,p2,...)
```

表 4-25 所示为上面各参数的含义。M 文件 S 函数中的回调函数是用子函数的形式来实现的。

表 4-25   函数各参数的含义

参 数 名	参 数 含 义
f	S 函数的名称
t	当前仿真时间
x	S 函数模块的状态向量
u	S 函数模块输入
flag	用以标示 S 函数当前所处的仿真阶段，以便执行相应的子函数
p1,p2,…	S 函数模块的参数
ts	向 Simulink 返回一个包含采样时间和偏置值的两列矩阵。不同的采样时刻设置方法对应不同的矩阵值。如果希望 S 函数在每一个时间步都运行，就设为[0 0]；如果希望 S 函数模块与和它相连的模块以相同的速率运行，就设为[-1 0]；如果希望可变步长，则设为[2 0]；如果希望从 0.1s 开始，每隔 0.25s 运行一次，就设为[0.25 0.1]；如果 S 函数执行多个任务，而每个任务运行的速率不同，可设为多维矩阵，两个任务设为[0.25 0; 1.0 0.1]
sys	用于向 Simulink 返回仿真结果的变量。根据不同的 flag 值，sys 返回的值也不完全一样（因为不同的 flag 对应不同的仿真阶段和仿真任务，仿真也就得到不同的结果）
x0	用于向 Simulink 返回初始状态值
str	保留参数

在模型仿真过程中，Simulink 重复调用函数 f()，并根据 Simulink 所处的仿真阶段（由 flag 参量值决定）为 sys 变量指定不同的角色，并调用相应的子函数。

因此，在编写 M 文件 S 函数时，只需用 MATLAB 语言来编写每个 flag 值对应的子函数即可。表 4-26 所示为在各个仿真阶段对应要执行的回调函数方法以及相应的 flag 参数值。

表 4-26   各个仿真阶段对应要执行的 S 函数方法

仿真阶段及方法说明	S 函数方法	flag
初始化。定义 S 函数模块的基本特性，包括采样时间、连续或离散状态的初始条件和 Sizes 数组	mdlInitializeSizes	flag = 0
计算微分	mdlDerivatives	flag = 1
更新离散状态	mdlUpdate	flag = 2
计算输出	mdlOutputs	flag = 3
计算下一个采样点的绝对时间。该方法只有用户在 mdlInitializeSizes 说明了一个可变的离散采样时间时，才可用	mdlGetTimeOfNextVarHit	flag = 4
结束仿真	mdlTerminate	flag = 9

在 MATLAB 命令窗口输入命令 sfundemos 来查看 S 函数示例，如图 4-54 所示，其中提供了一个"M-file S-function Template"示例，它是为编写 S 函数提供的一个模板。使用模板编写 S 函数时，可将 S 函数名换成期望的函数名，若需要额外的输入参数，还要在输入参数列表的后面增加这些参数。接下来的任务就是根据设计要求，用相应的代码替换模板中各个子函数的代码。

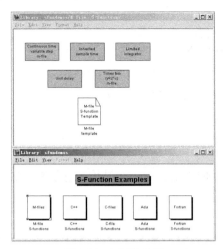

图 4-54   S 函数示例

"M-file S-function Template"中的"M-file S-function"模块删掉注释后的代码如下。

```
function [sys,x0,str,ts] = sfuntmpl(t,x,u,flag)

switch flag,
  case 0,
    [sys,x0,str,ts]=mdlInitializeSizes;
  case 1,
    sys=mdlDerivatives(t,x,u);
  case 2,
    sys=mdlUpdate(t,x,u);
  case 3,
    sys=mdlOutputs(t,x,u);
  case 4,
    sys=mdlGetTimeOfNextVarHit(t,x,u);
  case 9,
    sys=mdlTerminate(t,x,u);
  otherwise
    error(['Unhandled flag = ',num2str(flag)]);
end

function [sys,x0,str,ts]=mdlInitializeSizes
sizes = simsizes;
sizes.NumContStates   = 0;
sizes.NumDiscStates   = 0;
sizes.NumOutputs      = 0;
sizes.NumInputs       = 0;
sizes.DirFeedthrough  = 1;
sizes.NumSampleTimes  = 1;
sys = simsizes(sizes);
x0  = [];
str = [];
ts  = [0 0];

function sys=mdlDerivatives(t,x,u)
sys = [];

function sys=mdlUpdate(t,x,u)
```

```
sys = [];

function sys=mdlOutputs(t,x,u)
sys = [];

function sys=mdlGetTimeOfNextVarHit(t,x,u)
sampleTime = 1;
sys = t + sampleTime;
function sys=mdlTerminate(t,x,u)
sys = [];
```

其中，函数 mdlInitializeSizes()中的 sizes 是一个结构，它是 S 函数信息的载体，其中各字段的含义如表 4-27 所示。

表 4-27   sizes 各字段的意义

字 段 名	含 义	字 段 名	含 义
sizes.NumContStates	连续状态的数目	sizes.NumInputs	输入的数目（所有输入向量的宽度之和）
sizes.NumDiscStates	离散状态的数目	sizes.DirFeedthrough	有无直接馈入
sizes.NumOutputs	输出的数目（所有输出向量的宽度之和）	sizes.NumSampleTimes	采样时间的数目

S 函数模块还可实现直接馈入、输入信号宽度动态可变以及多种采样时间的设置。

4.10.5 应用示例

下面介绍利用 "User-Defined Functions" 库中的 S-Function 模块创建用 MATLAB 语言编写的 M 文件 S 函数。

例 4.11 用 S 函数（myfilter.m）实现传递函数 $G(s) = \dfrac{1}{(s+1)(s+2)}$，如图 4-55 所示，具体内容如下。

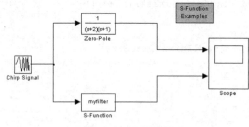

图 4-55   S 函数模块

```
function [sys,x0,str,ts] = myfilter(t,x,u,flag)
A=[0 1;
   -2 -3];
B=[0;
   1];
C=[1 0];
D=[0];
switch flag,
  case 0,
```

```
      [sys,x0,str,ts]=mdlInitializeSizes (A,B,C,D);
    case 1,
      sys=mdlDerivatives(t,x,u,A,B,C,D);
    case 2,
      sys=mdlUpdate(t,x,u);
    case 3,
      sys=mdlOutputs(t,x,u,A,B,C,D);
    case 4,
      sys=mdlGetTimeOfNextVarHit(t,x,u);
    case 9,
      sys=mdlTerminate(t,x,u);
    otherwise
      error(['Unhandled flag = ',num2str(flag)]);
end
function [sys,x0,str,ts]=mdlInitializeSizes(A,B,C,D)
sizes = simsizes;
sizes.NumContStates  = 2;
sizes.NumDiscStates  = 0;
sizes.NumOutputs     = 1;
sizes.NumInputs      = 1;
sizes.DirFeedthrough = 1;
sizes.NumSampleTimes = 1;
sys = simsizes(sizes);
x0  = [0;
       0];
str = [];
ts  = [0 0];
function sys=mdlDerivatives(t,x,u,A,B,C,D)
sys = A*x+B*u;
function sys=mdlUpdate(t,x,u)
sys = [];
function sys=mdlOutputs(t,x,u,A,B,C,D)
sys = C*x+D*u;
function sys=mdlGetTimeOfNextVarHit(t,x,u)
sampleTime = 1;
sys = t + sampleTime;
function sys=mdlTerminate(t,x,u)
sys = [];
```

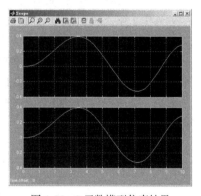

其中，Zero-Pole 模块和 S-function 模块实现的功能相同，目的是检验所编写的 S 函数模块是否正确。S-function Example 模块是为了方便打开 M 文件 S 函数编写的模板。

运行 Simulink 模型可得到如图 4-56 所示的仿真结果，上下两个模块的输出结果相同，这证明了 S 函数的功能是正确的。

图 4-56　S 函数模型仿真结果

4.11　S 函数实例

在结束本章之前，通过一个例子总结如何利用 Simulink 来创建模型并进行仿真。

例 4.12　针对平面直角坐标系，实现坐标在几种常用坐标系间变换，具体步骤如下。

（1）列出常用的坐标系。

① 直角坐标系（oxy）。

原点 o 位于任意位置，轴 ox 指向任意方向，轴 oy 垂直于轴 ox。

② 极坐标系（$ox\rho$）。

极点 o 与直角坐标系的原点 o 重合，极轴 ox 与直角坐标系的轴 ox 重合，矢径 $\rho(0 \leqslant \rho < \infty)$ 与极轴 ox 的夹角为极角 $\varphi(-\infty < \varphi < \infty)$，极角从极轴开始，逆时针转动为正，顺时针转动为负。

③ 平移直角坐标系（$o_1x_1y_1$）。

原点 o_1 在原直角坐标系的坐标为（g,h），o_1x_1 轴和 o_1y_1 轴分别平行于原直角坐标系的 ox 轴和 oy 轴。

④ 旋转直角坐标系（ox_2y_2）

原点 o 与原直角坐标系的原点 o 重合，ox_2 轴和 oy_2 轴分别逆时针旋转 α°。

（2）写出坐标在不同坐标系间的转换关系。

① 坐标由极坐标系（ρ,φ）转换到直角坐标系（x,y）。

$$\begin{cases} x = \rho\cos\varphi \\ y = \rho\sin\varphi \end{cases}$$

② 坐标由平移直角坐标系（X,Y）转换到直角坐标系（x,y）。

$$\begin{cases} x = X + g \\ y = Y + h \end{cases}$$

③ 坐标由旋转直角坐标系（X,Y）转换到直角坐标系（x,y）。

$$\begin{cases} x = X\cos\alpha - Y\sin\alpha \\ y = X\sin\alpha + Y\cos\alpha \end{cases}$$

（3）构造 Simulink 框图。

① 由极坐标系转换到直角坐标系的框图如图 4-57 所示。

其中，输入为（ρ,φ），输出为（x,y），模块 Fcn 的 Expression 属性分别填写图中的内容，模块 Mux 的属性 Number of the inputs 为 2，连线可以包含一个或者两个端点。

按 Ctrl+A 组合键选中所有模块和连线，再选择 Edit 菜单下的 Create Subsystem 菜单项创建子系统。双击该子系统，修改模块 In1 的标注为"极坐标"，模块 Out1 的标注为"直角坐标"。关闭子系统，修改标注为"极坐标转直角坐标"，从而得到如图 4-58 所示的结果。

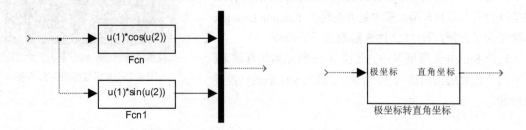

图 4-57　由极坐标系转换到直角坐标系的框图　　　图 4-58　极坐标转直角坐标的子系统框图

封装该子系统并设置参数。选择 Edit 菜单下的 Mask Subsystem 菜单项封装该子系统，选择 Edit 菜单下的 Edit Mask 菜单项，打开封装子系统参数设置对话框，设置参数，将 Mask description 设置为"Convert Polar Coordinate to Cartesian Coordinate"。

保存该子系统为.mdl 文件。若某些 MATLAB 版本因为字符编码问题无法保存文件时，在建立模型前执行如下代码序列：

```
bdclose all;
set_param(0,'CharacterEncoding','ISO-8859-1');
```

② 由平移直角坐标系转换到直角坐标系的框图如图 4-59 所示。

类似于上面的步骤，创建的子系统如图 4-60 所示。

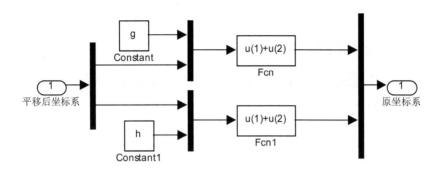

图 4-59　平移直角坐标系转直角坐标系的框图

其中，利用到模块 Constant、Demux、Mux 和 Fcn，模块 Constant 的 Constant value 属性分别为变量 g 和 h，模块 Fcn 的 Expression 属性分别填写图中的内容，模块 Mux 的 Number of the inputs 属性都为 2，模块 Demux 的 Number of the outputs 属性为 2。

图 4-60　平移直角坐标系转直角坐标系的子系统框图

封装该子系统并设置参数，将 Mask description 设置为 "Translation Transformation of Cartesian Coordinate"，将变量 g 和 h 设置为参数，对应的 Prompt 分别为 "Offset of X" 和 "Offset of Y"。双击如图 4-60 所示的子系统，可看到如图 4-61 所示的结果。

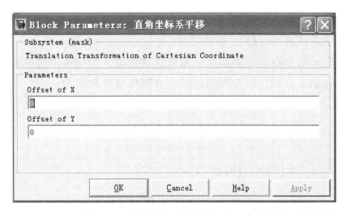

图 4-61　平移直角坐标系转直角坐标系封装子系统的属性设置对话框

③ 由旋转直角坐标系转换到直角坐标系的框图如图 4-62 所示。

同理可建立如图 4-62 所示的子系统，并进行如图 4-63 所示的封装设置。

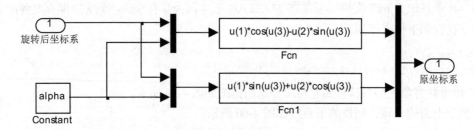

图 4-62　旋转直角坐标系转直角坐标系的子系统框图

（4）构成并保存自建模型库，如图 4-64 所示。

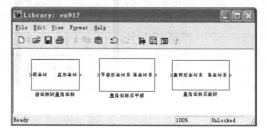

图 4-63　旋转直角坐标系转直角坐标系　　　　　　　图 4-64　自建模型库
　　　封装子系统的属性设置对话框

使用上述模块进行坐标转换时，输入和输出均为表示坐标的 2×1 列向量。仿真时，如果输出结果与预期结果存在偏差，就需要进行调试。

习　　题

1. 自行搭建如下 PID 控制器的 Simulink 模型。

$$u(t) = k_e \left(e(t) + T_d \dot{e}(t) + \frac{1}{T_i} \int_0^t e(\tau) d\tau \right)$$

2. 将第 1 题的模型创建为子系统。

3. 将第 2 题的子系统进行封装。

4. 对于第 3 题表示的 PID 控制器封装子系统，观察输入为白噪声时的输出。

5. 用 S 函数描述如下方程，该方程描述了倒立摆角度控制问题。

$$\begin{cases} \dot{x}_1 = x_2 \\ \dot{x}_2 = \dfrac{g \sin(x_1) - amlx_2^2 \sin(2x_1)/2 - 0.1\cos(x_1)u}{4l/3 - aml\cos^2(x_1)} \\ x_1(0) = x_2(0) = 0.2 \\ y = x \end{cases}$$

其中状态 x_1 和 x_2 分别代表角度误差（rad）和角度误差变化率（rad/s），输入 u 满足 $u \in [-150, 150]$N，$g = 9.8$m/s^2，$a = 1/(M+m)$，M=8kg，m=2kg 和 $2l$=1m。

6. 采用第 3 题表示的 PID 控制器封装子系统和第 4 题表示的被控对象，建立完整的控制仿真模型（期望输出为 0），并从 M 文件中运行仿真、调整 PID 控制器参数和显示仿真结果。

第5章
图形用户界面（GUI）

友好的图形用户界面在很多实际应用中是必不可少的，本章将介绍图形用户界面的设计原则以及操作步骤。

5.1 GUI 设计向导

本节先简单介绍图形用户界面（GUI）的基本概念，然后说明 GUI 开发环境 GUIDE 及其组成部分的用途和使用方法，最后说明创建 GUI 的详细步骤。

5.1.1 GUI 概述

对于 GUI 的应用程序，用户只要通过与界面交互就可以正确执行指定的行为，而无需知道程序是如何执行的。

在 MATLAB 中，GUI 是一种包含多种对象的图形窗口，并为 GUI 开发提供一个方便高效的集成开发环境 GUIDE。GUIDE 主要是一个界面设计工具集，MATLAB 将所有 GUI 支持的控件都集成在这个环境中，并提供界面外观、属性和行为响应方式的设置方法。GUIDE 将设计好的 GUI 保存在一个 FIG 文件中，同时还生成 M 文件框架。

• FIG 文件：FIG 文件包括 GUI 图形窗口及其所有后裔的完全描述，包括所有对象的属性值。FIG 文件是一个二进制文件，调用命令 hgsave 或选择界面设计编辑器【File】菜单下的【Save】选项，保存图形窗口时生成该文件。FIG 文件包含序列化的图形窗口对象，在打开 GUI 时，MATLAB 能够通过读取 FIG 文件重新构造图形窗口及其所有后裔。需要说明的是，所有对象的属性都被设置为图形窗口创建时保存的属性。

• M 文件：M 文件包括 GUI 设计、控制函数以及定义为子函数的用户控件回调函数，主要用于控制 GUI 展开时的各种特征。M 文件可分为 GUI 初始化和回调函数两个部分，回调函数根据交互行为进行调用。

GUIDE 可以根据 GUI 设计过程直接自动生成 M 文件框架，这样做具有以下优点。

• M 文件已经包含一些必要的代码。
• 管理图形对象句柄并执行回调函数子程序。
• 提供管理全局数据的途径。
• 支持自动插入回调函数原型。

GUI 创建包括界面设计和控件编程两部分，主要步骤如下。

（1）通过设置 GUIDE 应用程序的选项来运行 GUIDE。

（2）使用界面设计编辑器进行界面设计。

（3）编写控件行为响应控制（即回调函数）代码。

5.1.2　启动 GUIDE

在 MATLAB 中，GUIDE 提供多个模板来定制 GUI。这些模板均已包括相关的回调函数，可以通过修改对应的 M 文件函数，实现指定功能。

在 MATLAB 中，可以通过如下两种方法来访问模板。

- 直接输入命令 GUIDE，打开如图 5-1 所示的界面。
- 如果 GUIDE 已经打开，通过【File】菜单下的【New】选项也可以打开如图 5-1 所示的界面。

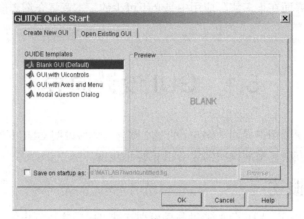

图 5-1　GUI 模板设置界面

在模板设计界面中，可以选择创建新的 GUI 或者打开原有的 GUI。在创建新的 GUI 时，MATLAB 提供空白、带有控制按钮、带有坐标轴和菜单以及问答式对话框 4 种模板，其中的空白模板如图 5-2 所示。

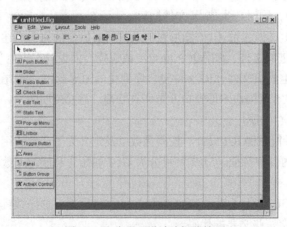

图 5-2　空白界面设计编辑器外观

5.1.3　GUIDE 提供的控件

在空白模板中，GUIDE 提供界面控件以及设计工具集来实现界面设计，其中，控件分布在界面设计编辑器的左侧，如图 5-3 所示。

- 按钮：通过鼠标单击按钮可以实现某种行为（按钮下陷和弹起等），并调用相应的回调函数。
- 滚动条：能够通过移动滚动条来改变指定范围内的数值输入，滚动条的位置代表输入数值。
- 单选按钮：单选按钮与按钮的执行方式没有本质上的区别，但是单选按钮通常以组为单位，一组单选按钮之间是一种互相排斥的关系，也就是说，任何时候一组单选按钮中只能有一个有效。
- 复选框：复选框与单选按钮类似，只是多个复选框可以同时有效。复选框提供一些可以独立选择的选项设置程序模式。
- 编辑框：编辑框可编辑或修改字符串的文本域，在 Windows 系统中，单击编辑框不会调用回调函数。

图 5-3　各种控件图示

- 静态文本：静态文本通常作为其他控件的标签使用。
- 弹出式菜单：弹出式菜单将打开并显示选项列表。
- 列表框：列表框显示列表项，并能够选择其中的一项或多项。
- 拴牢按钮：拴牢按钮能够产生一个二进制状态的行动（on 或 off）。单击该按钮，将使按钮的外观保持下陷状态，同时调用相应的回调函数。再次单击该按钮，将使按钮弹起，同时也调用相应的回调函数。
- 坐标轴：坐标轴可以设置关于外观和行为的参数。
- 组合框：组合框是图形窗口中的一个封闭区域，它把相关联的控件组合在一起，使用户界面更容易理解。
- 按钮组：按钮组类似于组合框，但是它可以响应单选按钮以及拴牢按钮的高级属性。

5.1.4　界面设计工具集

GUIDE 提供的界面设计工具集包括如下内容。
- 界面设计编辑器：添加并排列图形窗口中的控件对象。
- 属性检查器：检查并设置控件的属性值。
- 对象浏览器：观察此次 MATLAB 运行过程中图形对象的句柄集成关系表。
- 菜单编辑器：创建窗口菜单和上下文菜单。

1. 界面设计编辑器

界面设计编辑器能够从控件面板中选择控件，并将它们排列在图形窗口中。界面设计编辑器由控件面板、工具栏、菜单栏和界面区域 4 个部分组成。控件面板包含所有控件；工具栏和菜单栏可以用来启动其他界面设计工具，如菜单编辑器；界面区域实际上就是激活后的 GUI 图形窗口。

（1）控件面板。

在 GUI 界面中放置控件，先单击控件面板中需要放置控件的按钮当光标变为十字形后，使用十字形光标的中心点来确定控件左上角的位置，最后可以通过拖动鼠标来确定控件的大小。

所有控件布置好后，可以使用激活按钮或选择【Tools】菜单下的【Activate Figure】选项检查 GUIDE 的设计结果，激活时将（提示）保存 FIG 文件和 M 文件。

（2）上下文菜单。

使用界面设计编辑器进行界面设计时，可以先选择一个对象，然后单击鼠标右键显示其对应的上下文菜单。图 5-4 为一个与按钮相关联的上下文菜单，列出了所有已定义的回调函数。

（3）排列工具。

可以在界面区域内通过选择并拖动任意控件（群）来排列控件，选择【Tools】菜单下的【Align Objects】选项，可打开图 5-5 所示的排列工具栏。

（4）网线和标线。

界面区域内可以使用网格和标线辅助设计，选择【Tools】菜单下的【Grid and Rulers】选项，即可打开如图 5-6 所示的网格和标线对话框。

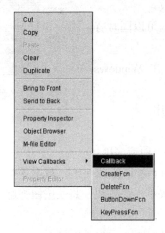

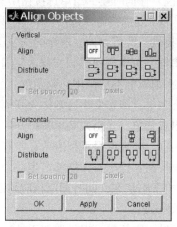

图 5-4　按钮相关联的上下文菜单　　　　　　图 5-5　排列工具栏

2．属性检查器

属性检查器提供所选择对象的可设置属性列表及当前属性值，并可以进行手动设置。选择【View】菜单下的【Property Inspector】选项，即可打开如图 5-7 所示的属性检查器。

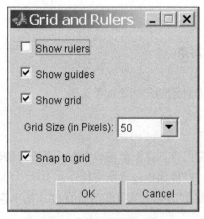

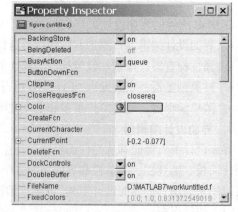

图 5-6　网格和标线对话框　　　　　　　　图 5-7　属性检查器

3．对象浏览器

对象浏览器可以显示图形窗口中所有对象的继承关系。

4．菜单编辑器

GUIDE 能够创建菜单栏和上下文菜单，选择【Tools】菜单下的【Menu Editor】选项，即可打开如图 5-8 所示的菜单编辑器。

（1）菜单栏菜单。

先使用【New Menu】工具栏创建一个菜单，然后指定其隶属关系，最后指定其属性。图 5-9 为一个设计的菜单，激活图形窗口即可看到结果。

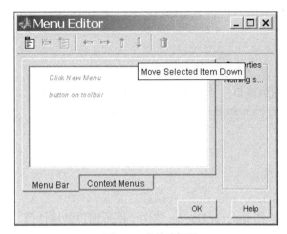

图 5-8　菜单编辑器

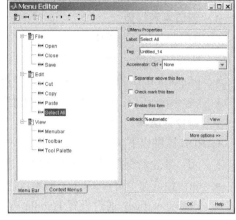

图 5-9　设计菜单

（2）上下文菜单。

上下文菜单设计好后，当单击鼠标右键时它随之出现。先使用【New Context Menu】工具栏创建一个菜单，然后指定其隶属关系，最后指定其属性。

5.1.5　GUI 组态

在添加控件前，应使用 GUIDE 应用程序选项对话框对 GUI 组态进行设置。选择界面设计编辑器的【Tools】菜单下的【Application Options】选项，打开如图 5-10 所示选项对话框。

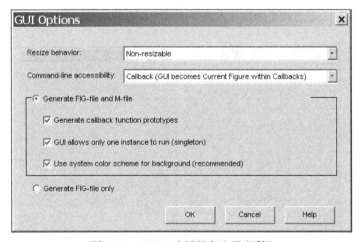

图 5-10　GUIDE 应用程序选项对话框

该对话框能够设置的选项如下。

- 窗口重画行为（Resize behavior）。
- 命令行访问（Command-line accessibility）。
- 生成 FIG 文件和 M 文件（Generate FIG-file and M-file）。

- 生成回调函数原型（Generate callback function prototypes）。
- 同一时刻仅允许运行一个应用程序实例（GUI allows only one instance to run（singleton））。
- 使用系统背景颜色设置（Use system color scheme for background （recommended））。
- 仅生成 FIG 文件（Generate FIG-file Only）。

1. 窗口重画行为

GUIDE 提供以下 3 种选择。

- Non-resizable：用户不能改变窗口大小（默认选项）。
- Proportional：允许 MATLAB 按照新的图形窗口尺寸自动按比例重新绘制 GUI 控件。
- User-specified：通过编程使重画过程中的 GUI 按照用户指定的方式变化。

2. 命令行访问

GUIDE 提供以下 3 种选择。

- off：禁止命令行对 GUI 图形窗口进行访问。
- on：允许命令行对 GUI 图形窗口进行访问。
- User-specified：通过设置 Handle Visibility 和 Interger Handle 这两个图形窗口的属性值，决定命令行对 GUI 图形窗口的访问权限。

3. 生成 FIG 文件和 M 文件

如果希望 GUIDE 同时创建 FIG 文件和应用程序 M 文件，则需选择【Generate FIG-file and M-file】选项。

- 生成回调函数原型：选择该项时，GUIDE 将在应用程序 M 文件中为每一个控件添加一个回调函数。
- 同一时刻仅允许运行一个应用程序实例：选择该项时，只允许 MATLAB 的一次运行过程中仅有 GUI 一个实例；不选择该项时，允许 MATLAB 显示 GUI 的多个实例。
- 使用系统背景颜色设置：选择该项时，图形窗口的背景颜色与控件默认背景颜色（与系统有关）相匹配。图 5-11 左边的图形窗口未选择该项，右边的选择该项。

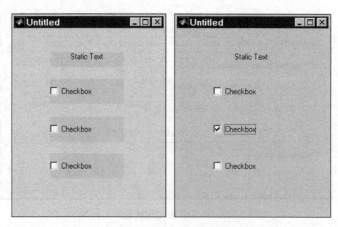

图 5-11　使用和未使用系统背景颜色的比较

5.1.6　GUI 界面设计

GUI 界面通过使用界面设计编辑器进行设计，控件的布置前面已经介绍，但在布置后往往需要定义控件的属性。双击该控件，即可看到其对应的属性检查器。为一个指定属性赋予不同的值，可以使该控件体现出不同的标签、显示字符、外形、位置、功能等。往往需要先定义标签属性 Tag（符合 MATLAB 变量命名规则）和回调函数属性 Callback，GUIDE 会根据 Tag 属性值自动命名回调函数。当然也可以自主命名回调函数，但必须重新设置 Callback 属性。如果自动生成回调函数后再对 Tag 属性进行修改，GUIDE 将不会自动生成新函数。

　　第一次将按钮布置在界面后，双击该按钮，即可看到如图 5-12 所示的属性检查器，其中包含属性 Tag 和 Callback。

　　将属性 Tag 赋值为 MY Button，在保存（FirstGUI.fig）或激活图形窗口时，GUIDE 修改属性 Callback 为回调函数的字符串，如图 5-13 所示。打开对应的 FirstGUI.m 文件，可以看到如下内容。

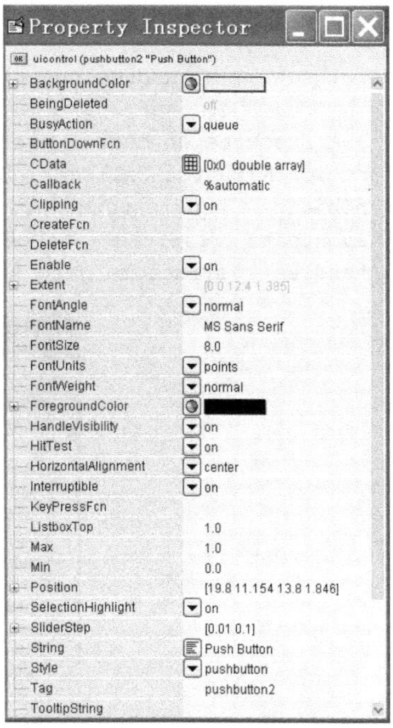

图 5-12　按钮控件初始的属性 Tag 和 Callback

```
function varargout = FirstGUI(varargin)
…
% Begin initialization code - DO NOT EDIT
gui_Singleton = 1;
gui_State = struct('gui_Name',       mfilename, ...
                   'gui_Singleton',  gui_Singleton, ...
                   'gui_OpeningFcn', @FirstGUI_OpeningFcn, ...
                   'gui_OutputFcn',  @FirstGUI_OutputFcn, ...
                   'gui_LayoutFcn',  [] , ...
                   'gui_Callback',   []);
if nargin && ischar(varargin{1})
   gui_State.gui_Callback = str2func(varargin{1});
end

if nargout
   [varargout{1:nargout}] = gui_mainfcn(gui_State, varargin{:});
else
   gui_mainfcn(gui_State, varargin{:});
end
% End initialization code - DO NOT EDIT

% --- Executes just before FirstGUI is made visible.
function FirstGUI_OpeningFcn(hObject, eventdata, handles, varargin)
…
handles.output = hObject;

% Update handles structure
guidata(hObject, handles);
…

% --- Outputs from this function are returned to the command line.
```

```
function varargout = FirstGUI_OutputFcn(hObject, eventdata, handles)
…
varargout{1} = handles.output;

% --- Executes on button press in MYButton.
function MYButton_Callback(hObject, eventdata, handles)
% hObject    handle to MYButton (see GCBO)
% eventdata  reserved - to be defined in a future version of MATLAB
% handles    structure with handles and user data (see GUIDATA)
```

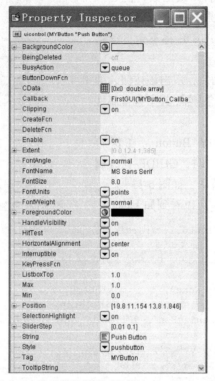

图 5-13　按钮控件修改后的属性 Tag 和 Callback

5.2　编程设计 GUI

本节将主要介绍 GUI 的编程方法。首先介绍系统生成的应用程序 M 文件的含义，以及利用句柄结构体管理 GUI 数据的方法；接着介绍 GUI 控件回调函数的类型和中断方法；最后介绍 GUI 图形窗口的行为控制。

1. M 文件及数据管理

（1）M 文件。

GUI 的一个重要任务就是通过控件响应指定行为。MATLAB 通过创建应用程序 M 文件为 GUI 控制程序提供一个框架，这个框架包括所有代码（含回调函数），这使得 M 文件仅有一个入口。

GUIDE 自动命名添加到应用程序 M 文件中的回调函数，并在激活控件时能调用该函数。

（2）数据管理。

GUIDE 使用应用程序 M 文件来定义和实现数据的存储和读取，文件中包含所有 GUI 控件对象句柄的结构体 handles，它是传递给所有回调函数的参数之一，因而可以使用它来保存数据并在函数之间传递。

2. 回调函数的使用方法

（1）回调函数类型。

① 图形对象的回调函数。

- ButtonDownFcn：将鼠标指针放置在某个对象或对象相邻的5像素范围内单击时，MATLAB 调用回调函数。

- CreatFcn：MATLAB 在创建对象时，调用回调函数。

- DeleteFcn：MATLAB 在删除对象之前，调用回调函数。

② 图形窗口的回调函数。

- CloseRequestFcn：请求关闭图形窗口时，MATLAB 调用回调函数。

- KeyPressFcn：在图形窗口内按下鼠标键时，MATLAB 调用回调函数。

- ResizeFcn：重画图形窗口时，MATLAB 调用回调函数。

- WindowButtonDownFcn：在图形窗口内无控件的地方按下鼠标键时，MATLAB 调用回调函数。

- WindowButtonMotionFcn：在图形窗口中移动鼠标时，MATLAB 调用回调函数。

- WindowButtonUpFcn：在图形窗口中释放鼠标键时，MATLAB 调用回调函数。

（2）回调函数执行中断

默认情况下 MATLAB 允许回调函数执行中断，如进行装载数据操作时能显示进度条，且可以随时终止操作，终止操作对应的回调函数会中断装载数据操作对应的回调函数。而某些特定情况下不希望回调函数执行中断。

① 可执行中断设置。图形对象都包含属性 Interruptible，该属性的默认值为 on，表示回调函数可以执行中断。同时图形对象都包含属性 BusyAction，它有如下两种可能的取值。

- queue：将事件保存在事件序列中，并等待不可中断回调函数执行完毕后处理。

- cancel：放弃该事件，并将事件从序列中删除。

② 执行中断的规则。

- 遇到命令 drawnow、figure、getframe、pause 或 waitfor 时，MATLAB 将该回调函数挂起并开始处理事件序列。

- 事件序列的顶端事件要求重画图形窗口时，MATLAB 执行重画并继续处理事件序列中的下一个事件。

- 事件序列的顶端事件将会导致一个回调函数的执行时，MATLAB 判断回调函数被挂起的对象是否可中断。如果回调函数可中断，则 MATLAB 执行与中断事件相关的回调函数，当其中包含命令 drawnow、figure、getframe、pause 或 waitfor 时，MATLAB 重复以上步骤；如果回调函数不可中断，则 MATLAB 检查事件生成对象的属性 BusyAction，当属性值为 queue 时，MATLAB 将事件保留在事件序列中，当属性值为 cancel 时，MATLAB 放弃该事件。

- 当所有事件都被处理后，MATLAB 恢复被中断函数的执行。

3. 图形窗口的行为控制

在设计 GUI 时，需要考虑 GUI 图形窗口的行为控制，主要包括如下 3 种情况。

- 实现图形注释的工具 GUI，通常一幅图形需要一个新的工具实例。
- 询问用户并阻止 MATLAB 运行直至用户做出回答，此时图形窗口仅供观察。
- 警告用户其指定的操作将会破坏文件的对话框，在该对话框能够执行用户所需的操作前，强迫用户做出回答，同时图形窗口完全失去控制。

下面 3 种技术能够有效地解决上述 3 种情况。

- 允许单个或多个 GUI 实例同时运行。
- 在显示 GUI 时阻止 MATLAB 的运行。
- 使用模态图形窗口，使用户只能与当前执行的 GUI 进行交互。

5.3 图形用户界面设计实例

例 5.1 模仿 MATLAB 的一个例程，设计包含菜单、按钮、下拉框、坐标轴等控件的图形用户界面。具体步骤如下。

（1）在命令窗口中键入 guide，选择空白模板，并打开 GUI 应用程序选项对话框进行如下设置，保存文件为 simple_gui.fig。

- 重画行为：Non-resizable。
- 命令行可访问性：Callback。
- 同时生成 FIG 文件和 M 文件：生成回调函数原型，同时只允许一个实例运行。

（2）调整模板大小，并在其上布置如图 5-14 所示的控件。

设置模板和控件的属性，模板的（Name, Tag）属性值为（A Simple GUI, MainFrm）；由上至下 3 个按钮的（Callback, String, Tag）属性值分别为（simple_gui('surf_pushbutton_Callback',gcbo,[],guidata(gcbo)), Surf, surf_pushbutton）、（simple_gui('mesh_pushbutton_Callback',gcbo,[],guidata(gcbo)), Mesh, mesh_pushbutton）和（simple_gui('contour_pushbutton_Callback',gcbo,[],guidata(gcbo)), Contour, contour_pushbutton）；静态文本的（String, Tag）属性值为（Select Data, popup_label）；下拉菜单的 Tag 属性值为 plot_popup，String 属性值为

```
peaks
membrane
sinc
```

（3）设计一个 File 菜单，其菜单项为 Close。设置菜单项 Close 的参数（Tag, Callback）为（Mclose, simple_gui('Mclose_Callback',gcbo,[],guidata(gcbo))）。激活该图形用户界面，效果如图 5-15 所示。

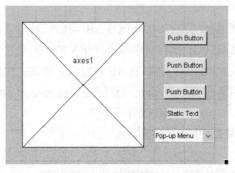
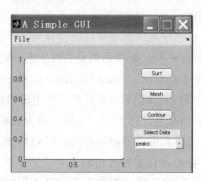

图 5-14 初始布置图　　　　　　　　图 5-15 最终布置图

（4）编写函数（代码），这些函数都包含在随图形用户界面设计时产生的 M 文件中。

① 图形用户界面打开时自动运行的函数 simple_gui_OpeningFcn()，其具体代码序列如下。

```
function simple_gui_OpeningFcn(hObject, eventdata, handles, varargin)
% This function has no output args, see OutputFcn.
% hObject    handle to figure
% eventdata  reserved - to be defined in a future version of MATLAB
% handles    structure with handles and user data (see GUIDATA)
% varargin   command line arguments to simple_gui (see VARARGIN)

%Create the data to plot
handles.peaks = peaks(35);
handles.membrane = membrane;
[x,y] = meshgrid(-8:.5:8);
r = sqrt(x.^2+y.^2) + eps;
z = sin(r)./r;
handles.sinc = z;
handles.current_data = handles.peaks;
surf(handles.current_data)

% Choose default command line output for simple_gui
handles.output = hObject;

% Update handles structure
guidata(hObject, handles);

% --------------------------------------------------------------------
% Call the popup menu callback to set the handles.current_data
% field to the current value of the popup
plot_popup_Callback(handles.plot_popup,[],handles)
```

② 3 个按钮的回调函数（Callback），其具体代码序列如下。

```
function varargout = surf_pushbutton_Callback(hObject, eventdata, handles, varargin)
% hObject    handle to surf_pushbutton (see GCBO)
% eventdata  reserved - to be defined in a future version of MATLAB
% handles    structure with handles and user data (see GUIDATA)

z = handles.current_data;
surf(z);

% --------------------------------------------------------------------
function varargout = mesh_pushbutton_Callback(hObject, eventdata, handles, varargin)
% hObject    handle to mesh_pushbutton (see GCBO)
% eventdata  reserved - to be defined in a future version of MATLAB
% handles    structure with handles and user data (see GUIDATA)

z = handles.current_data;
mesh(z)

% --------------------------------------------------------------------
function  varargout  =  contour_pushbutton_Callback(hObject,  eventdata,  handles,
varargin)
% hObject    handle to contour_pushbutton (see GCBO)
% eventdata  reserved - to be defined in a future version of MATLAB
% handles    structure with handles and user data (see GUIDATA)
```

```
z = handles.current_data;
contour(z)
```

③ 下拉菜单的回调函数（Callback），其具体代码序列如下。

```
function varargout = plot_popup_Callback(hObject, eventdata, handles, varargin)
% hObject    handle to plot_popup (see GCBO)
% eventdata  reserved - to be defined in a future version of MATLAB
% handles    structure with handles and user data (see GUIDATA)

% Hints: contents = get(hObject,'String') returns popupmenu1 contents as cell array
%        contents{get(hObject,'Value')} returns selected item from popupmenu1

val = get(hObject,'Value');
str = get(hObject, 'String');
switch str{val};
case 'peaks'
    handles.current_data = handles.peaks;
case 'membrane'
    handles.current_data = handles.membrane;
case 'sinc'
    handles.current_data = handles.sinc;
end
guidata(hObject,handles)
```

④ 菜单项 Close 的回调函数（Callback），其具体代码序列如下。

```
function Mclose_Callback(hObject, eventdata, handles)
% hObject    handle to Mclose (see GCBO)
% eventdata  reserved - to be defined in a future version of MATLAB
% handles    structure with handles and user data (see GUIDATA)

delete(handles.MainFrm)
```

（5）激活的图形用户界面如图 5-16 所示。

在下拉菜单中选择【sinc】并单击【Mesh】按钮，可得到如图 5-17 所示的结果。

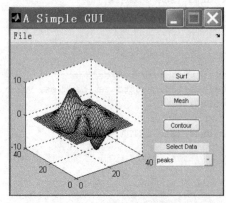

图 5-16　初始运行界面

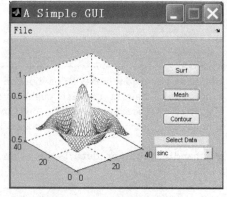

图 5-17　改变参数运行界面

选择【File】菜单下的【Close】选项，关闭图形用户界面。

关闭 guide 后，在命令窗口输入如下代码序列也可以运行图形用户界面。

```
clear
```

simple_gui

需要说明的是，打开 simple_gui.m 文件时，还可以看到函数 simple_gui() 和函数 simple_gui_OutputFcn()，这两个函数是自动生成的，此外还可以看到函数 Untitled_1_Callback()，它是【File】菜单的回调函数，由于未赋予任何功能，所以是空函数，删除它不会影响运行，但会在命令窗口提示找不到该函数。

由上面的例子，可以总结出图形用户界面设计的基本流程：首先新建一个模板，并设置 GUI 应用程序选项，保存文件；其次布置界面，并设置模板和控件的属性；再次设置初始/结束函数和回调函数；最后激活/运行图形用户界面。

习　　题

1. 利用图形用户界面，实现记事本【File】菜单下的【新建】、【打开】、【保存】、【另存为】和【退出】菜单项功能。

2. 利用图形用户界面，设计能够完成增加、删除、修改通讯簿记录的程序。

第6章
数值计算

数值计算广泛应用于各个领域，MATLAB 提供了大量具有强大数值计算功能的函数。本章着重介绍数值计算的相关函数。

6.1　多项式运算

MATLAB 提供了很多关于多项式运算的函数，如求多项式的值、根和微分等基本运算，求多项式拟合曲线部分分式等复杂运算，主要的函数如表 6-1 所示。

表 6-1　　　　　　　　　　　　　　　多项式函数

函 数 名	功 能 描 述	函 数 名	功 能 描 述
conv	多项式乘法	polyint	求多项式的积分
deconv	多项式除法	polyvar	求多项式的值
poly	求多项式的系数	polyvarm	求矩阵多项式的值
polyfit	多项式曲线拟合	residue	部分分式展开
polyder	求多项式的一阶导数	roots	求多项式的根

1.　多项式表示

MATLAB 采用行向量表示多项式系数，其中，多项式系数按降幂排列。例如，多项式 x^4+3x^3+4x+5 可以用系数向量[1 3 0 4 5]表示。

在 MATLAB 中用函数 poly2str()将多项式系数向量转换为完整形式。

例 6.1　用函数 poly2str()将多项式系数向量[1 3 0 4 5]转换为完整形式。具体代码序列如下。

```
A=[1 3 0 4 5];
[s,len]=poly2str(A,'x')
```

运行结果如下。

```
s =
  x^4 + 3 x^3 + 4 x + 5
len =
   24
```

其中，len 为字符串 s 的长度，'x'表示字符串 s 中的变量用 x 表示。

2. 多项式求值

在 MATLAB 中用函数 polyval()计算多项式的值，其具体使用方法如下。

y = polyval(p,x)：p 为多项式系数行向量，x 代入多项式的值，它可以是标量、向量和矩阵。如果 x 是向量或者矩阵，那么该函数将对向量或者矩阵的每一个元素计算多项式的值，并返回给 y。

MATLAB 不但可以计算矩阵元素的多项式值，还可以利用函数 polyvalm()将矩阵作为自变量，计算矩阵多项式值，其具体使用方法如下。

Y = polyvalm(p,X)：把矩阵 X 代入多项式 p 中进行计算，其中矩阵 X 必须是方阵。如 p=[2 1 0]，则 $Y=2X^2+X$。

例 6.2 求多项式的值和矩阵多项式的值。具体代码序列如下。

```
p=[2 2 3];
A=[1 0;0 2];
r_A=polyval(p,A)
r_B=polyvalm(p,A)
```

运行结果如下。

```
r_A =
    7    3
    3   15
r_B =
    7    0
    0   15
```

3. 多项式乘法和除法

在 MATLAB 中用函数 conv()和 deconv()进行多项式乘法和除法，其具体使用方法如下。

- w = conv(u,v)：实现多项式乘法，返回结果为多项式的系数行向量。
- [q,r] = deconv(u, v)：实现多项式除法，它们满足 u= conv(v,q)+r。其中 r 的阶数小于 u。

例 6.3 计算多项式 x^2+2x+3 与 $6x^5+3x^2+3x+4$ 的乘法和除法。具体代码序列如下。

```
p1=[1 2 3];
p2=[6 0 0 3 3 4];
w=conv(p1,p2)
[q,r] = deconv(p2,p1);
sq=poly2str(q, 'x')
sr=poly2str(r, 'x')
```

运行结果如下。

```
w =
    6   12   18    3    9   19   17   12
sq =
  6 x^3 - 12 x^2 + 6 x + 27
sr =
  -69 x - 77
```

4. 多项式的微积分

（1）多项式的微分。

在 MATLAB 中用函数 polyder()来计算多项式的微分，具体使用方法如下。

- k = polyder(p)：返回多项式 p 微分的系数向量。
- k = polyder(a,b)：返回多项式 a b 乘积微分的系数向量。
- [q,d] = polyder(b,a)：返回多项式 b/a 微分的系数向量（表示为 q/d）。

例 6.4　用函数 polyder() 求多项式的微分。具体代码序列如下。

```
p1=[1 2 3];
p2=[6 0 0 3 3 4];
k1=polyder(p1)
k2=polyder(p1,p2)
[k3,k4] = polyder(p2,p1);
sk3= poly2str(k3, 'x');
sk4= poly2str(k4, 'x');
rk= ['(',sk3(4:end), ')/(',sk4(4:end),')']
```

运行结果如下。

```
k1 =
     2    2
k2 =
    42   72   90   12   27   38   17
rk =
(18 x^6 + 48 x^5 + 90 x^4 + 3 x^2 + 10 x + 1)/(x^4 + 4 x^3 + 10 x^2 + 12 x + 9)
```

（2）多项式的积分。

在 MATLAB 中用函数 polyint() 来计算多项式的不定积分，具体使用方法如下。

s=polyint(p,k)：返回多项式 p 不定积分的系数向量，k 为积分常数项，默认为 0。

例 6.5　用函数 polyint() 求多项式的不定积分，具体代码序列如下。

```
p1=[1 2 3];
s1= polyint(p1)
s2= polyint(p1,2)
```

运行结果如下。

```
s1 =
    0.3333    1.0000    3.0000         0
s2 =
    0.3333    1.0000    3.0000    2.0000
```

5. 多项式的根和由根创建多项式

（1）多项式的根。

在 MATLAB 中用函数 roots() 来求多项式的根，其具体使用方法如下。

r = roots(c)：返回多项式 c 的所有根 r，其中 r 是向量，长度等于根的个数。

例 6.6　用函数 roots () 计算多项式 $x^5 + x^4 - 8x^3 - 6x^2 + 8x + 24$ 的根。具体代码序列如下。

```
p=[1 1 -8 -6 8 24];
sp= poly2str(p, 'x')
r=roots(p)
```

运行结果如下。

```
sp =
   x^5 +  x^4 - 8 x^3 - 6 x^2 + 8 x + 24
r =
  -3.0000
   2.0000 + 0.0000i
   2.0000 - 0.0000i
  -1.0000 + 1.0000i
  -1.0000 - 1.0000i
```

（2）由根创建多项式。

与多项式求根相反的过程是由根创建多项式，它由函数 poly()实现，具体使用方法如下。

- $p = \text{poly}(r)$：输入 r 是多项式的所有根，返回值为多项式的系数向量。
- $p = \text{poly}(A)$：输入 A 是方阵，返回值为 A 的特征多项式的系数向量，即多项式 p 的根是矩阵 A 的特征值。

例 6.7　由根[−2 2 1]创建多项式。具体代码序列如下。

```
r=[-2 2 1];
p=poly(r);
sp= poly2str(p, 'x')
```

运行结果如下。

```
sp =
  x^3 - 1 x^2 - 4 x + 4
```

例 6.8　计算矩阵的特征多项式。具体代码序列如下。

```
A =magic(3);
p=poly(A);
sp= poly2str(p, 'x')
r=roots(p)
eA=eig(A)
```

运行结果如下。

```
sp =
  x^3 - 15 x^2 - 24 x + 360
r =
   15.0000
   -4.8990
    4.8990
eA =
   15.0000
    4.8990
   -4.8990
```

6. 多项式部分分式展开

在 MATLAB 中用函数 residue()将多项式之比按部分分式展开，或将部分分式形式还原为多项式之比，其具体使用方法如下。

- $[r,p,k] = \text{residue}(b,a)$：求多项式 b/a 的部分分式展开，返回值 r 是下式中的分子部分，p 是下式中的分母部分，k 是下式中的 k_s。

$$\frac{b(x)}{a(x)} = \sum_{i=1}^{m} P(\lambda_i) + k_s$$

其中 m 为 $a(x)$不同根的个数，设 λ_i 为 $a(x)$的 q_i 重根，则 $a(x)$的阶数等于 $\sum_{i=1}^{m} q_i$。当 $q_i = 1$ 时，

$P(\lambda_i) = \dfrac{r_i}{x - \lambda_i}$；当 $q_i > 1$时，　$P(\lambda_i) = \dfrac{r_i^1}{x - \lambda_i} + \dfrac{r_i^2}{(x - \lambda_i)^2} + \cdots + \dfrac{r_i^{q_i}}{(x - \lambda_i)^{q_i}}$。

- $[b,a] = \text{residue}(r,p,k)$：从部分分式得到多项式向量。

例 6.9　求多项式的部分分式。具体代码序列如下。

```
p1=[1 2 0 0 0 0 01];
```

```
p2=[1 1 -8 -6 8 24];
[r,p,k] = residue(p1,p2)
```

运行结果如下。

```
r =
   1.9520
   4.9760
   2.5800
   0.0360 - 0.1980i
   0.0360 + 0.1980i
p =
  -3.0000
   2.0000
   2.0000
  -1.0000 + 1.0000i
  -1.0000 - 1.0000i
k =
     1     1
```

即

$$\frac{x^6 + 2x^5 + 1}{x^5 + x^4 - 8x^3 - 6x^2 + 8x + 24}$$
$$= \frac{1.9520}{x+3} + \frac{4.9760}{x-2} + \frac{2.5800}{(x-2)^2} + \frac{0.0360 - 0.1980i}{x+1-i} + \frac{0.0360 + 0.1980i}{x+1+i} + (x+1)$$

7. 多项式曲线拟合

在 MATLAB 中用函数 polyfit() 采用最小二乘法对给定数据进行多项式拟合，其具体使用方法如下。

$p = \text{polyfit}(x,y,n)$：采用 n 次多项式 p 来拟合数据 x 和 y，从而使得 $p(x)$ 与 y 在最小二乘意义下最优。

例 6.10 用函数 polyfit() 对给定数据进行多项式拟合，具体代码序列如下。

```
x=0:0.2:10;
y=0.25*x+20*sin(x);
%5 阶多项式拟合
p1=polyfit(x,y,5);
y1=polyval(p1,x);
%8 阶多项式拟合
p2=polyfit(x,y,8);
y2=polyval(p2,x);
%显示
hold on;
plot(x,y,'ro');
plot(x,y1,'b--');
plot(x,y2,'b:');
xlabel('x');
ylabel('y');
legend('原始数据','5 阶多项式拟合','8 阶多项式拟合');
```

运行结果如图 6-1 所示。

由图 6-1 可以看出，使用 5 次多项式时，拟合效果比较差；而使用 8 次多项式时，拟合效果很好。

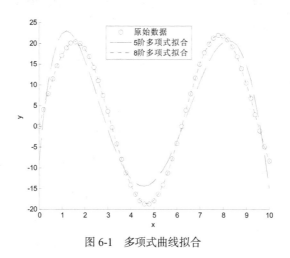

图 6-1　多项式曲线拟合

8. 拟合图形用户接口

MATLAB 提供了用于曲线拟合的图形用户接口，它可通过图形窗口【Tools】菜单中的【Basic Fitting】选项启动。

例 6.11　使用曲线拟合图形用户接口。具体代码序列如下。

```
x=0:0.2:10;
y=0.25*x+20*sin(x);
plot(x,y,'ro');
```

运行结果如图 6-2 所示。

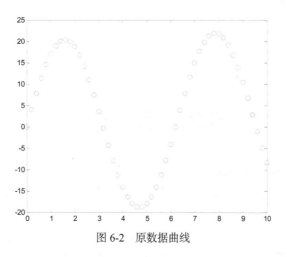

图 6-2　原数据曲线

在该图形窗口中，单击【Tools】菜单中的【Basic Fitting】选项，可看到如图 6-3 所示的【Basic Fitting】窗口，单击该窗口右下角的向右扩展按钮，可得到如图 6-4 所示的【Basic Fitting】窗口的全貌。

在【Check to display fits onfigure】列表框中，选择【cubic】和【6th degree polynomial】，选中【Plot residuals】，并在下面的下拉列表中选择【Scatter plot】，这时拟合结果显示在【coefficients and norm of residuals】文本框和如图 6-5 所示的图形中。

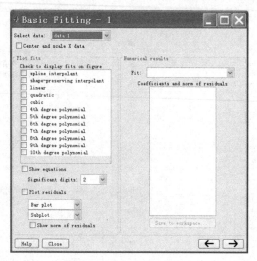

图 6-3　Basic Fitting 窗口　　　　　　　图 6-4　Basic Fitting 窗口

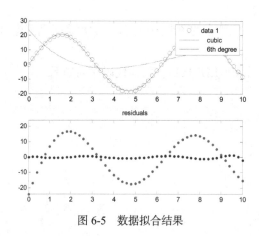

图 6-5　数据拟合结果

6.2　插值运算

插值是根据已知的输入/输出数据集和当前输入估计输出值，其中，当前输入应在已知数据集的输入范围内。在信号处理和图像处理中，插值是非常常用的方法。MATLAB 提供了大量的插值函数，如表 6-2 所示。

表 6-2　　　　　　　　　　　　　　　　插值函数

函　数　名	功　能　描　述	函　数　名	功　能　描　述
interp1	一维插值	griddata	二维栅格数据插值
interp1q	一维快速插值	griddata3	三维栅格数据插值
interpft	一维快速傅里叶插值方法	griddatan	N 维栅格数据插值
interp2	二维插值	spline	三次样条插值
interp3	三维插值	ppval	分段多项式求值
interpn	N 维插值		

6.2.1　一维插值

一维插值就是对函数 $y=f(x)$ 进行插值。一维插值的原理如图 6-6 所示，其中，实心点 (x,y) 代表已知数据集，空心点 xi 代表当前输入，yi 代表估计的输出值，即插值后的估计值。

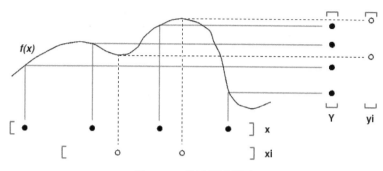

图 6-6　一维插值示意图

一维插值可以通过函数 interp1() 来实现，其具体使用方法如下。

- yi=interp1(x,y,xi)，x、y 是已知数据集且是具有相同长度的向量，xi 是当前输入，可以是标量、向量等，yi 是插值后的估计值且与 xi 具有相同的大小。
- yi = interp1(y,xi)，默认 x 为 1:n，其中 n 为向量 y 的长度。
- yi = interp1($x,y,xi,method$)，$method$ 用于指定插值的方法，包括以下三种。

（1）最邻近插值（method='nearest'），返回已知数据集中与当前输入最邻近点对应的输出。

（2）线性插值（method='linear'），返回当前输入在与它相邻两点直线上的取值，它是 MATLAB 默认的方法。

（3）三次样条插值（method='spline'），返回当前输入在采用三次样条函数上的取值。

选择插值方法时应考虑执行速度、占用内存大小和数据平滑性，对上述方法的分析如下，这些结果不仅适用于一维插值，而且适用于二维甚至高维插值情况。

（1）最邻近插值：最快的插值方法，但数据平滑性最差。

（2）线性插值：比最邻近插值占用更多的内存，执行速度也稍慢，但数据平滑性优于最邻近插值。

（3）三次样条插值：执行速度最慢，但数据平滑性最佳。

例 6.12　用不同插值方法对数据进行一维插值。具体代码序列如下。

```
x = 0:1.2:10;
y = sin(x);
xi = 0:0.1:10;
yi_nearest = interp1(x,y,xi,'nearset');
yi_linear = interp1(x,y,xi);
yi_spline = interp1(x,y,xi,'spline ');
figure;
hold on;
subplot(1,3,1);
plot(x,y,'ro',xi,yi_nearest,'b-');
title('最邻近插值');
subplot(1,3,2);
plot(x,y,'ro',xi,yi_linear,'b-');
```

```
title('线性插值');
subplot(1,3,3);
plot(x,y,'ro',xi,yi_spline,'b-');
title('三次样条插值');
```

运行结果如图 6-7 所示。

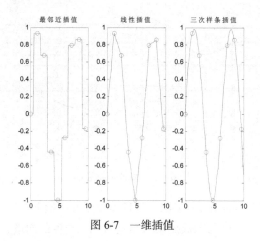

图 6-7　一维插值

6.2.2　二维插值

二维插值的基本思想与一维插值相同，它是对两个变量的函数 $z=f(x,y)$ 进行插值。二维插值的原理如图 6-8 所示。

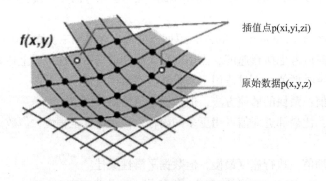

图 6-8　二维插值示意图

二维插值可以通过函数 interp2() 来实现，其具体使用方法如下。

- zi = interp2(x,y,z,xi,yi)，x,y,z 为原始数据，返回值 zi 是输入(xi,yi)的插值结果。
- zi = interp2(z,xi,yi)，若 $z=n×m$，则 $x=1:n$，$y=1:m$。
- zi = interp2($x,y,z,xi,yi,method$)，$method$ 用于指定插值的方法，包括以下三种。

（1）最邻近插值（method='nearest'），返回已知数据集中与当前输入最邻近点对应的输出。

（2）双线性插值（method='linear'），返回与当前输入相邻四点输出的双线性加权，它是 MATLAB 默认的方法。

（3）三次样条插值（method='spline'），返回当前输入在采用三次样条函数上的取值。

例 6.13　用不同插值方法对数据进行二维插值。具体代码序列如下。

```
 [x,y] = meshgrid(-3:0.8:3);
z = peaks(x,y);
[xi,yi] = meshgrid(-3:0.25:3);
zi_nearest = interp2(x,y,z,xi,yi,'nearset');
zi_linear = interp2(x,y,z,xi,yi);
zi_spline = interp2(x,y,z,xi,yi,'spline');
figure;
hold on;
subplot(2,2,1);
meshc(x,y,z);
title('原始数据');
subplot(2,2,2);
meshc(xi,yi,zi_nearest);
title('最邻近插值');
subplot(2,2,3);
meshc(xi,yi,zi_linear);
title('线性插值');
subplot(2,2,4);
meshc(xi,yi,zi_spline);
title('三次样条插值');
```

运行结果如图 6-9 所示。

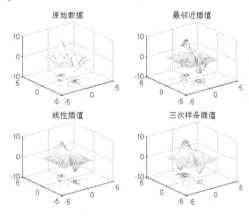

图 6-9　二维插值

6.3　数据分析

MATLAB 提供大量数据分析的函数，本节在分类介绍这些函数之前，首先给出如下约定。

- 一维数据分析时，数据可以用行向量或者列向量来表示。无论哪种表示方法，函数的运算都是对整个向量进行的。
- 二维数据分析时，数据可以用多个向量或者二维矩阵来表示。对于二维矩阵，函数的运算总是按列进行的。

6.3.1　基本数据分析函数

MATLAB 提供的基本数据分析函数如表 6-3 所示。

表 6-3 基本数据分析函数

函数名	功能描述	基本调用格式
max	求最大值	$C=\max(A)$：A 是向量时，返回向量中的最大值；A 是矩阵时，返回一个包含各列最大值的行向量 $C=\max(A,B)$：返回矩阵 A 和 B 中较大的元素，矩阵 A、B 必须具有相同的大小 $C=\max(A,[],dim)$：返回 dim 维上的最大值 $[C,I]=\max(...)$：同时返回最大值的下标
min	求最小值	调用格式与函数 max() 相同
mean	求平均值	$M=\mathrm{mean}(A)$：A 是向量时，返回向量 A 的平均值，A 是矩阵时，返回含有各列平均值的行向量 $M=\mathrm{mean}(A,dim)$：返回 dim 维上的平均值
median	求中间值	调用格式与函数 mean() 相同
std	求标准差	$s=\mathrm{std}(A)$：A 是向量时，返回向量的标准差；A 是矩阵时，返回含有各列标准差的行向量 $s=\mathrm{std}(A,flag)$：用 $flag$ 选择标准差的定义式 $s=\mathrm{std}(A,flag,dim)$：返回 dim 维上的标准差
var	方差	$\mathrm{var}(X)$：A 是向量时，返回向量的方差；A 是矩阵时，返回含有各列方差的行向量 $\mathrm{var}(X,w)$：利用 w 作为权重计算方差 $\mathrm{var}(X,w,dim)$：返回 dim 维上的方差
sort	数据排序	$B=\mathrm{sort}(A)$：A 是向量时，升序排列向量；A 是矩阵时，升序排列各个列 $B=\mathrm{sort}(A,dim)$：升序排列矩阵 A 的 dim 维 $B=\mathrm{sort}(...,mode)$：用 $mode$ 选择排序方式：'ascend' 为升序，'descend' 为降序 $[B,IX]=\mathrm{sort}(...)$：同时返回数据 B 在原来矩阵中的下标 IX
sortrows	对矩阵的行排序	$B=\mathrm{sortrows}(A)$：升序排序矩阵 A 的行 $B=\mathrm{sortrows}(A,column)$：以 $column$ 列数据作为标准，升序排序矩阵 A 的行 $[B,index]=\mathrm{sortrows}(A)$：同时返回数据 B 在原来矩阵 A 中的下标 IX
sum	求和	$B=\mathrm{sum}(A)$：A 是向量时，返回向量 A 的各元素之和；A 是矩阵时，返回含有各列元素之和的行向量 $B=\mathrm{sum}(A,dim)$：求 dim 维上的矩阵元素之和 $B=\mathrm{sum}(A,\text{'double'})$：返回数据类型指定为双精度浮点数 $B=\mathrm{sum}(A,\text{'native'})$：返回数据类型指定为与矩阵 A 的数据类型相同
prod	求元素的连乘积	$B=\mathrm{prod}(A)$：A 是向量时，返回向量 A 的各元素连乘积；A 是矩阵时，返回含有各列元素连乘积的行向量 $B=\mathrm{prod}(A,dim)$：返回 dim 维上的矩阵元素连乘积
hist	画直方图	$n=\mathrm{hist}(Y)$：在 10 个等间距的区间内，统计矩阵 Y 属于各区间的元素个数 $n=\mathrm{hist}(Y,x)$：在 x 指定的区间内，统计矩阵 Y 属于该区间的元素个数 $n=\mathrm{hist}(Y,nbins)$：在 $nbins$ 个等间距的区间内，统计矩阵 Y 属于各区间的元素个数 $\mathrm{hist}(...)$：直接画出直方图
histc	直方图统计	$n=\mathrm{histc}(x,edges)$：计算在 $edges$ 区间内，向量 x 属于该区间的元素个数 $n=\mathrm{histc}(x,edges,dim)$：在 dim 维上统计个数
trapz	梯形数值积分（等间距）	$Z=\mathrm{trapz}(Y)$：返回 Y 的梯形数值积分 $Z=\mathrm{trapz}(X,Y)$：计算以 X 为自变量时，Y 的梯形数值积分 $Z=\mathrm{trapz}(...,dim)$：在 dim 维上计算梯形数值积分

续表

函数名	功能描述	基本调用格式
cumsum	矩阵的累加	$B =$ cumsum(A)：A 是向量时，计算向量 A 的累计和；A 是矩阵时，计算矩阵 A 在列方向上的累计和 $B =$ cumsum(A,dim)：在 dim 维上计算矩阵 A 的累计和
cumprod	矩阵的累积	调用格式与函数 cumsum()相同
cumtrapz	梯形积分累计	调用格式与函数 trapz()相同

1. 基本运算

下面通过实例介绍如何使用基本数据分析函数，进行数据的最大值、最小值、平均值、中间值、元素求和等运算。

例 6.14　应用求最大值、最小值、平均值、中间值、元素和等函数。具体代码序列如下。

```
x=1:40;
y=randn(1,40);
figure;
hold on;
plot(x,y);
[y_max,I_max]=max(y)              %求向量最大值及其对应下标
plot(x(I_max),y_max,'o');
[y_min,I_min]=min(y)              %求向量最小值及其对应下标
plot(x(I_min),y_min,'*');
xlabel('x');
ylabel('y');
legend('原始数据','最大值','最小值');
y_mean=mean(y)                    %求向量平均值
y_median=median(y)               %求向量中间值
y_sum=sum(y)                      %求向量元素之和
```

运行结果如下，并显示如图 6-10 所示的图形。

```
y_max =
      2.2126
I_max =
     34
y_min =
     -1.9451
I_min =
     36
y_mean =
      0.088519
y_median =
      0.0093341
y_sum =
      3.5407
```

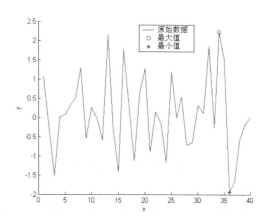

图 6-10　原数据及其最大值和最小值

2. 标准差和方差

向量 x 的标准差定义如下。

$$s = \left[\frac{1}{N-1} \sum_{k=1}^{N} (x_k - \overline{x})^2 \right]^{\frac{1}{2}}$$

向量 x 的方差是标准差的平方，即

$$s^2 = \frac{1}{N-1}\sum_{k=1}^{N}(x_k - \overline{x})^2$$

其中，N 是向量 x 的长度，$\overline{x} = \frac{1}{N}\sum_{k=1}^{N}x_k$，即平均值。

当 N 较大时，取 $s^2 = \frac{1}{N}\sum_{k=1}^{N}(x_k - \overline{x})^2$，有时称此 s^2 为样本方差，而称上式的 s^2 为样本修正方差。

在 MATLAB 中用函数 std() 来计算标准差，用函数 var() 来计算方差。

例 6.15　计算向量的标准差和方差。具体代码序列如下。

```
x=1:10;
mean_x=mean(x);
r=0;
for i=1:10
    r=r+(x(i)-mean_x)^2;
end
r1=sqrt(r/10)
r2=sqrt(r/9)
r3=std(x)

r4=r1^2
r5=p2^2
r6=var(x)
r7=var(x,1)
```

运行结果如下：

```
r1 =
     2.8723
r2 =
     3.0277
r3 =
     3.0277
r4 =
      8.25
r5 =
     9.1667
r6 =
     9.1667
r7 =
      8.25
```

由上不难看出，函数 std() 计算上述的标准差，函数 var() 计算样本修正方差，函数 var(,1) 计算样本方差。

例 6.16　计算向量倍乘的标准差和方差。具体代码序列如下。

```
x=rand(1,1000);
x_std=std(x);
x_var=var(x);
x2_std=std(2*x);
x2_var=var(2*x);
disp(['向量 2x 的标准差与 x 的标准差之比 = ' num2str(x2_std/x_std)]);
```

```
disp(['向量 2x 的方差与 x 的方差之比 = ' num2str(x2_var/x_var)]);
```

运行结果如下。

向量 2x 的标准差与 x 的标准差之比 = 2
向量 2x 的方差与 x 的方差之比 = 4

3. 元素排序

MATLAB 提供对实数、复数和字符串的排序函数。需要说明的是，对复数矩阵进行排序时，先按复数的模进行排序，再按相角进行排序，其中相角的范围是$[-\pi, \pi]$。

在 MATLAB 中用函数 sort()来实现数值的排序。

例 6.17 对实数向量排序。具体代码序列如下。

```
a = [4 7 -5];
[b,c]=sort(a)
```

运行结果如下。

```
b =
   -5    4    7
c =
    3    1    2
```

例 6.18 对复数向量排序。具体代码序列如下。

```
a = [1 0 -5 10 -6];
p=roots(a);
[b,c]=sort(p)
```

运行结果如下。

```
b =
        1
    1 -        1i
    1 +        1i
       -3
c =
    4
    3
    2
    1
```

由上面两例不难看出，有复数存在时服从复数的排序规则。

在 MATLAB 中用函数 sortrows()来实现对行的排序。

例 6.19 对字符串排序，具体代码序列如下。

```
a = ['hello';'world';'hally';'Clayt';'Daney'];
b = sortrows(a)        %字符串先按第 1 个的字符排序；若第 1 个字符相同，则按第 2 个字符排序，以此类推
c = sortrows(a,2)      %字符串先按第 2 个的字符排序；若第 2 个字符相同，则按第 3 个字符排序，以此类推
```

运行结果如下。

```
b =
Clayt
Daney
hally
hello
world
```

```
c =
hally
Daney
hello
Clayt
world
```

6.3.2　协方差和相关系数矩阵

若给定 n 个 m 维随机变量样本 $X_{m \times n} = (x_1, x_2, \cdots, x_n)$ ，定义如下矩阵为其协方差矩阵。

$$C = \begin{pmatrix} c_{11} & \cdots & c_{1n} \\ \vdots & \ddots & \vdots \\ c_{n1} & \cdots & c_{nn} \end{pmatrix}, \text{ 其中，} c_{ij} = \frac{1}{m-1}(x_i - \bar{x}_i)(x_j - \bar{x}_j)$$

同时定义如下矩阵为其相关系数矩阵。

$$R = \begin{pmatrix} r_{11} & \cdots & r_{1n} \\ \vdots & \ddots & \vdots \\ r_{n1} & \cdots & r_{nm} \end{pmatrix}, \text{ 其中，} r_{ij} = \frac{c_{ij}}{\sqrt{c_{ii}c_{jj}}}$$

需要说明的是，在 MATLAB 中，每个样本的数据应表示为一列向量。

在 MATLAB 中，用函数 cov() 来计算随机变量的协方差矩阵，其具体使用方法如下。

• $C = $ cov(X)：计算 X 代表的随机变量的协方差矩阵。X 是一个向量时，返回向量的样本修正方差；X 是矩阵时，返回矩阵的协方差矩阵，其对角元是该列随机变量的样本修正方差。

• $C = $ cov(x,y)：x 和 y 必须是具有相同长度的向量，相当于计算 $C = $ cov([x y])。

• $C = $ cov(X,1)：计算 X 代表的随机变量的协方差矩阵，其中 $c_{ij} = \frac{1}{m}(x_i - \bar{x}_i)(x_j - \bar{x}_j)$ 。X 是一个向量时，返回向量的样本方差；X 是矩阵时，返回矩阵的协方差矩阵，其对角元是该列随机变量的样本方差。

• $C = $ cov(x,y,1)：x 和 y 必须是具有相同长度的向量，相当于计算 $C = $ cov([x y],1)。

在 MATLAB 中，用函数 corrcoef() 来计算随机变量的相关系数矩阵，其具体使用方法如下。

• $R = $ corrcoef(X)：返回 X 代表的随机变量的相关系数矩阵，计算中采用的协方差数据为 C=cov(X) 的输出。

• $R = $ corrcoef(x,y)：x 和 y 必须是具有相同长度的向量，相当于计算 $C = $ corrcoef([x y])。

例 6.20　计算随机变量样本的协方差和相关系数矩阵，具体代码序列如下。

```
x = randn(10,4);              % 4 个随机变量样本
c1 = cov(x)
c2 = cov(x,1)
c3 = corrcoef(x)
```

运行结果如下。

```
c1 =
    1.1709      0.48037     -0.36846     -0.39326
    0.48037     0.70436     -0.41228     -0.26362
   -0.36846    -0.41228      0.73533     -0.045252
   -0.39326    -0.26362     -0.045252     0.57115
c2 =
```

```
      1.0538        0.43233      -0.33162      -0.35393
      0.43233       0.63392      -0.37105      -0.23726
     -0.33162      -0.37105       0.6618       -0.040727
     -0.35393      -0.23726      -0.040727      0.51403
c3 =
            1       0.52896      -0.3971       -0.4809
      0.52896             1      -0.57287      -0.41563
     -0.3971       -0.57287            1       -0.069827
     -0.4809       -0.41563      -0.069827            1
```

6.3.3　有限差分和梯度

在 MATLAB 中用函数 diff()来计算差分，其具体使用方法如下。

- $Y = \mathrm{diff}(X)$：如果 X 是一个向量，则返回$[X(2)\text{-}X(1)\ X(3)\text{-}X(2)\ ...\ X(n)\text{-}X(n\text{-}1)]$；如果 X 是一个矩阵，则返回$[X(2{:}m,:)\text{-}X(1{:}m\text{-}1,:)]$。
- $Y = \mathrm{diff}(X,n)$：返回 n 阶差分，如 diff(X,2)与 diff(diff(X))效果相同。
- $Y = \mathrm{diff}(X,n,dim)$：返回在 dim 维上的 n 阶差分。

例 6.21　利用有限差分近似计算正弦函数的导数，具体代码序列如下。

```
x=0:0.1:10;                          %自变量
y=sin(x);                            %正弦函数
y_der=diff(y)./diff(x);             %当 dx 足够小时，导数近似等于有限差分之比(dy/dx)
hold on;
x_der=x(1:(end-1));                 %导数的自变量
plot(x,y,'b-');                     %画图
plot(x_der,y_der,'b-.');
axis([0 10 -1.2 1.4]);             %设定坐标轴范围
legend('正弦函数','正弦函数的导数');    %添加图例
```

运行结果如图 6-11 所示。

在 MATLAB 中，用函数 gradient()来计算梯度，其具体使用方法如下。

- $FX = \mathrm{gradient}(F)$：$F$ 是一个向量，返回 F 在 x 方向上的梯度，相当于计算 F 的近似导数。
- $[FX,FY] = \mathrm{gradient}(F)$：$F$ 是二维矩阵，FX 是 F 在 x 方向的近似偏导数（列方向），FY 是 F 在 y 方向的近似偏导数（行方向），并假定自变量的间距是 1。
- $[Fx,Fy,Fz,...] = \mathrm{gradient}(F)$：$F$ 是 N 维矩阵，返回 N 个方向的近似偏导数。
- $[...] = \mathrm{gradient}(F,h)$：$h$ 为一个标量，用于指定所有方向上自变量的间距。
- $[...] = \mathrm{gradient}(F,h1,h2,...)$：用多个标量 $h1,h2,...$来指定各个方向上自变量的间距。

例 6.22　计算二维高斯函数的梯度场，具体代码序列如下。

```
v=-2:0.25:2;
[x,y]=meshgrid(v,v);               %产生自变量 x,y
z= exp(-(x.^2+y.^2+0.5*x.*y));     %二维高斯函数
[px py]=gradient(z,0.25);          %梯度场
quiver(v,v,px,py);                 %画出梯度场
```

运行结果如图 6-12 所示。

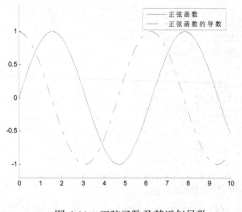

图 6-11　正弦函数及其近似导数

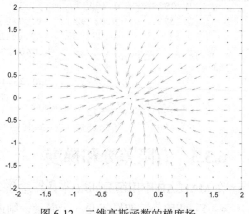

图 6-12　二维高斯函数的梯度场

图中箭头的方向代表梯度的方向，箭头的大小代表梯度的模。

6.3.4　信号滤波和卷积

MATLAB 提供了多种信号滤波和卷积的函数，如表 6-4 所示。

表 6-4　　　　　　　　　　　　　　　信号滤波和卷积函数

函数名	功 能 描 述	函数名	功 能 描 述
filter	一维数字滤波器	convn	N 维卷积
filter2	二维数字滤波器	deconv	反卷积和多项式除法
conv	一维卷积和多项式乘法	detrend	去除信号中的直流或者线性成分，主要用于 FFT 运算中
conv2	二维卷积		

1. 一维数字滤波

在 MATLAB 中，用函数 filter() 实现一维数字滤波，它是如下线性差分方程的解，可以用于实现 FIR 和 IIR 滤波。

$$y(n) = b(1)*x(n) + b(2)*x(n-1) + ... + b(n_b+1)*x(n-n_b) - a(2)*y(n-1) - ... - a(n_a+1)*y(n-n_a)$$

其中，n_a 和 n_b 是向量 b 和 a 的长度。该方程是 $n-1$ 阶的线性方程，在 Z 域的表示形式为：

$$Y(z) = \frac{b(1) + b(2)Z^{-1} + \cdots + b(n_b+1)Z^{-n_b}}{1 + a(2)z^{-1} + \cdots + a(n_a+1)z^{-n_a}} X(z)$$

该函数的具体使用方法如下。

• $y = $ filter(b,a,X)：X 为用于滤波的数据，向量 a 和 b 构造一个滤波器，y 为数据 X 通过滤波器之后的值。

• [y,zf] $= $ filter(b,a,X)：附加返回一个表示数据延迟时间的量 zf。当 X 为向量时，zf 等于 max(length(a),length(b))-1。

• [y,zf] $= $ filter(b,a,X,zi)：zi 为初始数据延迟，zf 等于最终数据延迟。

• $y = $ filter(b,a,X,zi,dim)：在 dim 维上进行数据滤波。

例 6.23　对带噪声的正弦信号进行 5 阶平均值滤波，即

$$y(n)=1/5*x(n) + 1/5*x(n-1) + 1/5*x(n-2) + 1/5*x(n-3) + 1/5*x(n-4)$$

其中，系数 a 可以表示为 1，系数 b 可以表示为[1/5 1/5 1/5 1/5 1/5]。具体代码序列如下。

```
t=0:0.1:10;                           %时间
n = 6*randn(size(t));                 %高斯白噪声
s= 40*sin(t);                         %无噪声的正弦信号
x = 40*sin(t)+n;                      %在正弦信号中添加噪声
a = 1;                                %频率值滤波器的系数
b = [1/5 1/5 1/5 1/5 1/5];
y=filter(b,a,x);                      %滤波
plot(t,s,'g-.');                      %画无噪声信号
hold on;
plot(t,x,'b-');                       %画含噪声信号
plot(t,y,'r:');                       %画滤波后的信号
axis([0 10 -65 65]);                  %设置坐标轴范围
xlabel('时间(s)');
legend('无噪声信号','有噪声信号','滤波后信号');     %添加图例
```

运行结果如图 6-13 所示。

2. 信号卷积

若向量 u 和 v 的长度分别为 m 和 n，则其卷积可表示为 $w=u \otimes v$，其长度为 $m+n-1$，且 $w(k)=\sum_{j=\max(k+1-n,1)}^{\min(k,m)} u(j)v(k+1-j)$。在 MATLAB 中用函数 conv() 来计算卷积。

卷积还有一个重要的性质，即 fft(w)=fft(u)*fft(v)，其中，函数 fft() 用来计算信号的傅里叶变换。

例 6.24 计算向量的卷积。具体代码序列如下。

```
u = ones(1,15);                       %阶跃信号
v = 1/20:1/20:1;                      %线性信号
w=conv(u,v);                          %卷积
figure                                %画图
subplot(3,1,1);
stem(u);
title('u');
subplot(3,1,2);
stem(v);
title('v');
subplot(3,1,3);
stem(w);
title('w');
```

运行结果如图 6-14 所示。

3. 信号直流成分的去除

在进行快速傅里叶变换之前，经常需要去除信号中的直流或者线性成分。在 MATLAB 中提供函数 detrend() 来实现该功能，其具体使用方法如下。

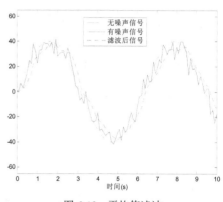

图 6-13 平均值滤波

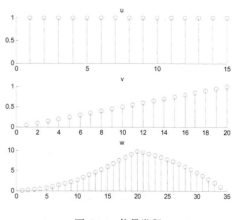

图 6-14 信号卷积

- $y =$ detrend(x)：如果 x 是一个向量，则从信号 x 中减去线性成分；如果 x 是一个矩阵，则去除 x 所有列中的线性成分。

- $y =$ detrend(x,'constant')：如果 x 是一个向量，则从信号 x 中减去直流成分；如果 x 是一个矩阵，则去除 x 所有列中的直流成分。

- $y =$ detrend(x,'linear',bp)：从信号 x 中减去分段线性函数，分段线性函数的端点由输入 bp 决定。

例 6.25 从随机信号中去除直流和线性成分。具体代码序列如下。

```
t = 0:0.04:5;                              %时间
x = 2*t + 0.5*randn(size(t));              %带线性成分的随机信号
x_no_linear=detrend(x);                    %去除线性成分
figure                                     %画图
subplot(2,1,1);
hold on;
plot(t,x,'b-');
plot(t,x_no_linear,'b:');
axis([0 5 -2 14]);                         %设置坐标轴范围
title('从信号中去除线形成分');
legend('原始信号','去除线性成分的信号');        %添加图例
y = 3 + 0.5*randn(size(t));                %带直流成分的随机信号
y_no_constant = detrend(y,'constant');     %去除直流成分
subplot(2,1,2);
hold on;
plot(t,y,'b-');
plot(t,y_no_constant,'b:');
axis([0 5 -2 8]);                          %设置坐标轴范围
title('从信号中去直流成分');
legend('原始信号','去除直流成分的信号');        %添加图例
```

运行结果如图 6-15 所示。

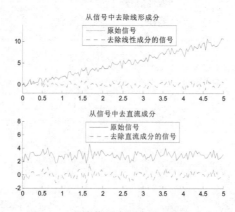

图 6-15　去除信号中的直流和线性成分

6.3.5　傅里叶变换

对信号的分析既可以在时域中进行，也可以在频域中进行，时域和频域的分析方法各有优缺

点。傅里叶变换是将信号从时域变换到频域，它在信号分析中占有极其重要的地位，应用范围很广，如滤波器设计、频谱分析等方面。

傅里叶变换既可以对连续信号进行变换，也可以对离散信号进行变换。连续信号的傅里叶变换实际上是计算傅里叶积分，下面只介绍离散傅里叶变换（Discrete Fourier Transform，DFT）。

MATLAB 提供如表 6-5 所示的傅里叶变换函数。

表 6-5　　　　　　　　　　　　　　傅里叶变换函数

函　数　名	功　能　描　述	函　数　名	功　能　描　述
fft	一维离散快速傅里叶变换	ifft	一维离散快速傅里叶逆变换
fft2	二维离散快速傅里叶变换	ifft2	二维离散快速傅里叶逆变换
fftn	N 维离散快速傅里叶变换	ifftn	N 维离散快速傅里叶逆变换

1. 一维傅里叶变换和逆变换

对于长度为 N 的向量 x，它与其一维离散傅里叶变换的结果 X 间的关系如下。

$$X(k) = \sum_{n=1}^{N} x(n) e^{-j2\pi(k-1)\frac{n-1}{N}}, \quad 1 \leq k \leq N,$$

$$x(n) = \frac{1}{N} \sum_{k=1}^{N} X(k) e^{j2\pi(k-1)\frac{n-1}{N}}, \quad 1 \leq n \leq N,$$

在 MATLAB 中，用函数 fft() 来实现一维离散傅里叶变换，其具体使用方法如下。

- $Y = $ fft(X)：如果 X 是向量，则返回向量 X 的傅里叶变换；如果 X 是矩阵，则函数对矩阵 X 的每一列进行傅里叶变换。
- $Y = $ fft(X,n)：用输入 n 指定傅里叶变换的长度。如果向量 X 的长度小于 n，则做傅里叶变换之前在向量的尾部添加 0 值，使得向量 X 的长度为 n；如果向量 X 的长度大于 n，则把向量 X 截断为长度为 n 的向量。
- $Y = $ fft($X,[],dim$)：在 dim 维上进行傅里叶变换。
- $Y = $ fft(X,n,dim)：在 dim 维上进行傅里叶变换，并指定傅里叶变换的长度。

在 MATLAB 中，用函数 ifft() 来实现一维离散傅里叶逆变换，其具体使用方法与函数 fft() 类似，只是添加一个选项。

- y = ifft(..., 'symmetric')：将 $X(k)$ 看成是共轭对称的，该选项在 $X(k)$ 不是严格共轭对称时有效。
- y = ifft(..., 'nonsymmetric')：该选项为默认选项。

经常与傅里叶变换共同使用的函数是 fftshift()，其具体使用方法如下。

- $Y = $ fftshift(X)：如果 X 是向量，则交换向量的左部分和右部分；如果 X 是矩阵，则矩阵的第一象限和第三象限交换，第二象限和第四象限交换。
- $Y = fftshift(X,dim)$：在某一维上交换数据的左部分和右部分。

函数 fftshift() 不但可以用于一维 FFT 结果的调整，还可以用于二维 FFT，甚至多维 FFT 的调整。它的功能如图 6-16 所示，信号 $x(n)$ 经过 DFT 后得到频谱 $X(k)$，$X(k)$ 的头部和尾部都代表信号的低频段，中部代表高频段。习惯上绘制频率响应曲线时，将低频段放在曲线的中间，把高频部分放在曲线的头部和尾部，该函数实现了这一转换功能。

	向量元素数据	对应数字频率
$x(n)$ ↓ FFT	$[x(1)\,x(2)\,\cdots\,x(N)]$	无
$X(k)$ ↓ fftshift	$[X(1)\,X(2)\,\cdots\,X(N)]$	$[0\quad 2\pi/N\ \cdots\ 2\pi*(N-1)/N]$
fftshift($X(k)$)	$[X(N/2+1)\ \cdots\ X(N)\,X(1)\,X(2)\ \cdots\ X(N/2)]$	$[-\pi\cdots\ -2\pi/N\ 0\ 2\pi/N\ \cdots\ \pi(N-1)/N]$

图 6-16　函数 fftshift() 的功能示意图（N 为偶数）

例 6.26　对比单位脉冲信号经过一个带阻滤波器前后的频谱。具体代码序列如下。

```
t = 1:40;                               %信号的时间
x =zeros(size(t));
x(1) = 1;                               %产生单位脉冲信号
[b,a] = butter(10,[0.3 0.7],'stop');    %设计带阻滤波器
y = filter(b,a,x);                      %滤波
figure;                                 %画图
hold on;
stem(t,x,'marker','o');
stem(t,y,'marker','.');
xlabel('时间(s)');
legend('原始信号','滤波后信号');
fx=fft(x);                              %对单位脉冲信号进行傅里叶变换
fx=fftshift(fx);
fy=fft(y);                              %对滤波后的信号进行傅里叶变换
fy=fftshift(fy);
figure;
subplot(2,1,1);                         %显示滤波前后的信号频谱
f=(t-20)/20;
plot(f,abs(fx),'b-',f,abs(fy),'b-.');   %显示信号的幅频曲线
xlabel('数字频率(rad)');
title('幅频曲线');
legend('原始信号','滤波后信号');
subplot(2,1,2);
plot(f,angle(fx),'b-',f,angle(fy),'b-.');   %显示信号的相频曲线
xlabel('数字频率(rad)');
title('相频曲线');
legend('原始信号','滤波后信号');
```

运行结果如图 6-17 和图 6-18 所示。

2. 二维傅里叶变换和逆变换

在图像处理中，经常使用二维傅里叶变换对图像进行滤波。在 MATLAB 中，用函数 fft2() 来实现二维傅里叶变换，用函数 ifft2 来实现二维傅里叶逆变换。

函数 fft2() 的具体使用方法如下。

- $Y = \text{fft2}(X)$：X 是矩阵，对矩阵 X 进行二维傅里叶变换。

- $Y = \text{fft2}(X,m,n)$：m 和 n 指定傅里叶变换的长度。如果小于该长度，则在信号的尾部添加 0 值；如果大于该长度，则截断信号。

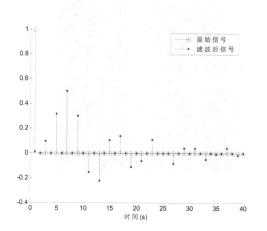 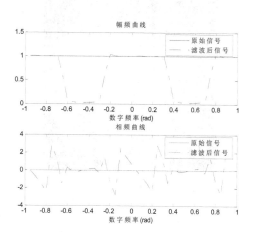

图 6-17 单位脉冲信号通过带阻滤波器前后的时域信号 图 6-18 单位脉冲信号通过带阻滤波器前后的频域信号

例 6.27 分析如图 6-19 所示图像的频谱。具体代码序列如下。

图 6-19 木星图像

```
img = imread('木星.jpg');                    %读图像文件
f_img = fft2(double(img));                   %二维傅里叶变换
f_img = fftshift(f_img);                     %将低频段转换到频谱的中间
imshow(img);                                 %显示图像
figure;
f_img_abs = abs(f_img);                      %得到频谱幅度
f_img_abs=
(f_img_abs-min(min(f_img_abs)))./(max(max(f_img_abs))-min(min(f_img_ abs)))*255;
                                             %将频谱幅度变换到[0255]范围内
imshow(f_img_abs);                           %显示频谱幅度
title('图像的幅频分布');
f_img_angle = angle(f_img);                  %同样可以得到频谱相位
f_img_angle=f_img_angle-min(min(f_img_angle)))./(max(max(f_img_angle))-min(min(f_i
mg_angle)))*255;
```

运行结果如图 6-20 和图 6-21 所示。

图 6-20　木星原图像

图 6-21　二维傅里叶变换后的幅频图

6.4　功能函数

功能函数就是可将其他函数作为输入变量的函数，下面对这类函数进行介绍。

1. 函数的表示

在 MATLAB 中，函数可以通过 M 文件、匿名函数和函数 inline() 来表示。

例 6.28　用上述 3 种方式表示函数 $y = f(x) = \dfrac{2}{1+e^{-x}} + \dfrac{3}{1+e^{-2x}}$，并计算 $x = 3$ 时的值。

（1）使用 M 文件的表示方法如下，并保存为 funexpress.m。

```
function y=funexpress(x)
y=2./(1+exp(-x))+3./(1+exp(-2*x));
```

（2）使用匿名函数的表示方法如下。

```
fh = @(x)2./(1+exp(-x))+3./(1+exp(-2*x));
```

（3）使用函数 inline() 的表示方法如下。

```
g = inline('2./(1+exp(-x))+3./(1+exp(-2*x))');
```

调用的方法分别如下。

```
funexpress(3)
fh(3)
g(3)
```

上述 3 种表示方法得到的运行结果相同。

2. 函数画图

MATLAB 提供函数画图的函数如表 6-6 所示。

表 6-6　　　　　　　　　　　　　　　　函数画图的函数

函　数　名	功　能　描　述	函　数　名	功　能　描　述
fplot	函数画图	ezmesh	三维网格画图
ezplot	二维函数画图	ezmeshc	混合网格和等高线画图
ezplot3	三维函数画图	ezsurf	三维彩色表面画图
ezpolar	极坐标画图	ezsurfc	混合表面和等高线画图
ezcontour	等高线画图		

函数画图函数的用法比较简单，而且用法相似。下面仅以常用函数 fplot() 为例，介绍它们的用法，其具体使用方法如下。

- fplot(*function,limits*)：function 为待画图的函数，limits 是横坐标数值范围[xmin xmax]，或者横纵坐标数值范围[xmin xmax ymin ymax]。
- fplot(*function,limits,LineSpec*)：*LineSpec* 指定画图的线条属性，与函数 plot() 的线条属性用法一致。
- fplot(*function,limits,tol*)：*tol* 指定画图相对精度，默认值是 2e-3。
- fplot(*function,limits,tol,LineSpec*)：指定画图的线条属性和画图相对精度。
- fplot(*function,limits,n*)：用于指定最少画图点数。

函数画图时，至少画 $n+1$ 个点，默认值是 1。

例 6.29　绘制函数 $y = \cos\left(\dfrac{x+1}{x^2+1}\right)$ 在区间[0,10]上的图像。具体代码序列如下。

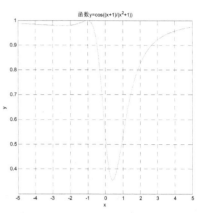

图 6-22　函数画图结果

```
f = @(x)cos((x+1)./(x.^2+1));     %匿名函数
fplot(f,[-5 5],1e-4,'r-');        %函数画图
title('函数 y=cos((x+1)/(x^2+1))');
xlabel('x');
ylabel('y');
grid;
```

运行结果如图 6-22 所示。

3. 函数最小值和零点

求函数的最小值和零点是工程上常见的问题，MATLAB 提供解决这类问题的函数，如表 6-7 所示。

表 6-7　　　　　　　　　　求函数最小值和零点的函数

函　数　名	功　能　描　述	函　数　名	功　能　描　述
fminbnd	求一元函数在给定区间内的最小值	optimset	设定求最小值时的优化器参数
fminsearch	求多元函数在给定点附近的局部最小值	optimget	读取求最小值时的优化器参数
fzero	求一元函数的零点		

（1）求一元函数最小值

求一元函数在给定区间内的最小值可以用函数 fminbnd() 来实现，其具体使用方法如下。

- x = fminbnd(*fun, ,x1,x2*)：在区间[x1 x2]内寻找函数最小值。*fun* 为 M 文件的函数句柄或者匿名函数，*x* 为对应最小值的自变量取值。
- x = fminbnd(*fun,x1,x2,options*)：使用 *options* 选项来指定优化器的参数。*options* 可以使用函数 optimset() 设定。
- [*x,fval*] = fminbnd(...)：附加返回函数最小值。

需要注意的是，函数 fminbnd() 只能用于连续函数，并且只给出局部最小值。当最小值在指定区间边界上时，函数收敛的速度很慢。

例 6.30　求正弦函数在[0,10]内的最小值。具体代码如下。

```
x=fminbnd(@sin,0,10)
```

运行结果如下。

```
x =
     4.7124
```

如果需要显示计算过程，可以使用函数 optimset() 来设定参数。具体代码如下。

```
x=fminbnd(@sin,0,10,optimset('Display','iter'))
```

运行结果如下。

```
Func-count       x          f(x)          Procedure
    1         3.81966    -0.627289        initial
    2         6.18034    -0.102664        golden
    3         2.36068     0.703928        golden
    4         4.62594    -0.996266        parabolic
    5         4.74595    -0.999437        parabolic
    6         4.71433    -0.999998        parabolic
    7         4.71238          -1         parabolic
    8         4.71242          -1         parabolic
    9         4.71235          -1         parabolic

Optimization terminated:
 the current x satisfies the termination criteria using OPTIONS.TolX of 1.000000e-004
x =
     4.7124
```

（2）求多元函数的最小值

求多元函数的最小值可以用函数 fminsearch() 来实现。使用该函数时必须指定初始 $x0$，并返回它附近的局部最小值。其具体使用方法如下。

- $x = $ fminsearch(*fun*,*x0*)：在初始 $x0$ 附近寻找局部最小值，*fun* 为 M 文件的函数句柄或者匿名函数，x 为对应最小值的自变量取值。

- $x = $ fminsearch(*fun*,*x0*,*options*)：使用 *options* 选项来指定优化器的参数。*options* 可以使用函数 optimset() 设定。

- [*x*,*fval*] = fminsearch(...)：附加返回函数最小值。

例 6.31　求二维函数 $f(x) = 100(x_2 - x_1^2)^2 + (1 - x_1)^2$ 的局部最小值。具体代码序列如下。

```
banana = @(x)100*(x(2)-x(1)^2)^2+(1-x(1))^2;
[x,fval] = fminsearch(banana,[-1.2, 1])
```

运行结果如下。

```
x =
     1           1
fval =
  8.1777e-010
```

（3）求一元函数的零点

求一元函数的零点可以用函数 fzero() 来实现，具体使用方法如下。

- $x = $ fzero(*fun*,*x0*)：在 $x0$ 点附近寻找函数的零点，返回对应零点的自变量值。

- $x = $ fzero(*fun*,[*x0*,*x1*])：在 [*x0*,*x1*] 区间内寻找函数的零点，返回对应零点的自变量值。

- $x = $ fzero(*fun*,*x0*,*options*)：用 *options* 参数指定寻找零点的优化器参数。

- [*x*,*fval*] = fzero(...)：附加自变量为 x 时的函数值。

例 6.32　求函数 $f(x) = \dfrac{1}{(x+4)^2+1} + \dfrac{1}{(x-4)^2+1} - \dfrac{1}{2}$ 的零点。具体代码序列如下。

```
f = @(x) 1./((x+4).^2+1)+1./((x-4).^2+1)-0.5;    %用匿名函数来表示函数
```

```
fplot(f,[-10 10]);                               %画出函数的图
xlabel('x');
ylabel('f(x)');
x1 = fzero(f,-5)                                 %求某个点附近的零点
x2 = fzero(f,-3)
x3 = fzero(f,3)
x4 = fzero(f,5)
x1_region = fzero(f,[-10,-3])                    %求某个区间内的零点
x2_region = fzero(f,[-3,0])
x3_region = fzero(f,[0 3])
x4_region = fzero(f,[3 10])
```

运行结果如下，并显示如图 6-23 所示的图形。

```
x1 =
   -5.0246
x2 =
   -2.9587
x3 =
    2.9587
x4 =
    5.0246
x1_region =
   -5.0246
x2_region =
   -2.9587
x3_region =
    2.9587
x4_region =
    5.0246
```

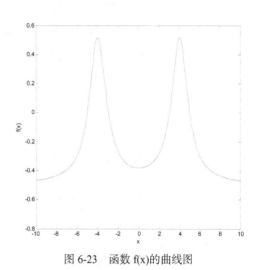

图 6-23   函数 f(x)的曲线图

需要注意的是，函数 fzero()只能返回一个局部零点，不能寻找出所有的零点。此外，它的收敛速度与初始点或区间的选取有很大关系。

（4）优化器参数

在求一元函数、多元函数最小值以及一元函数零点时，都可以使用函数 optimset()设定优化器的参数。其具体使用方法如下。

- *options* = optimset('*param*1','*value*1','*param*2','*value*2,...)：用参数名和对应的参数值设定优化器的参数。返回值 *options* 是一个结构体。

- optimset：显示优化器的所有参数名和有效的参数值。

- *options* = optimset：返回一个优化器的结构体，该结构体的所有属性均为空矩阵。

- *options* = optimset(*optimfun*)：返回函数 *optimfun()*对应的优化器参数。

- *options* = optimset(*oldopts*,'*param*1','*value*1,...)：在原优化器参数 *oldopts* 的基础上，修改指定的优化器参数。

- *options* = optimset(*oldopts*,*newopts*)：用 *newopts* 的所有非空参数覆盖 *oldopts* 中的值。

在函数 optimset()中常用的优化器参数如表 6-8 所示。

表 6-8   优化器参数

参 数 名	有效参数值	功 能 描 述
Display	'off'，'iter'，'final' 和 'notify'	'off'：不显示计算结果 'iter'：显示每个迭代步骤的计算结果 'final'：只显示最终结果，该选项为默认值 'notify'：只在计算不收敛时显示计算结果

续表

参 数 名	有效参数值	功 能 描 述
FunValCheck	'off'和'on'	'off'：不对输入函数的返回值进行检查，该选项为默认值 'on'：如果输入函数的返回值为复数或者 NaN，则显示警告信息
MaxFunEvals	正整数	最大允许的函数赋值次数
MaxIter	正整数	最大允许的迭代次数
OutputFcn	用户定义的函数句柄 或者空矩阵	空矩阵：迭代过程采用 MATLAB 自带的函数 用户自定义函数句柄：用该函数替换 MATLAB 自带的函数
TolFun	正标量	函数值的截断阈值
TolX	正标量	自变量的截断阈值

如果要得到目前优化器的参数，则可以使用函数 optimget()，具体使用方法如下。

- *val* = optimget(*options,'param'*)：返回优化器参数'*param*'的值。
- *val* = optimget(*options,'param',default*)：返回优化器参数'*param*'的值，如果该值为空，则返回 *default*。

4. 数值积分

MATLAB 提供的求数值积分函数如表 6-9 所示。

表 6-9 数值积分函数

参 数 名	功 能 描 述	参 数 名	功 能 描 述
quad	一元函数的数值积分，采用自适应 Simpson 方法	dblquad	二重积分
quadl	一元函数的数值积分，采用自适应 Lobatto 方法	triplequad	三重积分
quadv	一元函数的矢量数值积分		

（1）一元函数的数值积分

MATLAB 提供函数 quad()和函数 quadl()来计算一元函数的积分，二者的具体使用方法类似。函数 quad()采用低阶的自适应递归 Simpson 方法，而函数 quadl()采用高阶的自适应 Lobatto 方法。函数 quad()的具体使用方法如下。

- *q* = quad(*fun,a,b*)：计算函数 *fun* 在[*a b*]区间内的定积分。*fun* 为函数句柄，*a* 和 *b* 都是标量，它们分别是积分区间的下界和上界。
- *q* = quad(*fun,a,b,tol*)：以绝对误差容限 *tol* 计算函数 *fun* 在[*a b*]区间内的定积分，取代 MATLAB 中默认的绝对误差容限值 10^{-6}。
- *q* = quad(*fun,a,b,tol,trace*)：当 *trace* 为非零值时，显示迭代过程的中间值。

例 6.33 求归一化高斯函数的在区间[-1 1]内的定积分，具体代码序列如下。

```
y=@(x)1/sqrt(pi)*exp(-x.^2);     %归一化高斯函数
q=quad(y,-1,1,2e-6,1)            %求定积分，并显示
                                 中间迭代过程
fplot(y,[-1 1],'b');             %画出函数
```

运行结果如下，并显示如图 6-24 所示的图形。

```
        9   -1.0000000000   5.43160000e-001    0.1804679399
```

11	-1.0000000000	2.71580000e-001	0.0728222057
13	-0.7284200000	2.71580000e-001	0.1076454255
15	-0.4568400000	9.13680000e-001	0.4817487615
17	-0.4568400000	4.56840000e-001	0.2408826755
19	-0.4568400000	2.28420000e-001	0.1142172651
21	-0.2284200000	2.28420000e-001	0.1266655031
23	0.0000000000	4.56840000e-001	0.2408826755
25	0.0000000000	2.28420000e-001	0.1266655031
27	0.2284200000	2.28420000e-001	0.1142172651
29	0.4568400000	5.43160000e-001	0.1804679399
31	0.4568400000	2.71580000e-001	0.1076454255
33	0.7284200000	2.71580000e-001	0.0728222057

```
q =
    0.8427
```

在计算一维积分时，有可能得到 3 种警告信息。

- 'Minimum step size reached': 已经达到了最小步长。这意味着积分的迭代区间比给定的定积分区间的截断误差值小。一般来说，这表明被积函数的可积性是奇异的。

- 'Maximum function count exceeded': 计算函数值的次数超过 10 000，一般来说，这也表明被积函数的可积性是奇异的。

- 'Infinite or Not-a-Number function value encountered': 积分过程中出现浮点数溢出或者被 0 除。

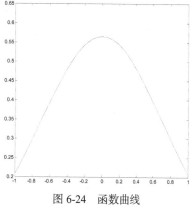

图 6-24 函数曲线

（2）矢量数值积分

矢量数值积分等价于多个一元定积分。

例 6.34 求 $\int_{-1}^{1} \frac{1}{\sqrt{2\pi} * n} \exp\left(-\frac{x^2}{2n^2}\right) dx$，

$n = 1, 2, 3, 4, 5$，具体代码序列如下。

```
y=@(x,n)1./(sqrt(2*pi).*(1:n)).*exp(-x.^2./(2*(1:n).^2));        %归一化高斯函数
q=quadv(@(x)y(x,5),-1,1)
```

运行结果如下。

```
q =
    0.6827    0.3829    0.2611    0.1974    0.1585
```

矢量数值积分的结果是一个向量，其每个元素值对应一个一元函数定积分。

（3）二重和三重积分

二重积分的形式如下。

$$Q = \int_{y_{\min}}^{y_{\max}} \int_{x_{\min}}^{x_{\max}} f(x, y) dx dy$$

在 MATLAB 中用函数 dblquad() 来计算二重积分。根据 $dxdy$ 的顺序，称 x 为内积分变量，y 为外积分变量，该函数先计算内积分值，然后利用内积分的中间结果来计算二重积分，其具体使用方法如下。

- q = dblquad(*fun,xmin,xmax,ymin,ymax*)：计算二元函数 *fun* 在矩形区域[*xmin,xmax, ymin,ymax*] 内的二重积分。*fun* 为函数句柄，*xmin*、*ymin*、*xmax* 和 *ymax* 都是标量，它们分别是积分区间的下界和上界。

- $q = \text{dblquad}(fun,xmin,xmax,ymin,ymax,tol)$：用 tol 指定绝对计算精度。
- $q = \text{dblquad}(fun,xmin,xmax,ymin,ymax,tol,method)$：用 $method$ 指定计算一维积分时采用的函数。MATLAB 默认采用函数 quad() 来计算一维积分，当 $method=\text{@quadl}$ 时，采用函数 quadl() 来计算一维积分。

例 6.35　求二维高斯函数在矩形区间[-1 1 -1 1]内的二重积分，具体代码序列如下。

```
f=@(x,y)1/sqrt(pi)*exp(-x.^2)*1/sqrt(pi)*exp(-y.^2);    %归一化高斯函数
dblquad(f,-1,1,-1,1,1e-6,@quadl)
```

运行结果如下。

```
ans =
  0.71014
```

函数 dblquad() 处理的都是矩形积分区域，要计算非矩形积分区间的二重积分时，先用一个大的矩形积分区域包含积分区间，然后把二元函数在积分区间之外的值取 0。

例 6.36　求二维高斯函数在圆形区域 $\sqrt{x^2+y^2}<1$ 内的二重积分，具体代码序列如下。

```
f=@(x,y)(1/sqrt(pi)*exp(-x.^2)*1/sqrt(pi)*exp(-y.^2)).*(sqrt(x.^2+y.^2)<=1);
dblquad(f,-2,2,-2,2,1e-6,@quadl)
```

运行结果如下。

```
ans =
  0.63212
```

三重积分的形式如下。

$$Q = \int_{z_{\min}}^{z_{\max}} \int_{y_{\min}}^{y_{\max}} \int_{x_{\min}}^{x_{\max}} f(x,y,z)\mathrm{d}x\mathrm{d}y\mathrm{d}z$$

在 MATLAB 中，用函数 triplequad() 来计算三重积分，其具体使用方法与二重积分类似。

5. 含参函数的使用

在很多情况下，需计算形如函数 $f(x)=e^x+ax-b$ 的零点，其中包含参数 a 和 b。这时就要在功能函数中使用含参函数，它有两种解决方法，即使用嵌套函数和使用匿名函数。

（1）用嵌套函数提供函数参数

编写 M 文件的函数，它将含参函数的参数当作输入，并在其中调用功能函数，以此形成嵌套，然后通过调用该函数进行计算。

例 6.37　求函数 $f(x)=e^x+ax-b$ 的零点。

① 编写函数 fzero_nestedfun()，并保存为 fzero_nestedfun.m，其具体代码序列如下。

```
function y = fzero_nestedfun(a,b,x0)
%a,b 是含参函数的参数值
%x0 是求函数零点的开始点
options = optimset('Display', 'off');    %关闭显示
y = fzero(@para_fun,x0,options);         %求函数零点
    function y=para_fun(x)               %含参函数
        y=exp(x)+a*x-b;
    end
end
```

② 调用函数 fzero_nestedfun()，其具体代码序列如下。

```
a=1;                                          %参数取值
b=-10:10;
x = zeros(size(b));
for i=1:length(b),
    x(i) = fzero_nestedfun(a,b(i),0);         %求函数零点
end;
plot(b,x);                                    %画图
xlabel('b');
ylabel('零点');
```

运行结果如图 6-25 所示。

（2）用匿名函数提供函数参数

用匿名函数提供函数参数的具体步骤如下。

① 创建一个含参函数，并保存为 M 文件格式，函数输入为自变量 x 以及函数参数。

② 在调用功能函数的 M 文件中给参数赋值。

③ 用含参函数创建匿名函数。

④ 把匿名函数句柄传递给功能函数计算。

例 6.38　求函数 $f(x) = e^x + ax - b$ 的零点。

① 编写函数 exp_linear()，并保存为 exp_linear.m，其具体代码序列如下。

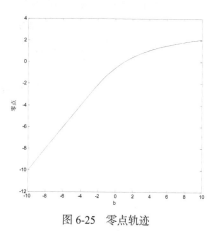

图 6-25　零点轨迹

```
function y=exp_linear(x,a,b)
y=exp(x)+a*x-b;
```

② 使用函数 exp_linear()，其具体代码序列如下。

```
a=1;                                          %参数取值
b=-3:3;
x = zeros(size(b));
for i=1:length(b),
    f = @(x) exp_linear(x,a,b(i));
    x(i) = fzero(f,0);                        %求函数零点
end;
xt=x'
```

运行结果如下。

```
xt =
    -3.0475
     -2.12
    -1.2785
   -0.56714
         0
    0.44285
    0.79206
```

6.5　微分方程组求解

在 MATLAB 中，可以计算微分方程数值解，如常微分方程组的初值问题、延迟微分方程的

问题和常微分方程组的边界问题等。下面分别进行介绍。

6.5.1　常微分方程组的初值问题

在 MATLAB 中可以计算显式、线性隐式和完全隐式常微分方程组初值问题的数值解。

显式常微分方程组的初值问题可表示为如下形式。

$$y' = f(t, y) \qquad y(t_0) = y_0$$

其中，y'，y 和 y_0 为向量。

线性隐式常微分方程组的初值问题可表示为如下形式。

$$M(t, y)y' = f(t, y) \qquad y(t_0) = y_0$$

完全隐式常微分方程组的初值问题可表示为如下形式。

$$f(t, y, y') = 0 \qquad y(t_0) = y_0$$

上述 3 种形式都是针对一阶常微分方程组讨论的，对于如下的高阶常微分方程，可将其转换为一阶常微分方程组。

$$y^{(n)} = f(t, y, y', \cdots, y^{(n-1)}) \leftrightarrow \begin{cases} y_1' = y_2 \\ y_2' = y_3 \\ \vdots \\ y_n' = f(t, y_1, y_2, \cdots, y_n) \end{cases}$$

1．显式常微分方程组

在 MATLAB 中，用函数 ode45()、ode23()、ode113()、ode15s()、ode23s()、ode23t()和 ode23tb()来实现 7 种不同的解法，如表 6-10 所示。

表 6-10　　　　　　　　　　　　　　常微分方程组解法对比

函　数　名	采 用 算 法	精　度	优　缺　点
ode45()	四阶/五阶龙格–库塔	中	属于单步算法（只需利用前一步解，即可计算本步解），因而计算过程中随意改变步长也不会增加任何计算量。通常函数 ode45()对很多问题来说都是首选的方法
ode23()	二阶/三阶龙格–库塔	低	属于单步算法，在误差容许范围较宽时，比函数 ode45()好
ode113()	可变阶的 Adams PECE 算法	低~高	属于多步解法（需利用前几步解来计算本步解）。比函数 ode45()更适合解决误差允许范围比较严格的情况
ode15s()	可变阶的 NDFS 算法	低~中	属于多步解法，在函数 ode45()解法速度很慢时，可以尝试采用该算法
ode23s()	基于改进的 Rosenbrock 公式	低	属于单步解法，比 ode15s()更适合用于误差容许范围较宽的情况
ode23t()	龙格–库塔公式采用梯形规则	低	属于单步解法，比 ode15s()更适合用于误差容许范围较宽的情况
ode23tb()	龙格–库塔公式的第一级采用梯形规则，第二级采用 Gear 算法	低	属于单步解法。比 ode15s()更适合用于误差容许范围较宽的情况

这 7 个函数的具体使用方法完全相同，下面仅以函数 ode45() 为例，说明它们的具体使用方法。

- [*t*,*Y*] = ode45(*odefun*,*tspan*,*y*0)：*odefun* 代表常微分方程组，其格式为 $y' = f(t, y)$ ，其中，*t* 是一个标量，*y* 是一个列向量，*y*′ 是与 *y* 具有相同长度的列向量。*tspan* 可以是两个元素的向量[*t*0 *tf*]，这时函数返回时间 *t*0 ~ *tf* 范围内的常微分方程组解；*tspan* 也可以是[*t*0,*t*1,...,*tf*]，这时函数返回在时间[*t*0,*t*1,...,*tf*]范围内的常微分方程组解。*y*0 是 *y* 具有相同长度的列向量，用于指定初始值。

- [*t*,*Y*] = ode45(*odefun*,*tspan*,*y*0,*options*)：*options* 参数用于设定微分方程解法器的参数，可以由函数 odeset() 来读取。

例 6.39　求 $y'' - (1 - y^2)y' + y = 0 (y(0) = y'(0) = 0; t \in [0, 20])$ 的解。

（1）将上述方程改写为如下的一阶常微分方程组。

$$\begin{cases} y_1' = y_2 \\ y_2' = (1 - y_1^2)y_2 - y_1 \end{cases}$$

（2）将上述常微分方程组表示成函数 ivpodefun()，并保存为 ivpodefun.m。具体代码序列如下。

```
function dydt = ivpodefun(t,y)
dydt = zeros(2,1);
dydt(1) = y(2);
dydt(2) = (1-y(1)^2)*y(2)-y(1);
```

需要说明的是，表示微分方程组的函数必须有时间 *t* 这个输入变量。

（3）用函数 ode45() 求解上述常微分方程组。具体代码序列如下。

```
[t,y] = ode45(@ivpodefun,[0 20],[2; 0]);
plot(t,y(:,1),'-',t,y(:,2),'--')
title('常微分方程的解');
xlabel('t');
ylabel('y');
legend('y','y的一阶导数');
```

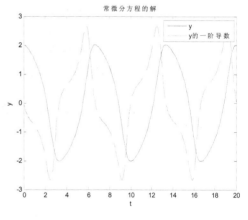

图 6-26　常微分方程解

运行结果如图 6-26 所示。

例 6.40　求 $y'' - \mu(1 - y^2)y' + y = 0 (y(0) = y'(0) = 0; t \in [0, 20]; \mu = 5, 10)$ 的解。

（1）将上述方程改写为如下的一阶常微分方程组。

$$\begin{cases} y_1' = y_2 \\ y_2' = (1 - y_1^2)y_2 - y_1 \end{cases}$$

（2）将上述常微分方程组表示成函数 ivpodefun_para ()，并保存为 ivpodefun_para.m。具体代码序列如下。

```
function dydt = ivpodefun_para(t,y,u)
dydt = zeros(2,1);
dydt(1) = y(2);
dydt(2) = u*(1-y(1)^2)*y(2)-y(1);
```

（3）用函数 ode45() 求解上述常微分方程组。具体代码序列如下。

```
[t1,y1] = ode45(@ivpodefun_para,[0 20],[2; 0],[],5);
[t2,y2] = ode45(@ivpodefun_para,[0 20],[2; 0],[],10);
```

```
plot(t1,y1(:,1),'-',t2,y2(:,1),'--')
title('常微分方程的解');
xlabel('t');
ylabel('y');
legend('mu=5','mu=10');
```

运行结果如图 6-27 所示。

2. 设置解法器参数

在 MATLAB 中用函数 odeset() 来设定解法器参数，其具体使用方法如下。

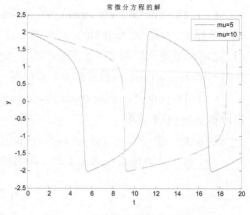

- *options* = odeset(*'name*1*',value*1*,'name*2*', value*2,…)：用参数名和相应参数值设定解法器的参数。

- *options* = odeset(*oldopts,'name*1*', value*1,…)：修改原来解法器 *options* 的结构体 *oldopts*，只改变指定参数的值。

图 6-27 含参数的常微分方程解

- *options* = odeset(*oldopts,newopts*)：合并两个解法器 *options* 的结构体 *oldopts* 和 *newopts*，这两个结构体中值不同的参数，采用 *newopts* 中的参数值。

- odeset，显示所有的参数值和它们的默认值。

在 MATLAB 中，解法器的参数如表 6-11 所示。

表 6-11　　　　　　　　　　　　　常微分方程组解法器参数

参 数 名	可 取 值	默 认 值	用 途 描 述
RelTol	正标量	1e-3	用于指定所有分量的相对误差
AbsTol	正标量或者向量	1e-6	用于指定绝对误差允许范围，如果是标量，则该绝对误差应用于所有的分量；如果是向量，则单独指定每一个分量的绝对误差
NormControl	'on'或者'off'	'off'	如果该值为'on'，则解法器采用积分估计误差的模来控制计算精度；如果该值为'off'，则解法器采用更加严格的精度控制策略，即严格控制每一分量的计算精度
OutputFcn	函数句柄	@odeplot 或者[]	每步计算后，解法器调用该函数进行输出。可选的输出函数如下 odeplot：一维时域画图 odephas2：二维相位平面画图 odephas3：三维相位平面画图 odeprint：在命令行输出解
OutputSel	正整数向量	所有分量的下标	将向量中所包含下标对应的分量送给 OutputFcn 输出。默认情况下，所有分量都将输出
Refine	正整数	1	如果 refine 大于 1，则输出结果被插值
Stats	'on'或者'off'	'off'	如果该值为'on'，则输出计算耗费时间，否则不输出
Jacobian	函数或者常数矩阵	无	指定常微分方程组的 Jacobian 矩阵
JPattern	稀疏矩阵	无	指定常微分方程组的 Jacobian 矩阵稀疏样式

续表

参 数 名	可 取 值	默 认 值	用 途 描 述
Vectorized	'on'或者'off'	'off'	函数是否被向量化
Events	函数	无	定位事件
Mass	常数矩阵或者函数	无	指定线性隐式常微分方程组的加权函数 $M(t,y)$
MstateDependence	'none'　'weak'　或者'strong'	'weak'	说明加权函数 $M(t,y)$是否依赖于 y
MvPattern	稀疏矩阵	无	$\partial M(t,y)/\partial y$ 的稀疏矩阵样式。
MassSingular	'yes' 'no'或者'maybe'	'maybe'	加权函数 $M(t,y)$是否奇异
InitialSlope	向量	无	初始一阶导数值 $yp0$，满足 $M(t0,y0)*yp0 = f(t0,y0)$
MaxStep	正标量	自动选择	最大步长值
InitialStep	正标量	自动选择	解法器自动选择初始步长
MaxOrder	1, 2, 3, 4, 5	5	ode15s 采用的最大阶数
BDF	'on'或者'off'	'off'	在 ode15s 算法中是否采用 BDF 算法

例 6.41　对于例 6.39 的方程，设置解法器的输出函数为二维相位平面画图。具体代码序列如下。

```
option = odeset('RelTol',1e-6, 'OutputFcn', 'odephas2');
[t,y] = ode45(@ivpodefun,[0 20],[2; 0], option);
xlabel('y');
ylabel('y的一阶导数');
```

运行结果如图 6-28 所示。

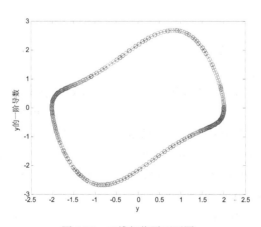

图 6-28　二维相位平面画图

3. 线性隐式常微分方程组

线性隐式常微分方程组可以利用解法器参数 *options* 来求解。

首先用 M 文件函数来表示方程和加权函数 M(t,y)，然后用函数 odeset()将加权函数设置到解法器的 *Mass* 参数中，最后用 ode 类函数来求解。

例 6.42　求 $(y+1)y' = y^2+2y-2$　$\left(y(0)=0; t\in[0,2]\right)$ 的解。

（1）创建方程对应的函数 odefun_LinImp()，并保存为 odefun_LinImp.m，其具体代码序列如下。

```
function dydt = odefun_LinImp(t,y)
dydt = y.^2 + 2*y -2;
```

（2）创建 M(*t*,*y*)对应的函数 odefun_LinImp_mass ()，并保存为 odefun_LinImp_mass.m，其具体代码序列如下。

```
function mass = odefun_LinImp_mass(t,y)
mass = y + 1;
```

（3）求解微分方程，其具体代码序列如下。

```
option = odeset('RelTol',1e-6,'OutputFcn','odeplot','Mass',@odefun_LinImp_mass);
[t,y] = ode45(@odefun_LinImp,[0 2],2,option);
xlabel('t');
ylabel('y');
```

运行结果如图 6-29 所示。

4. 完全隐式常微分方程组

在 MATLAB 中还提供函数 ode15i()来求解完全隐式常微分方程组，其具体使用方法如下。

- [*t*, *Y*] = ode15i(*odefun*,*tspan*,*y0*,*yp0*)：*odefun* 代表完全隐式常微分方程组的函数，其形式为 f(*t*,*y*,*y'*)。*tspan* 可以是两个元素的向量[*t0* *tf*]，这时函数返回时间 *t0* ~ *tf* 范围内的常微分方程的解；*tspan* 也可以是[*t0*,*t1*,...,*tf*]，这时函数返回在时间[*t0*,*t1*,...,*tf*]范围内的常微分方程的解。*y0* 和 *yp0* 用于指定微分方程的初始值，初始值必须是自洽的，即满足 *f*(*t*,*y0*,*yp0*)=0。

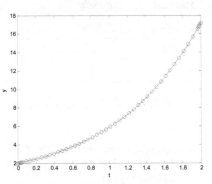

图 6-29 线性隐式常微分方程的解

- [*t*, *Y*] = ode15i(*odefun*,*tspan*,*y0*,*yp0*,*options*)：用 *options* 结构体设定解法器的参数，可以由函数 odeset()来实现。

处理完全隐式常微分方程组的一个重要问题是如何得到自洽的初始值。MATLAB 提供函数 decic()来得到自洽初始值，其具体使用方法如下。

- [*y0mod*,*yp0mod*] = decic(*odefun*,*t0*,*y0*,*fixed_y0*,*yp0*,*fixed_yp0*)：*odefun* 代表完全隐式常微分组的函数。*t0* 值为初始时间，*y0* 和 *yp0* 是猜测的初始值。函数 decic()会通过不断改变初始值，最终得到自洽的初始值。如果希望在改变初始值的过程中保持某一个分量不变，则可以通过 *fixed_y0* 输入来实现。当 *fixed_y0(i)*=1 时，*y0(i)*不会被改变。*fixed_yp0* 的作用与 *fixed_y0* 相同。

- [*y0mod*,*yp0mod*] = decic(*odefun*,*t0*,*y0*,*fixed_y0*,*yp0*,*fixed_yp0*,*options*)：用 *options* 结构体设定解法器的参数，可以由函数 odeset()来实现。

例 6.43 求 $ty^2(y')^3 - y^3(y')^2 + t(t^2+1)y' - t^2y = 0$ 的解。（当初值 $y(1) = \sqrt{3/2}$ 时，方程的解析解为 $y(t) = \sqrt{t^2+0.5}$ ）

（1）创建代表该方程的函数 ode_weissfun()，并保存为 ode_weissfun.m。其具体代码序列如下。

```
function exp = ode_weissfun(t,y,dydt)
exp = t*y.^2*dydt.^3-y.^3*dydt.^2+t*(t^2+1)*dydt-t^2*y;
```

（2）求解方程，其具体代码序列如下。

```
t0 = 1;                                    %猜想的初值
y0 = sqrt(3/2);
yp0 = 0;
```

```
[y0,yp0] = decic(@ode_weissfun,t0,y0,1,yp0,0);    %求出自洽初值，并保值 y0 值不变
[t,y] = ode15i(@ode_weissfun,[1 10],y0,yp0);      %求在[1 10]区间内的解
ytrue = sqrt(t.^2 + 0.5);                          %解析解
plot(t,y,t,ytrue,'o');                             %画图比较数值解与解析解
xlabel('t');
ylabel('y');
```

运行结果如图 6-30 所示。

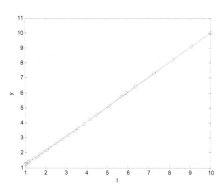

图 6-30　完全隐式常微分方程的解

6.5.2　延迟微分方程的问题

延迟微分组方程的形式如下。

$$y'(t) = f(t, y(t), y(t-\tau_1), \cdots, y(t-\tau_k))$$

在 MATLAB 中，用函数 dde23()来求解延迟微分方程组，其具体使用方法如下。

- *sol* = dde23(*ddefun,lags,history,tspan*)：其中，*ddefun* 代表延迟微分方程的 M 文件函数，*ddefun* 的格式为 *dydt* = ddefun(*t,y,Z*)，*t* 是当前时间值，*y* 是列向量，*Z*(:,j)代表 $y(t-j)$，使用到的延迟值在第 2 个输入变量 lags 中存储。*history* 为 *y* 在时间 *t0* 之前的值，可以有 3 种方式来指定 *history*：第 1 种是用一个函数来指定；第 2 种方法是用一个常数向量来指定；第 3 种是以前一时刻的方程解来指定。*tspan* 是两个元素的向量[*t0 tf*]，这时函数返回时间 *t0~tf* 范围内的延迟微分方程的解。

- *sol* = dde23(*ddefun,lags,history,tspan,option*)：*option* 结构体用于设置解法器的参数，可以由函数 ddeset()来设置。

需要说明的是，函数 dde23()的返回值是一个结构体，它包含 7 个属性，其中重要的 5 个属性如下，其他两个属性为 sol.stat 和 sol. discont。

- *sol.x*：dde23 选择计算的时间点。
- *sol.y*：在时间点 *x* 上的解 $y(x)$。
- *sol.yp*：在时间点 *x* 上解的一阶导数 $y'(x)$。
- *sol.history*：方程初始值。
- *sol.solver*：解法器的名称'dde23'。

若需得到 *tint* 时刻的解，则可以使用函数 deval，即 *yint* = deval(*sol,tint*)。

例 6.44 求 $\begin{cases} y'_1 = y_1^2(t-3) + y_2^2(t-1) \\ y'_2 = y_1(t) + y_2(t-1) \end{cases}$ 且初始值 $\begin{cases} y_1(t) = 1 \\ y_2(t) = t-2 \end{cases}$ $(t < 0)$ 的解。

（1）确定延迟向量 lags=[1 3]。

（2）创建函数 ddefun()表示延迟微分方程，并保存为 ddefun.m，其具体代码序列如下。

```
function dydt=ddefun(t,y,Z)
dydt = zeros(2,1);
dydt(1) = Z(1,2).^2 + Z(2,1).^2;
dydt(2) = y(1) + Z(2,1);
```

（3）创建函数 ddefun_history()表示延迟微分方程的初始值，并保存为 ddefun_history.m，其具体代码序列如下。

```
function y=ddefun_history(t)
y = zeros(2,1);
y(1) = 1;
y(2) = t-2;
```

（4）求解延迟微分方程，其具体代码序列如下。

```
lags = [1 3];                                          %延迟向量
sol = dde23(@ddefun,lags,@ddefun_history,[0,1]);       %解方程
hold on;
plot(sol.x,sol.y(1,:),'b-');                           %画图
plot(sol.x,sol.y(2,:),'r-.');
title('延迟微分方程的解');
xlabel('t');
ylabel('y');
legend('y_1','y_2',2);
```

运行结果如图 6-31 所示。

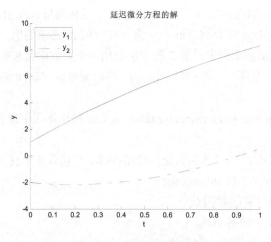

图 6-31　延迟微分方程的解

6.5.3　常微分方程组的边界问题

常微分方程组的边界问题的形式如下。

$$\frac{\mathrm{d}y}{\mathrm{d}x} = f(x, y)$$

同时要指定函数 $y(x)$ 的某些边界条件，其中 x 是独立变量。

在 MATLAB 中，用函数 bvp4c() 来处理如下边界条件。

$$g(y(a), y(b)) = 0$$

其中，a 和 b 是求解区间的下界和上界。

常微分方程组的边界问题与初值问题的不同之处在于，初值问题总是有解的，而边界问题可能无解、有限多个解或无穷多个解。

在边界问题中，还经常出现未知参数，其形式如下。

$$\frac{\mathrm{d}y}{\mathrm{d}x} = f(x, y, p) \quad 且 \quad g(y(a), y(b), p) = 0$$

函数 bvp4c() 的具体使用方法如下。

- sol = bvp4c($odefun, bcfun, solinit$)：其中，$odefun$ 代表常微分方程组的函数，其格式为 $dydx$ = odefun(x, y)，或者包含未知参数 $dydx$ = odefun($x, y, parameters$)。$bcfun$ 是描述边界条件的函数，其格式为 res = bcfun(ya, yb)，或者包含未知参数 res = bcfun($ya, yb, parameters$)。$solinit$ 是对方程解的猜测解，可以由函数 $bvpinit()$ 获得，它是一个结构体，包含 x、y 和 $parameters$ 3 种属性，且必须满足 $solinit.x(1)=a$ 和 $solint.x(end)=b$。

- sol = bvp4c($odefun, bcfun, solinit, options$)：使用 $options$ 结构体来设定解法器的参数，可以由函数 bvpset() 设定。

函数 solinit() 的具体使用方法如下。

- $solinit$ = bvpinit($x, yinit$)：x 是猜测解的自变量 x 取值，$yinit$ 是猜测解的因变量 y 取值。如果需要在区间 $[a\ b]$ 内求解方程，则 x 一般取 linspace(a, b)。

- $solinit$ = bvpinit($x, yinit, parameters$)：包含 $parameters$ 未知参数的猜测解。

例 6.45 求 Mathieu 方程 $y'' + (\lambda - 2q\cos 2x)y = 0$ 且边界条件 $(y'(0) = 0; y'(\pi) = 0; y(0) = 1)$ 的特征值，其中 $q\text{-}1$ 是其阶数，本例中取 $q=5$，λ 是其特征值。

（1）改写成一阶常微分方程组的形式如下。

$$\begin{cases} y'_1 = y_2 \\ y'_2 = -(\lambda - 2q\cos 2x)y_1 \end{cases}$$

（2）创建函数 bvp_Mathieufun() 来表示 Mathieu 方程，并保存为 bvp_Mathieufun.m，其具体代码序列如下。

```
function dydx=bvp_Mathieufun(x,y,lambda)
q = 5;
dydx = zeros(2,1);
dydx(1) = y(2);
dydx(2) = -(lambda - 2*q*cos(2*x))*y(1);
```

（3）创建函数 Mathieu_initfun() 来表示初始值，并保存为 Mathieu_initfun.m，其具体代码序列如下。

```
function yinit = Mathieu_initfun(x)
```

```
yinit(1) =  cos(4*x);
yinit(2) = -4*sin(4*x);
```

（4）创建函数 Mathieu_bcfun() 来表示边界条件（必须写成等于 0 的形式），并保存为 Mathieu_bcfun.m，其具体代码序列如下。

```
function res = Mathieu_bcfun(ya,yb,lambda)
res = zeros(3,1);
res(1) =  ya(2);
res(2) =  yb(2);
res(3) =  ya(1)-1;  %或 1-ya(1)
```

（5）求解方程，其具体代码序列如下。

```
lambda = 15;                                                %未知参数猜测解
solinit = bvpinit(linspace(0,pi,10),@Mathieu_initfun,lambda);   %求初始值
sol = bvp4c(@bvp_Mathieufun,@Mathieu_bcfun,solinit);       %求解方程
xint = linspace(0,pi);                                     %画图
Sxint = deval(sol,xint);
plot(xint,Sxint(1,:))
axis([0 pi -1 1.1])
title('Mathieu 方程在边界条件下的解');
xlabel('x')
ylabel('y')
text(0.1,1,['4 阶 Mathieu 方程的特征值 = ' num2str(sol.parameters)]);
```

运行结果如图 6-32 所示。

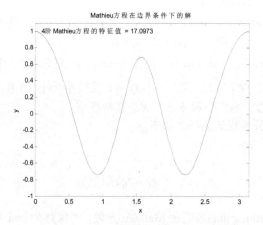

图 6-32   Mathieu 方程在边界条件下的解

习　　题

1. 将多项式 A 的系数向量形式 [1 2 4 2 1] 转换为完整形式，并将多项式 B 的完整形式 $2x^5+x^2+3x+5$ 表示为系数向量形式。

2. 针对第 1 题的多项式 A，计算自变量为 1 ~ 10 的取值。

3. 针对第 1 题的多项式 A 和 B，计算 A 和 B 的乘法和除法。

4. 针对第 1 题的多项式 A 和 B，计算 A/B 的微分。

5. 针对第 1 题的多项式 A，计算其积分。

6. 针对如下矩阵，计算其对应的特征多项式。

$$\begin{pmatrix} 1 & 1 & 1 \\ 2 & 3 & 4 \\ 4 & 9 & 16 \end{pmatrix}$$

7. 针对第 1 题的多项式 A 和 B，将 A/B 展开成部分分式。

8．针对函数 $f(x) = \mathrm{e}^x$ 在 $x \in \{0, 0.1, 0.2, \cdots, 5\}$ 上的取值，采用多项式进行拟合，并对 $x \in \{0.15, 0.45, 0.75\}$ 分别采用最邻近、双线性和三次样条插值方法进行插值。

9．针对二维函数 $f(x) = \mathrm{e}^{xy}$ 在 $x \in \{0, 0.1, 0.2, \cdots, 5\}$；$y \in \{0, 0.1, 0.2, \cdots, 5\}$ 上的取值，对 $(x, y) \in \{(0.15, 0.15), (0.45, 0.45), (0.75, 0.75)\}$ 分别采用最邻近、双线性和三次样条插值方法进行插值。

10. 产生 40 个服从正态分布 $N(-1, 4)$ 的随机数，计算它们的最大值、最小值、平均值、中间值、元素和、标准差和方差，并按照绝对值大小进行排序，同时标出原来的序列号。

11. 产生 5 个样本，每个样本包含 20 个服从均匀分布 $U(3, 4)$ 的随机数，计算它们的协方差和相关系数矩阵。

12. 实现对信号 3*sin(t)+0.1(rand(1)−0.5)的一维二阶平均值数字滤波。

13. 计算脉冲信号和单位正弦信号的卷积。

14. 对比第 12 题中滤波前后的频谱。

15. 针对函数 $y = \sin(\dfrac{x+1}{x^2+1})$　$x \in [0, 10]$，绘制其图像，并计算最大值、最小值和零点。

16. 针对第 15 题的函数，计算在 $[0, 10]$ 上的积分。

17. 计算 $\displaystyle\int_0^1 \int_0^{1-y} \mathrm{e}^{xy} \mathrm{d}x \mathrm{d}y$。

18. 通过在功能函数中使用含参函数，计算函数 $f(x) = x^2 + ax + b$ 的零点。

19. 计算微分方程 $y''' + 2y'' + y = \mathrm{e}^t \left(t \in [0, 2]\right)$ 且初始值为 0 的解。

20. 计算微分方程 $(y^2 + 1)y' = y \left(t \in [0, 2]\right)$ 且初始值为 0 的解。

第7章
数学计算

本章将着重介绍 MATLAB 在数学上的应用，包括在高等数学、线性代数、概率论、复变函数以及运筹学领域的应用。

7.1　高等数学

MATLAB 提供很多命令用于高等数学的计算，不但可以求解出定积分和普通微分方程的数字解，而且还可以绘制出其图形。

7.1.1　极限求取

MATLAB 提供通用极限运算函数 limit()，其具体用法如下。

- l=limit(F,x,inf)：返回当 x 趋于无穷大时，表达式 F 的极限。
- l=limit(F,x,a)：返回当 x 趋于 a 时，表达式 F 的极限。
- l=limit(F,a)：返回将 F 用作独立变量时，表达式 F 在 a 点的极限。
- l=limit(F)：返回 a=0 时，表达式 F 的极限。
- l=limit(F,x,a,'left')：返回当 x 趋于 a-0 时，表达式 s 的左极限。
- l=limit(F,x,a,'right')：返回当 x 趋于 a-0 时，表达式 s 的右极限。

例 7.1　分别求取函数 $\lim\limits_{x \to 0}\dfrac{\sin(x)}{x}$、$\lim\limits_{x \to 2}\dfrac{x-2}{x^2-4}$、$\lim\limits_{x \to \infty}(1+\dfrac{2t}{x})^{3x}$、$\lim\limits_{x \to 0^+}\dfrac{1}{x}$ 和 $\lim\limits_{x \to 0^-}\dfrac{1}{x}$ 的极限。

在命令窗口输入的具体代码如下。

```
syms x a t h;

limit(sin(x)/x)
limit((x-2)/(x^2-4),2)
limit((1+2*t/x)^(3*x),x,inf)
limit(1/x,x,0,'right')
limit(1/x,x,0,'left')
```

运行结果如下。

```
ans =
1
ans =
1/4
```

```
ans =
exp(6*t)
ans =
Inf
ans =
-Inf
```

7.1.2　导数求取

在 MATLAB 中，利用 diff()命令对函数求导数，其调用格式如下。

D=diff(F,x,n)，返回表达式 F 对于 x 的 n 阶导数。

例 7.2　已知 $f(x) = ax^2 + bx + c$，依次求取 $f(x)$ 的一阶、二阶和三阶导数。

在命令窗口输入的具体代码如下。

```
syms x a b c;
f=sym('a*x^2+b*x+c')
f=a*x^2+b*x+c
DIFF1=diff(f)
DIFF2=diff(f,2)
DIFF3=diff(f,3)
```

运行结果如下。

```
DIFF1 =
b + 2*a*x
DIFF2 =
2*a
DIFF3 =
0
```

7.1.3　积分求取

在 MATLAB 中，对一元函数进行数值积分的命令是 quad 和 quadl。其调用格式如下。

- Q=quad(fun,a,b,tol,trace)：采用递推自适应 Simpson 算法计算积分。
- Q=quadl(fun,a,b,tol,trace)：采用递推自适应 Lobatto 算法计算积分。

其中 fun 为被积函数，可以是字符串、内联函数、M 函数文件名称的函数句柄，并且被积函数一般使用 x 作为自变量；a 和 b 分别为被积函数的上限和下限，并且是确定的数值；tol 为标量，控制绝对误差，默认的数值精度是 10^{-6}；trace 表示当该变量的数值不是 0 时，随积分的进程逐点绘制被积函数。

例 7.3　求解积分 $\int_0^{3\pi} \sqrt{4\cos(2t)^2 + \sin(t)^2 + 1}\, dt$，具体步骤如下。

（1）新建一个 M 文件。

（2）在文本编辑器中输入如下内容。

```
t=0:0.1:3*pi;
h=plot3(sin(2*t),cos(t),t,'r');
set(h,'LineWidth',1.5)
grid on
```

（3）保存文件，文件名为"exam0703.m"。

（4）运行脚本得到如图 7-1 所示的结果

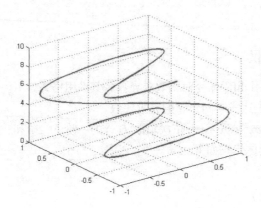

图 7-1　例 7.3 脚本运行结果

（5）新建一个 M 文件。

（6）在文本编辑器中输入如下内容。

```
function f=function0703(t)
f=sqrt(4*cos(2*t).^2)+sin(t).^2+1;
```

（7）保存文件，文件名为"function0703.m"。

（8）在命令窗口输入的具体代码如下。

```
len1=quad(@function0703,0,3*pi)
len2=quadl(@function0703,0,3*pi)
```

运行结果如下。

```
len1 =
    26.1372
len2 =
    26.1372
```

7.1.4　微分方程求解

常微分方程系统（ODE）用于处理初始值已知的一阶微分方程。下面主要讨论这种类型的微分方程，同时列举两个可以利用 ODE 系统创建稀疏线性系统方程来求解有关边界值问题的例子。

在下面的初始值问题中，有两个未知函数：$x_1(t)$ 和 $x_2(t)$，并用以下式子表达其微分形式 $\dfrac{\mathrm{d}x_i}{\mathrm{d}t} = x_i$，在许多应用中，独立变量参数 t 表示时间。

$$\begin{cases} \dot{x}_1 = f_1(x_1, x_2, t) \\ \dot{x}_2 = f_2(x_1, x_2, t) \\ x_1(t_0) = x_{1,0} \\ x_2(t_0) = x_{2,0} \end{cases}$$

高阶的 ODE 能表达成第 1 阶的 ODE 系统。

例如，有以下微分方程。

$$\begin{cases} \ddot{x} = f(x, \dot{x}, t) \\ x(t_0) = x_0 \\ \dot{x}(t_0) = xp_0 \end{cases}$$

用 x_2 替换 $\dot{x}$，用 x_1 替换 x，就能得到：

$$\begin{cases} \dot{x}_1 = x_2 \\ \dot{x}_2 = f(x_1, x_2, t) \\ x_1(t_0) = x_0 \\ x_2(t_0) = xp_0 \end{cases}$$

这是一个第 1 阶的 ODE 系统。

MATLAB 使用龙格-库塔-芬尔格方法来解 ODE 问题。在有限点内计算求解，而这些点的间距由解本身来决定。当解比较平滑时，区间内使用的点数少一些；在解变化很快时，区间内应使用较多的点。龙格-库塔-芬尔格方法的指令集如表 7-1 所示。

表 7-1   MATLAB 龙格-库塔-芬尔格方法指令集

函 数 名	功 能 描 述
[time,X]=solver(str,t,x0)	计算 ODE 或由字符串 str 给定的 ODE 的值。部分解已在向量 time 中给出。在向量 time 中给出部分解，包含的是时间值。还有部分解在矩阵 X 中给出，X 的列向量是每个方程在这些值下的解。对于标量问题，方程的解将在向量 X 中给出。这些解在时间区间 $t(1)$ 到 $t(2)$ 上计算得到，其初始值是 x0，即 $x(t(1))$。此方程组由 str 指定的 M 文件中的函数表示。这个函数需要两个参数：标量 t 和向量 x，应该返回向量 x'（即 x 的导数）。因为对于标量 ODE 来说，x 和 x' 都是标量。在 M 文件中输入 odefile 可得到更多信息。同时可以使用命令 numjac 来计算雅可比函数
[t,X]=solver(str,t,x0,val)	此方程的求解过程同上。结构 val 包含用户给 solver 的命令
ODE45	此方法被推荐为首选方法
ODE23	这是一个比 ODE45 低阶的方法
ODE113	用于计算更高阶或大的标量
ODE23t	用于解决难度适中的问题
ODE23s	用于解决难度较大的微分方程组。对于系统中存在常量矩阵的情况也有用
ODE15s	与 ODE23s 相同，但要求的精度更高
ODE23tb	用于解决难度较大的问题。对于系统中存在常量矩阵的情况也有用
set=ODEset(set1,val1,set2,val2,...)	返回结构 set，其中包含用于 ODE 求解方程的设置参数
ODEget(set,'set1')	返回结构 set 中设置 set1 的值

如果在求解过程中需要绘制出解的图形，可以输入如下代码。

```
inst=ODEset('OutputFcn','ODEplot');
```

例 7.4 求解常微分方程 $\begin{cases} \dot{x} = -x^2 \\ x(0) = 1 \end{cases}$

（1）新建一个 M 文件。

（2）在文本编辑器中输入如下内容。

```
function xprim=function0704(t,x)
xprim=-x.^2;
```

（3）保存文件，文件名为 "function0704.m"。

（4）新建一个 M 文件。

（5）在文本编辑器中键入如下内容。

```
[t,x]=ode45('function0704',[0 1],1);
plot(t,x,'-',t,x,'o');
xlabel('Time t0=0,tt=1');
ylabel('x values x(0)=1');
```

（6）保存文件，文件名为 "exam0704.m"。

运行脚本，得到如图 7-2 所示的结果：

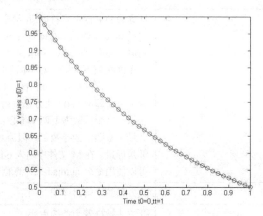

图 7-2　函数 xprim1 定义 ODE 解的图形

例 7.5 求解常微分方程 $\begin{cases} \dot{x}_1 = x_1 - 0.1x_1x_2 + 0.01t \\ \dot{x}_2 = -x_2 + 0.02x_1x_2 + 0.04t \\ x_1(0) = 30 \\ x_2(0) = 20 \end{cases}$

这个方程组应用在人口动力学中，可以认为是单一化的捕食者—被捕食者模式。例如，狐狸和兔子。$x1$ 表示被捕食者，$x2$ 表示捕食者。如果被捕食者有无限的食物，并且不会出现捕食者。于是有 $x1' = x1$，这个式子是以指数形式增长的。大量的被捕食者将会使捕食者的数量增长；同样，越来越少的捕食者会使被捕食者的数量增长，而且，人口数量也会增长。洛特卡和伏尔泰拉在 20 世纪 20 年代已对这些非线性的微分方程进行了研究。

（1）新建一个 M 文件。

（2）在文本编辑器中输入如下内容。

```
function xprim=function0705(t,x)
xprim=[x(1)-0.1*x(1)*x(2)+0.01*t;-x(2)+0.02*x(1)*x(2)+0.04*t];
```

（3）保存文件，文件名为"function0705.m"。

（4）新建一个 M 文件。

（5）在文本编辑器中输入如下内容。

```
[t,x]=ode45('xprim3',[0,20],[30;20]);
plot(t,x);
xlabel('Time t0=0,tt=20');
ylabel('x values x1(0)=30,x2(0)=20');
```

（6）保存文件，文件名为"exam0705.m"。

运行脚本，得到如图 7-3 所示的结果

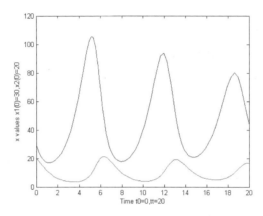

图 7-3　函数 xprim3 定义的 ODE 解图形

7.2　线性代数

线性代数是代数学的一个分支，主要处理线性关系问题。线性关系是指数学对象之间的关系是以一次形式来表达的。本节主要介绍 MATLAB 在线性代数中的一些基本应用。

7.2.1　行列式、逆和秩

表 7-2 中的命令用来计算矩阵 A 的行列式、逆和矩阵的秩。

表 7-2　　　　　　　　　　　　　　　　矩阵函数

函　数　名	功　能　描　述
det(A)	求方阵 A 的行列式
rank(A)	求 A 的秩，即 A 中线性无关的行数和列数。rank(A)求 A 的秩，即 A 中线性无关的行数和列数
inv(A)	求方阵 A 的逆矩阵。如果 A 是奇异矩阵或者近似奇异矩阵，则会给出一个错误信息

函 数 名	功 能 描 述
pinv(A)	求矩阵 A 的伪逆。如果 A 是 $m \times n$ 的矩阵，则伪逆的大小为 $n \times m$。对于非奇矩阵 A 来说，有 pinv(A)=inv(A)
trace(A)	求矩阵 A 的迹，也就是对角线元素之和

例 7.6 求解矩阵 $A = \begin{pmatrix} 1 & 3 \\ 2 & 4 \end{pmatrix}$ 的行列式、秩和逆矩阵。

（1）新建一个 M 文件。

（2）在文本编辑器中键入如下内容。

```
A=[1 3;2 4];
DET=det(A)          %求 A 的行列式
RANK=rank(A)        %求 A 的秩
INV=inv(A)          %求 A 的逆矩阵
```

（3）保存文件，文件名为 "exam0706.m" 。

运行脚本后可得到如下结果。

```
DET =
   -2
RANK =
    2
INV =
  -2.0000   1.5000
   1.0000  -0.5000
```

例 7.7 求解矩阵 $A = \begin{pmatrix} 1 & 3 & 2 \\ 2 & 7 & 6 \end{pmatrix}$ 的秩和伪逆矩阵。

（1）新建一个 M 文件。

（2）在文本编辑器中键入如下内容。

```
A=[1 3 2;2 7 6];
RANK=rank(A)        %求 A 的秩
PINV=pinv(A)        %求 A 的伪逆矩阵
```

（3）保存文件，文件名为 "exam0707.m"。

运行脚本后可得到如下结果。

```
RANK =
    2
PINV =
    0.9048  -0.3333
    1.0476  -0.3333
   -1.5238   0.6667
```

7.2.2　矩阵分解

矩阵分解主要是指将一个矩阵分解为几个比较简单的矩阵连乘的形式。无论是在理论上，还是在工程应用上，矩阵分解都是十分重要的。下面主要探讨 MATLAB 在 Choleskey 分解和 LU 分解上的应用。

1. Cholesky 分解

Cholesky 分解是把一个对称正定矩阵 A 分解为一个上三角矩阵 R 和其转置矩阵的乘积，其对应的表达式为：$A = R'R$。从理论的角度来看，并不是所有的对称矩阵都可以进行 Cholesky 分解，要求矩阵必须是正定的。

MATLAB 提供 chol()函数实现 Cholesky 分解，其具体用法如下。

● R=chol(X)：X 为对称的正定矩阵，R 为上三角矩阵，使得 $X = R'R$。

● [R,p]=chol(X)：X 是正定矩阵时，返回的矩阵 R 是上三角矩阵，而且满足等式 $X = R'R$，同时返回参数 p=0；X 不是正定矩阵时，返回的参数 p 是正整数，R 是三角矩阵，且矩阵阶数是 p-1，并且满足等式 $X(1:p-1,1:p-1) = R'R$。

例 7.8 将对称正定矩阵 $X = \begin{bmatrix} 1 & 1 & 1 & 1 & 1 \\ 1 & 2 & 3 & 4 & 5 \\ 1 & 3 & 6 & 10 & 15 \\ 1 & 4 & 10 & 12 & 35 \\ 1 & 5 & 15 & 35 & 70 \end{bmatrix}$ 进行 Cholesky 分解。

（1）新建一个 M 文件。

（2）在文本编辑器中输入如下内容。

```
X=[1 1 1 1 1;1 2 3 4 5;1 3 6 10 15;1 4 10 12 35;1 5 15 35 70];
R=chol(X)
C=transpose(R)*R
```

（3）保存文件，文件名为 "exam0708.m"；

运行脚本后可得到如下结果。

```
X =
     1     1     1     1     1
     1     2     3     4     5
     1     3     6    10    15
     1     4    10    20    35
     1     5    15    35    70
R =
     1     1     1     1     1
     0     1     2     3     4
     0     0     1     3     6
     0     0     0     1     4
     0     0     0     0     1
C =
     1     1     1     1     1
     1     2     3     4     5
     1     3     6    10    15
     1     4    10    20    35
     1     5    15    35    70
```

从上面的结果中可以看出，R 是上三角矩阵，同时满足等式 $C = R^T R = X$，表明上面的 Cholesky 分解过程成功。

2. LU 分解

LU 分解又称为高斯消去法，它可以将任意一个方阵 A 分解为一个"心理"下三角矩阵 L 和一个上三角矩阵 U 的乘积，即 $A = LU$。其中，"心理"下三角矩阵的定义为下三角矩阵和置换矩阵的乘积。

MATLAB 提供 LU 分解函数 lu()，其具体用法如下。

- [L,U]=lu(x)：X 是任意方阵，L 是"心理"下三角矩阵，U 是上三角矩阵。
- [L,U,P]=lu(X)：X 是任意方阵，L 是"心理"下三角矩阵，U 是上三角矩阵，P 是置换矩阵，满足的条件式为 $PX = LU$。
- Y=lu(X)：其中 X 是任意方阵，把上三角矩阵和下三角矩阵合并在矩阵 Y 中给出，满足等式为 $Y = L + U - I$，该命令将损失置换矩阵 P 的信息。

例 7.9 对矩阵 $A = \begin{bmatrix} -1 & 8 & -5 \\ 9 & -1 & 2 \\ 2 & -5 & 7 \end{bmatrix}$ 进行 LU 分解。

（1）新建一个 M 文件。

（2）在文本编辑器中输入如下内容。

```
A=[-1 8 -5;9 -1 2;2 -5 7];
[L1,U1]=lu(A)
A1=L1*U1
x=inv(A)
x1=inv(U1)*(L1)
d=det(A)
d1=det(L1)*det(U1)
```

（3）保存文件，文件名为"exam0709.m"。

运行脚本可得到如下结果。

```
L1 =
   -0.1111    1.0000         0
    1.0000         0         0
    0.2222   -0.6056    1.0000
U1 =
    9.0000   -1.0000    2.0000
         0    7.8889   -4.7778
         0         0    3.6620
A1 =
   -1     8    -5
    9    -1     2
    2    -5     7
x =
   -0.0115    0.1192   -0.0423
    0.2269   -0.0115    0.1654
    0.1654   -0.0423    0.2731
x1 =
   -0.0077    0.1367   -0.0423
    0.1635   -0.1002    0.1654
    0.0607   -0.1654    0.2731
d =
  -260
d1 =
  -260
```

从上面的结果可以看出，方阵的 LU 分解满足下面的等式条件。

$$A = LU \ 、 \ U^{-1}L^{-1} = A^{-1} \text{和} \det(A) = \det(L)\det(U)$$

（4）使用 3 个输出变量的命令形式。在上一步建立的 M 文件中输入如下内容。

```
[L,U,P]=lu(A)
Lp=P*L
Ap=L*U
Pa=P*A
```

运行结果如下。

```
L =
    1.0000         0         0
   -0.1111    1.0000         0
    0.2222   -0.6056    1.0000
U =
    9.0000   -1.0000    2.0000
         0    7.8889   -4.7778
         0         0    3.6620
P =
    0    1    0
    1    0    0
    0    0    1
Lp =
   -0.1111    1.0000         0
    1.0000         0         0
    0.2222   -0.6056    1.0000
Ap =
    9   -1    2
   -1    8   -5
    2   -5    7
Pa =
    9   -1    2
   -1    8   -5
    2   -5    7
```

从上面的结果可以看出，使用 3 个输出变量的命令满足等式关系 $PA = LU$ 和 $PL = L'$，L' 表示使用两个输出变量求解的 LU 分解矩阵结果。

（5）使用 LU 分解来求解线性方程组。在上一步建立的 M 文件中输入下面的命令。

```
b=[2;3;5];
xb=A\b
y1=L\b;
xb1=U\y1
y2=Ll\b;
xb2=Ul\yl
```

运行结果如下。

```
xb =
    0.1231
    1.2462
    1.5692
xb1 =
   -0.0077
    1.4846
    1.7769
xb2 =
   -0.0077
    1.4846
1.7769
```

7.3 概率统计

概率论与数理统计需要大量的数值计算，MATLAB 具有优秀的数值计算能力和卓越的数据可视化能力，MATLAB 为概率统计的数值计算提供了良好的基础。本节主要探讨 MATLAB 在概率统计方面的应用。

7.3.1 概率计算

1. 直接利用工具箱中提供的函数计算概率 $P\{X \leq x\}$ 或 $P\{X = x\}$

- MATLAB 提供通用函数 pdf()计算概率 $P\{X = x\}$。
- MATLAB 提供通用函数 cdf()计算概率 $P\{X \leq x\}$。

例 7.10 随机变量 $X \sim N(0,1)$，求概率 $P\{X \leq 0.4\}$

在命令窗口输入的具体代码如下。

```
cdf('norm',0.4,0,1)
```

运行结果如下。

```
ans =
    0.6554
```

例 7.11 随机变量 $X \sim b(16,0.3)$，求概率 $P\{X < 5\}$。

在命令窗口输入的具体代码如下。

```
cdf('bino',5,16,0.3)-pdf('bino',5,16,0.3)
```

运行结果如下。

```
ans =
    0.4499
```

2. 利用专用函数计算概率 $P\{X \leq x\}$ 或 $P\{X = x\}$。

例 7.12 随机变量 $X \sim N(0,1)$，求概率 $P\{X \leq 0.4\}$。

在命令窗口输入的具体代码如下。

```
normcdf(0.4,0,1)
```

运行结果如下。

```
ans =
    0.6554
```

例 7.13 随机变量 $X \sim b(16,0.3)$，求概率 $P\{X < 5\}$。

在命令窗口输入的具体代码如下。

```
binocdf(5,16,0.3)-binopdf(5,16,0.3)
```
运行结果如下。

```
ans =
    0.4499
```

例 7.14 随机变量 $X \sim N(3,2^2)$，求概率 $P\{2 < x \leq 5\}$，$P\{|x| > 2\}$ 和 $P\{X > 3\}$。

在命令窗口输入的具体代码如下。

```
p1 = normcdf(5,3,2)-normcdf(2,3,2)
p2 = 1-(normcdf(2,3,2)-normcdf(-2,3,2))
p3 = 1-normcdf(3,3,2)
```

运行结果如下。

```
p1 =
    0.5328
p2 =
    0.6977
p3 =
    0.5000
```

3．自定义函数计算概率 $P\{X \le x\}$ 或 $P\{X = x\}$

对于不是常用的随机变量，无法直接使用通用函数 cdf 或专用函数来计算。MATLAB 提供积分函数 quad()、quadl()，其具体用法如下面的例子所示。

例 7.15 随机变量 X 的这概率密度为 $f(x) = \begin{cases} \dfrac{1}{\pi\sqrt{1-x^2}}, |x|<1 \\ 0, 其他 \end{cases}$，求概率 $P\{X \le 0.5\}$。

经过分析：$P\{X \le 0.5\} = \displaystyle\int_{-\infty}^{0.5} f(x)\mathrm{d}x = \int_{-1}^{0.5} \dfrac{1}{\pi\sqrt{1-x^2}}\mathrm{d}x$

（1）新建一个 M 文件。

（2）在文本编辑器中键入如下内容。

```
function y=function0715(x)
if abs(x)<1
    y=1./(pi*sqrt(1-x.^2));
else
    y=0;
end
```

（3）保存文件，文件名为"function0715.m"。

（4）在命令窗口键入如下内容。

```
p=quad('fun0715',-0.999999,0.5)
```

运行结果如下。

```
p =
    0.6662
```

7.3.2 数学期望与方差

设 X 是随机变量，计算数学期望 $E(X)$ 和方差 $D(X)$。

1．常用的随机变量

例 7.16 随机变量 $X(-1,3)$ 服从均匀分布，求解其数学期望与方差。

在命令窗口输入的具体代码如下。

```
[m,v] = unifstat(-1,3)
```

运行结果如下。

```
m =
    1
v =
  1.3333
```

其中，*m* 为数学期望，*v* 为方差。

2. 离散型随机变量

例 7.17 *X* 是离散型随机变量，求解其数学期望和方差。其概率分布如下。

X	-1	0	1	2
p_k	1/4	1/8	1/3	7/24

（1）新建一个 M 文件。

（2）在文本编辑器中输入如下内容。

```
x=[-1 0 1 2];
p=[1/4 1/8 1/3 7/24];
EX=sum(x.*p)                 %求数学期望值 E(X)
y=x.*x;
EY=sum(y.*p)                 %求数学期望值 E(X2)
DX=EY-EX^2                   %求方差值 D(X)=E(X2)-[E(X)]2
```

（3）保存文件，文件名为"script1.m"。

运行脚本后可得到如下结果。

```
EX =
    0.6667
EY =
    1.7500
DX =
    1.3056
```

7.4 复变函数

复变函数中涉及许多复杂的数值计算问题，对其手工求解较为复杂。MATLAB 语言是处理非线性问题的很好工具，既能进行数值求解，又能绘制有关曲线，非常方便实用。本节主要介绍 MATLAB 在复变函数上的应用。

7.4.1 复数和复数矩阵

复数可由 $z = a + b*i$ 语句生成，也可简写成 $z = a + bi$。另一种生成复数的语句是 $z = r*\exp(i*theta)$，也可简写成 $z = r*\exp(thetai)$，其中 *theta* 为复数辐角的弧度，*r* 为复数的模。

结合复数生成的 4 种形式，创建一个 2×2 的复数矩阵，在命令窗口输入的具体代码如下。

```
A=[3+5*i,-2+3i;9*exp(i*6),23*exp(33i)]
```

运行结果如下。

```
A =
   3.0000 + 5.0000i  -2.0000 + 3.0000i
   8.6415 - 2.5147i  -0.3054 +22.9980i
```

7.4.2 复数的运算

1．复数的实部和虚部

MATLAB 提供函数 real()和 imag()分别提取复数的实部和虚部，其具体使用方法如下。

- real(x)：返回复数 x 的实部。
- imag(x)：返回复数 x 的虚部。

2．共轭复数

MATLAB 提供函数 conj()，求取复数的共轭复数，其具体用法如下。

conj(x)：返回复数 x 的共轭复数。

3．复数的模和辐角

MATLAB 提供函数 abs()和函数 angle()，分别求取复数的模和辐角，其具体用法如下。

- abs(x)：返回复数 x 的模。
- angle(x)：返回复数 x 的辐角。

4．复数的乘除法

复数的乘除法运算由"*"和"/"实现，下面举例演示复数的乘除法运算。

例 7.18　复数的乘除法运算。

在命令窗口输入的具体代码如下。

```
x1=4*exp(pi/3i)
x2=3*exp(pi/5i)
x3=3*exp(pi/5*i)
y1=x1*x2
y2=y1/x2
y3=x1/x3
```

运行结果如下。

```
x1 =
   2.0000 - 3.4641i
x2 =
   2.4271 - 1.7634i
x3 =
   2.4271 + 1.7634i
y1 =
  -1.2543 -11.9343i
y2 =
   2.0000 - 3.4641i
y3 =
  -0.1394 - 1.3260i
```

5．复数的平方根

MATLAB 提供求取复数平方根的函数 sqrt()，其具体用法如下。

sqrt(x)：返回复数 x 的平方根。

在命令窗口输入的具体代码如下。

```
sqrt(1+i)
```

运行结果如下。

```
ans =
   1.0987 + 0.4551i
```

6. 复数的幂运算

MATLAB 提供求取复数幂的运算形式为 $x \wedge n$ ，结果返回复数 x 的 n 次幂。

在命令窗口输入的具体代码如下。

```
(1+i)^2
```

运算结果如下。

```
ans =
      0 + 2.0000i
```

7. 复数的指数和对数运算

MATLAB 提供求取复数的指数和对数运算的函数 exp()和 log()，其具体用法如下。

- exp(x)：返回复数 x 的以 e 为底的指数值。
- log(x)：返回复数 x 的以 e 为底的对数值。

在命令窗口输入的具体代码如下。

```
x=1+i;
y1=exp(x)
y2=log(x)
y3=exp(y2)
y4=log(y1)
```

运算结果如下。

```
y1 =
   1.4687 + 2.2874i
y2 =
   0.3466 + 0.7854i
y3 =
   1.0000 + 1.0000i
y4 =
1.0000 + 1.0000i
```

8. 复数的三角函数运算

复数的三角函数如表 7-3 所示。

表 7-3 复数三角函数

函 数 名	功 能 描 述	函 数 名	功 能 描 述
$\sin(x)$	返回复数 x 的正弦函数值	$a\sin(x)$	返回复数 x 的反正弦值
$\cos(x)$	返回复数 x 的余弦函数值	$a\cos(x)$	返回复数 x 的反余弦值
$\tan(x)$	返回复数 x 的正切函数值	$a\tan(x)$	返回复数 x 的反正切值
$\cot(x)$	返回复数 x 的余切函数值	$a\cot(x)$	返回复数 x 的反余切值
$\sec(x)$	返回复数 x 的正割函数值	$a\sec(x)$	返回复数 x 的反正割值
$\csc(x)$	返回复数 x 的余割函数值	$a\csc(x)$	返回复数 x 的反余割值
$\sinh(x)$	返回复数 x 的双曲正弦值	$\coth(x)$	返回复数 x 的双曲余切值
$\cosh(x)$	返回复数 x 的双曲余弦值	$\sec h(x)$	返回复数 x 的双曲正割值
$\tanh(x)$	返回复数 x 的双曲正切值	$\csc h(x)$	返回复数 x 的双曲余割值

9. 复数方程求根

MATLAB 提供求解复数方程根和实方程复数根的函数 solve()，其具体用法如例 7.19 所示。

例 7.19　求方程 $x^3+8=0$ 所有的根。

在命令窗口输入的具体代码如下。

```
solve('x^3+8=0')
```

运行结果如下。

```
ans =
          -2
3^(1/2)*i + 1
1 - 3^(1/2)*i
```

7.4.3　泰勒级数展开

泰勒级数展开在复变函数中有很重要的地位，如分析复变函数的解析性等。函数 $f(x)$ 在 $x=x_0$ 点的泰勒级数展开为：

$$f(x)=x_0+f(x_0)(x-x_0)+\frac{f'(x_0)(x-x_0)^2}{2!}+\cdots+\frac{f^{(n)}(x_0)(x-x_0)^n}{n!}+O((x-x_0)^n)$$

MATLAB 提供求取泰勒展开式的函数 taylor()，其具体用法如下。

- taylor(f)：返回 f 函数在 0 点的五次幂多项式近似。
- taylor(f,x)：返回 f 函数在 x=0 点附近的五次幂多项式近似，x 可以是向量。
- taylor(f,x,a)：返回 f 函数在 x=a 点附近的五次幂多项式近似，x 可以是向量。

例 7.20　求函数 $\frac{1}{z^2}$，$z_0=-1$、$\tan(z)$，$z_0=\pi/4$ 在指定点的泰勒开展式。

在命令窗口输入的具体代码如下。

```
syms x;
f1=1/x^2;                    %题目 1 方程 MATLAB 语言描述
f2=tan(x);                   %题目 2 方程 MATLAB 语言描述
taylor(f1,x,-1)
taylor(f2,x,pi/4)
```

运行结果如下。

```
ans =
2*x + 3*(x + 1)^2 + 4*(x + 1)^3 + 5*(x + 1)^4 + 6*(x + 1)^5 + 3
ans =
2*x - pi/2 + 2*(pi/4 - x)^2 - (8*(pi/4 - x)^3)/3 + (10*(pi/4 - x)^4)/3 - (64*(pi/4 - x)^5)/15 + 1
```

7.4.4　拉普拉斯变换及逆变换

1. 拉普拉斯变换

MATLAB 提供拉普拉斯（Laplace）变换函数 laplace()，其具体用法如下。

- L=laplace(F)：返回以默认的 t 为独立变量的函数 F 的 Laplace 变换。函数 laplace 默认的返回值为 s 函数。如果 F=F(s)，则 laplace 函数返回 z 的函数 L=L(z)。根据定义，L(s)=int(F(t)*exp(-s*t),t,0,inf)。

- L=laplace(F,z)：返回以 z 代替 s 的方程。laplace(F,z)等价于 L(z)=int(F(t)*exp(-z*t),t,0,inf)。
- L=laplace(F,w,u)：返回以 u 代替 s 的方程（相对于 w 的积分）。laplace(F,w,u)等价于 L(u)=int(F(w)*exp(-u*w),w,0,inf)。

例 7.21 求函数 t^5、e^{as} 和 $\sin(\omega x)$ 的拉普拉斯变换。

在命令窗口输入的具体代码如下。

```
syms a s t w x
laplace(t^5)
laplace(exp(a*s))
laplace(sin(w*x),t)
```

运行结果如下。

```
ans =
120/s^6
ans =
-1/(a - t)
ans =
w/(t^2 + w^2)
```

2. 拉普拉斯逆变换

MATLAB 提供拉普拉斯逆变换函数 ilaplace()，其具体用法如下。

- F=ilaplace(L)：返回以默认的 s 为独立变量的函数 L 的拉普拉斯逆变换。默认返回 t 的函数。如果 L=L(t)，那么 ilaplace 变换返回 x 的方程 F=F(x)。按照定义，F(t)=int(L(s)*exp(s*t),s,c-i*inf,c+i*inf)，其中 c 为选定的实数，使得 L(s)的所有奇点都在直线 s=c 的左侧。
- F=ilaplace(L,y)：返回以 y 代替默认的 t 的函数，ilaplace(L,y)等价于 F(y)=int(L(y)*exp(s*y),s,c-i*inf,c+i*inf)，其中，y 是数量符号。
- F=ilaplace(L,y,x)：返回以 y 代替默认的 t 的函数，ilaplace(L,y,x)等价于 F(y)=int(L(y)*exp(x*y),y,c-i*inf,c+i*inf)，对 y 去积分。

例 7.22 求函数 $\dfrac{1}{s-1}$、$\dfrac{1}{t^2+1}$ 和 $\dfrac{y}{y^2+\omega^2}$ 的拉普拉斯逆变换。

在命令窗口输入的具体代码如下。

```
syms s t x y
ilaplace(1/(s-1))
ilaplace(1/(t^2+1))
ilaplace(y/(y^2 + w^2),y,x)
```

运行结果如下。

```
ans =
exp(t)
ans =
```

```
sin(x)
ans =
cos(w*x)
```

7.4.5　傅里叶变换及逆变换

1. 傅里叶变换

MATLAB 提供傅里叶（Fourier）变换函数 fourier()，其具体用法如下。

- F=fourier(f)：返回以默认的 t 为独立变量的符号函数 f 的 Fourier 变换，默认的返回值是 w 的函数。如果 $f=f(w)$，则 fourier 函数的返回值为方程 v：F=F(v)。按照定义，F(w)=int(f(x)*exp(-i*w*x), x,-inf,inf)，此处为对 x 的积分。

- F=fourier(f,v)：返回以 v 代替默认的 w 的函数，fourier(f,v) 等价于 F(v)=int(f(x)*exp(-i*v*x), x,-inf,inf)。

- F=fourier(f,u,v)：返回以 u 代替默认的 x 的函数，且对 u 积分。fourier(f,u,v) 等价于 F(v)=int(f(u)*exp(-i*v*u),u,-inf,inf)。

例 7.23　求函数 $\dfrac{1}{t}$ 和 e^{-x^2} 的傅里叶变换。

在命令窗口输入的具体代码如下。

```
syms t x
fourier(1/t)
fourier(exp(-x^2),x,t)
```

运行结果如下。

```
ans =
pi*(2*heaviside(-w) - 1)*i
ans =
pi^(1/2)/exp(t^2/4)
```

2. 傅里叶逆变换

MATLAB 提供傅里叶逆变换函数 ifourier()，其具体用法如下。

- f=ifourier(F)：返回以默认的 w 为独立变量的符号函数 F 的 Fourier 逆变换，默认的返回值是 x 的函数。傅里叶逆变换应用于 w 的函数，且返回值为 x 的函数：F=F(w)=>f=f(x)。如果 F=F(x)，那么 ifourier 函数的返回值为 t 的函数：f=f(t)。按照定义，f(x)=1/(2*pi) * int(F(w)*exp(i*w*x),w, -inf,inf)，且对 w 积分。

- f=ifourier(F,u)：返回以 u 代替默认的 x 的函数，ifourier(F,u) 等价于(u)=1/(2*pi)*int(F(w)*exp (i*w*u,w,-inf,inf)，其中，u 是数值符号。

- f=ifourier(F,v,u)：返回以 v 代替 w 的 Fourier 逆变换，ifourier(F,v,u)等价于 f(u)=1/(2*pi)*int (F(v)*exp(i*v*u,v,-inf,inf)，且对 v 积分。

例 7.24　求函数 $\dfrac{1}{1+\omega^2}$ 和 $\dfrac{v}{1+\omega^2}$ 的傅里叶变换。

在命令窗口输入的具体代码如下。

```
syms v w u
```

```
ifourier(1/(1 + w^2),u)
ifourier(v/(1 + w^2),v,u)
```

运行结果如下。

```
ans =
((pi*heaviside(u))/exp(u) + pi*heaviside(-u)*exp(u))/(2*pi)
ans =
(dirac(-u, 1)*i)/(w^2 + 1)
```

7.5 运筹学

运筹学是利用现代数学研究各种广义资源的运用、筹划与相关决策等问题的一门新兴学科。其目的是根据问题的要求，通过分析与运算，做出综合性的合理安排，使有限资源发挥更大效益。其中，线性规划是运筹学中的经典问题。本节主要探讨线性规划单纯形法及其解的 4 种情况在 MATLAB 中的实现过程。

7.5.1 单纯形法的算法原理

用单纯形法求解线性规划时，会出现线性规划模型解的 4 种情况：唯一最优解、无穷多最优解、无界解、无可行解。当非基变量检验数全部小于或等于 0 时，可以判断取得了最优解，其中若非基变量检验数全部小于 0，则可以判断为唯一最优解，此时若有非基变量检验数等于 0，则可以判断为无穷多最优解；当非基变量检验数大于 0 时，说明没有达到最优，需要继续换基迭代寻找最优解，此时若发现进基变量对应的列向量各元素小于或等于 0，则可判断为无界解。无可行解的情况出现在添加人工变量后的大 M 法中，若求解出人工变量不为 0，则说明原线性规划模型无可行解。

7.5.2 单纯形法的算法步骤

用单纯形法求解线性规划问题 $max\, z = cX, s.t.\, AX = b, and, X \geqslant 0$ 的步骤如下。

（1）确定初始基变量矩阵 B，求解方程。

（2）令 $x_N = 0$，计算 $z = c_B x_B$，其中 x_B 和 x_N 分别代表基变量和非基变量的值，c_B 表示基变量在目标函数中的系数。

（3）求解方程 $w_B = c_B$，对于所有非基变量计算判别数 $c_j - z_j = c_j - w p_j$，其中 p_j 为非基变量在约束系数矩阵中相对应的列，令 $c_k - z_k = \max(c_j - z_j)$，如果 $c_k - z_k < 0$，则停止计算，输出无穷多最优解；否则转步骤（4）。

（4）求解方程 $By_k = p_k$，若 y_k 的每个分量均不大于 0，则问题不存在最优解，为无界解，否则转步骤（5）。

（5）令 $\dfrac{b_s}{y_{sk}} = \min(\dfrac{b_i}{y_{ik}}\quad y_{ik} > 0)$，其中 $b = x_B$，用 p_k 替换 p_B，得到新的基变量矩阵 B 再转步骤（2）计算。

7.5.3 单纯形法的 MATLAB 实现

根据单纯形法的计算步骤，编写的 MATLAB 程序如表 7-4 所示。

表 7-4   单纯形法的 MATLAB 程序

程 序	功 能 描 述
| ```
function step=simpmethed(c,A,N)
l=length(N);
CB=c(N(1):N(l));
[m,n]=size(A);
b=A(:,n);A=A(:,1:n-1);
``` | 定义函数名称为 simpmethed，其中参数包括目标函数系数（$C$）和约束条件的系数矩阵（$A$），其中 $A$ 的最后一列为约束条件的右端值 $b$ 和初始基向量的位置（$N$） |
| ```
sigma=c-CB*A;
display('初始单纯形表为: ');
table=[nan,nan,nan,c;CB',N',b,A;nan,nan,nan,
sigma]
pause;
opt=1;step=0;
``` | 计算检验数 sigma。<br>输出初始的单纯形表，并使程序暂停（pause），将该结果向学生讲解完毕后，按任意键继续 |
| ```
while opt
step=step+1;
``` | 定义循环，直到第"step"步找到最优解（opt=0） |
| ```
if sum(sigma>0)==0
display('没有得到最优解，继续迭代.');
opt=0;
else
``` | 利用检验数判断是否得到最优解，并给出提示 |
| ```
inb=find(sigma==max(sigma));
num=length(inb)
Inb=inb(num)
``` | 利用单纯形方法找到入基变量的位置，注: 符合入基条件的变量个数可能并不唯一，如果出现多个，则取最后出现的符合入基条件的变量为"入基"变量 |
| ```
flag=0;
for i=1:m
if A(i,inb)>0
theta(i)=b(i)/A(i,inb);
else
theta(i)=inf;
end
end
outb=find(theta==min(theta));
``` | 利用单纯形方法找出出基变量的位置，注: 符合"出基"条件的变量个数可能并不唯一，如有多个，则该情形称为退化 |
| ```
num=length(outb);
if num~=1
display('出现退化情况.');
end
outb=outb(num);
``` | 判断是否出现退化现象，如出现退化，则给出语言提示，并取最后出现的符合出基条件的变量为出基变量 |
| ```
for i=1:m
for j=1:n-1
if i==outb
Anew(i,j)=A(outb,j)/A(outb,inb);
bnew(i)=b(outb)/A(outb,inb);
else
Anew(i,j)=A(i,j)-A(outb,j)/A(outb,inb)*A(i,
inb);
bnew(i)=b(i)-b(outb)/A(outb,inb)*A(i,inb);
end
end
end
``` | 将单纯形表进行"转轴"运算，得到新的单纯形表 |
| ```
display('主元素为: '),a=[A(outb,inb),outb,inb]
A=Anew;b=bnew;
N(outb)=inb;
for i=1:l
CB(i)=c(N(i));
``` | |
```

程　序	功 能 描 述
end sigma=c-CB*A; end	输出主元素，（此处 a 为三维向量，其中第一个元素为主元素，后面两个元素为主元素的位置，即所在行和列）计算新单纯形表的检验数
display('迭代得到的单纯形表为：'); table=[nan,nan,nan,c;CB',N',b',A;nan,nan,nan, sigma] pause end display('得到最优解。');	输出得到的新单纯形表，并给出提示语句

习　题

1. 用不同的方法来计算下列积分。

$$\int_0^1 e^{x^3} dx$$

2. 求解下面的常微分方程。

$$\begin{cases} x' = -x^2 + 2x \\ x(0) = -2 \end{cases}$$

3. 对下列矩阵求秩、行列式和逆。

$$A1 = \begin{pmatrix} 1 & 6 \\ 2 & 4 \end{pmatrix} \quad A2 = \begin{pmatrix} 1 & 3 \\ 2 & 5 \end{pmatrix} \quad A3 = \begin{pmatrix} 1 & 3 & 2 \\ 2 & 3 & 6 \end{pmatrix}$$

4. 设随机变量 $X \sim N(0,2)$，求概率 $P\{X \leq 0.5\}$。

5. 设随机变量 $X(-2,4)$ 服从均匀分布，求解其数学期望与方差。

6. 任意生成一个 3×3 的复数矩阵。

7. 求下列函数在指定点的泰勒开展式。

$$(1) \ \frac{1}{z}, \ z_0 = -2 \quad (2) \ \cot(z), \ z_0 = \pi/4$$

8. 求解 $\dfrac{20}{s^6}$ 的拉普拉斯变换以及 $\sin(x)$ 的拉普拉斯逆变换。

9. 求解 $e^{-\frac{x}{2}}$ 的傅里叶变换。

第8章
控制领域

本章着重介绍 MATLAB 在控制方面的一些应用，包括自动控制、线性控制和智能控制。

8.1　自动控制领域

所谓自动控制，就是采用控制装置使被控对象（如机器设备的运行或生产过程的进行）自动按照给定的规律运行，使被控对象的一个或数个物理量（如电压、电流、速度、位置、温度、流量、浓度、化学成分等）能够在一定的精度范围内按照给定的规律变化。

为达到某一目的，由相互制约的各个部分按一定规律组织成的、具有一定功能的整体，称为系统，它一般由控制器和被控对象所组成。

开环控制是一种最简单的控制方式，其特点是在控制器和被控对象之间只有正向控制作用，而没有反馈控制作用，即系统的输出量对控制量没有影响。开环控制系统结构图如图 8-1 所示。

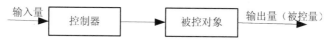

图 8-1　开环控制系统结构图

对于开环系统，只要被控对象稳定，系统就能稳定地工作。但是，在实际控制系统中，扰动是不可避免的。为了克服开环控制系统的缺陷，提高系统的控制精度以及在扰动作用下系统的性能，人们在控制系统中将被控量反馈到系统输入端，对控制作用产生影响，这就构成了闭环控制系统。

虽然闭环控制系统根据被控对象和具体用途的不同，可以有各种各样的结构形式，但是究其工作原理来说，闭环控制系统是由给定装置、比较元件、校正装置、放大元件、执行机构、检测元件和被控对象组成的，其典型结构图如图 8-2 所示。图 8-2 中的每一个方块，代表一个具有特定功能的装置或元件。

8.1.1　控制系统的数学模型

在对控制系统进行分析和设计时，首先要建立系统的数学模型。在自动控制原理中，数学模型有多种形式。时域中常用的数学模型有微分方程、差分方程和状态空间模型；频域中有传递函数、方块图和频率特性。对于线性系统，可以利用拉普拉斯变换和傅里叶变换，将时域模型转换为频域模型。基于本书主要介绍 MATLAB 的使用这一特点，在此不详细介绍数学模型的原理，而主要介绍传递函数及其在 MATLAB 的使用方法。

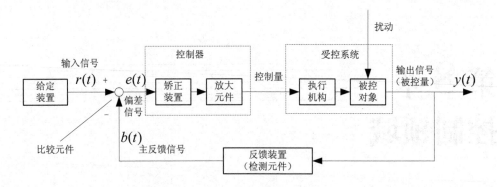

图 8-2　闭环控制系统典型结构图

传递函数的定义为：在零初始条件下，系统输出量的拉普拉斯变换与输入量的拉普拉斯变换之比。下面主要介绍典型环节的传递函数在 MATLAB 中的表示。

1. 比例环节（又称放大环节）

比例环节的输出量与输入量成比例关系，即 $y(t) = Kr(t)$，其传递函数为 $G(s) = \dfrac{Y(s)}{R(s)} = K$。

比例环节在 MATLAB 中用 Simulink 模块库中的 Gain 模块来实现。

比例环节在 MATLAB 中的应用方法为：打开 MATLAB，在命令窗口输入 Simulink，打开如图 8-3 所示的界面。在左侧的库目录树中选择【Simulink】|【Commonly Used Blocks】|【Gain】，即，将其拖动到新建的 Simulink 文件中使用。

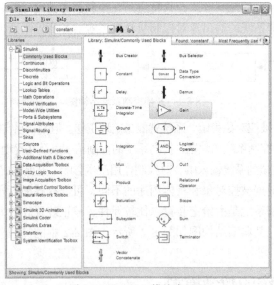

图 8-3　Simulink 模块库界面

2. 惯性环节

惯性环节的微分方程为 $T\dfrac{\mathrm{d}y(t)}{\mathrm{d}t} + y(t) = Kr(t)$，式中 T 为时间常数，K 为惯性环节的增益。其传递函数为 $G(s) = \dfrac{Y(s)}{R(s)} = \dfrac{K}{Ts+1}$，当输入信号 $r(t) = 1(t)$ 时，不难求出其输出相应为 $y(t) = K(1 - \mathrm{e}^{-t/T})$。

惯性环节在 MATLAB 中的应用方法为：打开 MATLAB，在命令窗口输入 Simulink，打开如图 8-3 所示的界面。在左侧的库目录树中选择【Simulink】|【Continuous】|【Transfer Fcn】，即 $\boxed{\frac{1}{s+1}}$，将其拖动到新建的 Simulink 文件中使用。

3. 积分环节

积分环节的微分方程为 $y(t) = \dfrac{1}{T}\int_0^t r(\tau)\mathrm{d}\tau$，其传递函数为 $G(s) = \dfrac{1}{Ts} = \dfrac{K}{s}$，式中，$T$ 称为积分时间常数，K 称为积分环节增益。

积分环节在 MATLAB 中的应用方法为：打开 MATLAB，在命令窗口输入 Simulink，打开如图 8-3 所示的界面。在左侧的库目录树中选择【Simulink】|【Continuous】|【Integrator】，即 $\boxed{\frac{1}{s}}$，将其拖动到新建的 Simulink 文件中使用。

4. 微分环节

理想的纯微分环节的微分方程为 $y(t) = \tau\dfrac{\mathrm{d}r(t)}{\mathrm{d}t}$，其传递函数为 $G(s) = \tau s$。式中，τ 为微分时间常数。当 $r(t) = 1(t)$ 时，可知 $y(t) = \tau \cdot \delta(t)$，它是一个幅值为无穷大，而时间宽度为 0 的理想脉冲信号。

理想的一阶和二阶微分环节的传递函数分别为 $G(s) = 1 + \tau s$ 和 $G(s) = 1 + 2\zeta\tau s + \tau^2 s^2$。

在实际物理系统中，上述这些理想的微分环节是不存在的。实际的微分环节可由图 8-4 所示的 RC 电路得到，图 8-4（a）的 RC 电路的传递函数为 $G(s) = \dfrac{RCs}{RCs+1}$，当 RC<<1 时，$G(s) \approx RCs$。

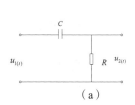
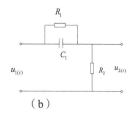

图 8-4　实际微分环节

图 8-4（b）的 RC 电路的传递函数为 $G(s) = \dfrac{K(\tau_1 s + 1)}{\tau_2 s + 1}$。式中，$K = \dfrac{R_2}{R_1 + R_2}$ 为 RC 电路增益，$\tau_1 = R_1 C_1$ 和 $\tau_2 = \dfrac{R_1 R_2}{R_1 + R_2}C_1$ 为时间常数。当 $\tau_2 <<1$ 时，有 $G(s) = K(\tau_1 + 1)$。

微分环节在 MATLAB 中的应用方法为：打开 MATLAB，在命令窗口输入 Simulink，打开如图 8-3 所示的界面。在左侧的库目录树中选择【Simulink】|【Continuous】|【Derivative】，即 $\boxed{du/dt}$，将其拖动到新建的 Simulink 文件中使用。

5. 震荡环节

震荡环节的微分方程为 $T^2\dfrac{\mathrm{d}^2 y(t)}{\mathrm{d}t^2} + 2\zeta T\dfrac{\mathrm{d}y(t)}{\mathrm{d}t} + y(t) = r(t)$，其传递函数为 $G(s) = \dfrac{1}{T^2 s^2 + 2\tau Ts + 1} = \dfrac{\omega_n^2}{s^2 + 2\zeta\omega_n s + \omega_n^2}$。式中，$T$ 为时间常数，ζ 为阻尼比，$\omega_n = \dfrac{1}{T}$ 为无阻尼振荡频率。

震荡环节在 MATLAB 中的应用方法为：打开 MATLAB，在命令窗口输入 Simulink，打开如图 8-3 所示的界面。在左侧的库目录树中选择【Simulink】|【Continuous】|【Transfer Fcn】，即 $\boxed{\frac{1}{s+1}}$，

将其拖动到新建的 Simulink 文件中，双击该图标，打开如图 8-5 所示的参数修改界面，其中，【Numerator coefficients】中的参数代表分子的系数，【Denominator coefficients】中的参数代表分母的系数，按照需要修改，以达到要求的功能。

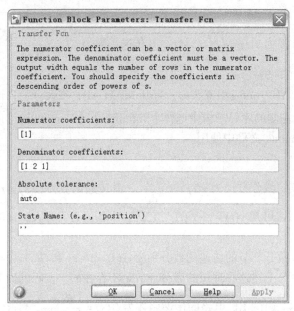

图 8-5　Transfer Fcn 模块参数修改界面

6. 滞后环节

滞后环节又称为延迟环节，它的输出经过一段时间的延时后才复现输入信号，即 $y(t) = r(t-\tau)$。式中，τ 称为滞后时间，其传递函数为 $G(s) = e^{-\tau s}$。

滞后环节在 MATLAB 中的应用方法为：打开 MATLAB，在命令窗口输入 Simulink，打开如图 8-3 所示的界面。在左侧的库目录树中选择【Simulink】|【Continuous】|【Transport Delay】，即 ，将其拖动到新建的 Simulink 文件中使用。

8.1.2　线性系统的时域分析

本节简要介绍利用 MATLAB 分析控制系统瞬态响应的计算方法，主要讨论控制系统的阶跃响应、脉冲响应、斜坡响应以及其他简单输入信号的响应问题。

1. 控制系统的单位阶跃响应

MATLAB 提供求解系统单位阶跃响应的函数 $step()$，其具体用法如下。

- $step(sys1, sys2, \cdots, t)$：此函数不管系统阶跃响应的具体数值，在一张图上绘制出系统 $sys_1, \cdots,$ sys_n 的阶跃响应曲线。t 是时间向量，为可选参数，格式为 $t = t0 : tspan : tfinal$。式中，$t0$ 为开始时间，$tspan$ 为时间间隔，$final$ 为结束时间。若指令中不出现时间 t，则系统会自动予以确定。

- $[y,t] = step(sys1, sys2, \cdots, t)$：返回系统的单位阶跃响应数据，但不在屏幕上绘制系统的阶跃响应曲线，其中 t 为时间向量。计算机根据用户给出的时间 t，计算出相应的 y 值。若要生成响应曲线，则需使用指令 $plot()$。在 $step()$ 函数的两种格式中，sys 是系统的传递函数描述。

2. 控制系统的单位阶跃响应和单位冲激响应

MATLAB 提供求解系统单位阶跃响应和单位冲激响应的函数 $step()$ 和 $impulse()$。$impulse()$ 的具体用法如下。

- $step(sys1,sys2,\cdots,t)$，此函数不管系统单位冲激响应的具体数值，在一张图上绘制出系统 $sys_1,\cdots,sys_n$的单位冲激响应曲线。t是时间向量，为可选参数，格式为 $t = t0:tspan:tfinal$。式中，$t0$ 为开始时间，$tspan$ 为时间间隔，$final$ 为结束时间。若指令中不出现时间 t，则系统会自动予以确定。

- $[y,t] = impulse(sys1,sys2,\cdots,t)$，返回系统的单位冲激响应数据，但不在屏幕上绘制系统的单位冲激响应曲线，其中 t 为时间向量。计算机根据用户给出的时间 t，计算出相应的 y 值。若要生成响应曲线，则需使用指令 $plot()$。

例 8.1 系统的闭环传递函数为 $\phi(s) = \dfrac{G_k(s)}{1+G_k(s)} = \dfrac{20000}{s^3+205s^2+1000s+20000}$，绘制该系统的单位阶跃响应曲线。

在命令窗口输入的具体代码如下。

```
num=[0,0,0,20000];
den=[1,205,1000,20000];
t=0:0.05:2.5;
sys=tf(num,den);        %定义系统
step(sys,t);            %t 为可选参数
grid;
```

运行结果如图 8-6 所示。

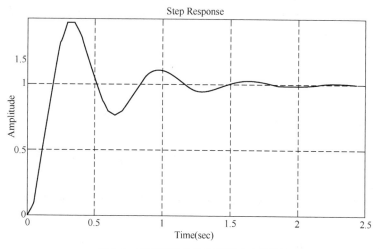

图 8-6　控制系统的单位阶跃响应曲线

例 8.2 系统的闭环传递函数为 $\phi(s) = \dfrac{G_k(s)}{1+G_k(s)} = \dfrac{20000}{s^3+205s^2+1000s+20000}$，绘制该系统的单位冲激响应曲线。

在命令窗口输入的具体代码如下。

```
num=[0,0,0,20000];
den=[1,205,1000,20000];
t=0:0.05:2.5;
sys=tf(num,den);        %定义系统
impulse(sys,t);         %t 为可选参数
grid;
```

运行结果如图 8-7 所示。

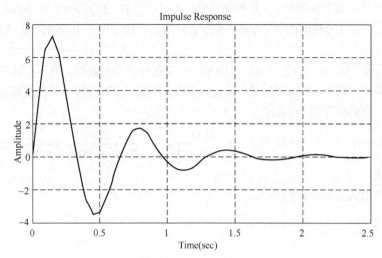

图 8-7　控制系统的单位冲激响应曲线

3. 控制系统的斜坡响应

在 MARLAB 中没有求解斜坡响应的专用指令,但可以利用阶跃响应命令 *impulse*() 或 *lsim*() 命令来求斜坡响应。在求传递函数为 $\phi(s)$ 的系统斜坡响应时，可以先用 s 除 $\phi(s)$，再利用阶跃响应命令。考虑闭环控制系统 $\phi(s)=Y(s)/R(s)$，对于单位斜坡输入 $R(s)=1/s^2$，其输出为 $Y(s)=\phi(s)R(s)=\dfrac{\phi(s)}{s}\cdot\dfrac{1}{s}$。

例 8.3　求解传递函数 $\phi(s)=\dfrac{Y(s)}{R(s)}=\dfrac{1}{s^3+3s^2+2s+1}$ 的斜坡响应。

由于单位斜坡信号为 $R(s)=1/s^2$，因而可以求出系统的输出为 $Y(s)=\dfrac{1}{s^3+3s^2+2s+1}\cdot\dfrac{1}{s^2}=\dfrac{1}{s(s^3+3s^2+2s+1)}\cdot\dfrac{1}{s}$，由上式看出，系统的输出等价于一个单位阶跃信号输入闭环传递函数为 $T(s)=\dfrac{1}{s(s^3+3s^2+2s+1)}$ 的系统。因而就可以应用上述求取单位阶跃响应的指令来求取系统的单位斜坡响应。

在命令窗口输入的具体代码如下。

```
num=[0 0 0 0 1];
den=[1 3 2 1 0];          %根据 φ(s)/s 形式输入分子、分母系数
t=0:0.1:8;               %制定计算阶跃响应的时间范围
c=step(num,den,t);       %阶跃响应指令
%绘制斜坡输入信号（以 "-" 表示）和斜坡响应曲线（以 "。" 表示）
plot(t,c,'o',t,t,'-');
grid on;
xlabel('Time(sec)');
ylabel('r(t),y(t)');
title('Unit-Ramp Response Obtained by Use of Command "Step"');
```

运行结果如图 8-8 所示。

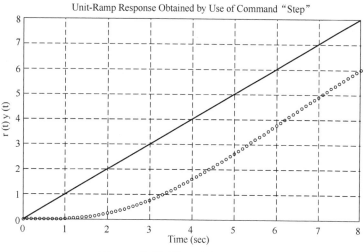

图 8-8 控制系统的单位斜坡响应

8.2 现代控制领域

现代控制理论是对系统的状态进行分析和综合的理论,是自动控制理论的一个主要组成部分。现代控制理论最基本的分析方法是时域法,它建立在状态空间的基础上,不用传递函数,而是利用状态矢量方程的特点对复杂系统进行系统建模,并进一步通过状态方程求解分析,研究系统的能控性、能观性及其稳定性,分析系统的实现问题。本节主要探讨 MATLAB 在现代控制理论中的应用。

8.2.1 状态空间模型与系统传递函数

1. 状态空间模型的实现

状态空间表达式由状态方程和输出方程组成,构成对一个系统动态的完整描述。对于单变量系统,状态空间表达式的向量矩阵形式如下。

$$\begin{cases} \dot{x} = Ax + Bu \\ y = Cx + DU \end{cases}$$

其中,x 是 n 维的状态向量,u 是 m 维输入向量,y 是 r 维输出向量,A 是 $n \times n$ 维,B 是 $n \times m$ 维,C 是 $r \times n$ 维,D 是 $r \times m$ 维的系数矩阵。矩阵 A 称为系统的状态矩阵,B 称为输入矩阵,C 称为输出矩阵,D 称为直接转移矩阵,D 通常是零矩阵。

2. 传递函数与状态空间之间的转换

在实际的应用中,用机理建模的方法往往很难建立其状态空间模型,但是这个转换的过程可以由 MATLAB 来实现,下面通过一个例来说明如何实现。

例 8.4 求解传递函数 $G(s) = \dfrac{10s + 10}{s^3 + 6s^2 + 5s + 10}$ 的状态空间实现。

在命令窗口输入的具体代码如下。

```
num=[0 0 10 10];
den=[1 6 5 10];
[A,B,C,D]=tf2ss(num,den)
```

运行结果如下。

```
A =
    -6    -5    -10
     1     0      0
     0     1      0
B =
     1
     0
     0
C =
     0    10    10
D =
     0
```

例 8.5 求解状态空间 $\begin{pmatrix} \dot{x}_1 \\ \dot{x}_2 \\ \dot{x}_3 \end{pmatrix} = \begin{pmatrix} -6 & -5 & -10 \\ 1 & 0 & 0 \\ 0 & 1 & 0 \end{pmatrix} \begin{pmatrix} \dot{x}_1 \\ \dot{x}_2 \\ \dot{x}_3 \end{pmatrix} + \begin{pmatrix} 1 \\ 0 \\ 0 \end{pmatrix} u$，$y = \begin{pmatrix} 0 & 10 & 10 \end{pmatrix} \begin{pmatrix} x_1 \\ x_2 \\ x_3 \end{pmatrix}$ 的系统传递

函数。

在命令窗口输入的具体代码如下。

```
[num,den]=ss2tf(A,B,C,D)
```

运行结果如下。

```
num =
     0     0    10    10
den =
    1.0000    6.0000    5.0000    10.0000
```

8.2.2 稳定性分析

在状态空间中，控制系统用状态方程描述，可以用李雅普诺夫第二方法进行判别。对于一个给定的正定实对称矩阵 Q（通常取单位矩阵 I），存在一个正定的实对称矩阵 P，使 $Q = -A^T P + PA$，则平衡状态 $x = 0$ 是大范围渐进稳定的。该系统的李雅普诺夫函数是 $V(x) = x^T Px$。

下面结合例子用 MATLAB 实现系统稳定性分析。

例 8.6 用李雅普诺夫第二方法确定系统 $\dot{x} = \begin{pmatrix} -1 & -1 \\ 1 & -4 \end{pmatrix} \dot{x}$ 的稳定性。

在命令窗口输入的具体代码如下。

```
syms x1 x2 v;
A=[-1 -1;1 -4];
v=x2^2+x2^2;
v1=A(1,1)*x1+A(1,2)*x2;
v2=A(2,1)*x1+A(2,2)*x2;
vder=simplify(jacobian([v],[x1])*v1+jacobian([v],[x2])*v2)
```

运行结果如下。

```
vder =
4*x2*(x1 - 4*x2)
```

即 $\dot{V}(x) = -2\dot{x}_1^2 - 8\dot{x}_2^2$，表明系统是渐近稳定的。

8.2.3 系统能控性和能观性分析

1. 系统能控性分析

系统 $\dot{x} = Ax + Bu$ 能控的充分必要条件如下。

$$rank(\Gamma_c[A,B]) = rank((B \quad AB \quad \cdots \quad A^{n-1}B)) = n 。$$

例 8.7 判断线性定常系统 $x = \begin{pmatrix} 1 & 3 & 2 \\ 0 & 2 & 0 \\ 0 & 1 & 3 \end{pmatrix}x + \begin{pmatrix} 2 & 1 \\ 1 & 1 \\ -1 & -1 \end{pmatrix}u$ 的能控性。

在命令窗口输入的具体代码如下。

```
A=[1 3 2;0 2 0;0 1 3];
B=[2 1;1 1;-1 -1];
rank(ctrb(A,B))
```

运行结果如下。

```
ans =
    2
```

2. 系统能观性分析

系统 $x = Ax$ 能观的充分必要条件为：$y = Cx$，$rank\begin{pmatrix} C \\ CA \\ \vdots \\ CA^{n-1} \end{pmatrix} = n$。

下面结合例子用 MATLAB 判断系统能观性。

例 8.8 判断系统 $x = \begin{pmatrix} 1 & 0 & -1 \\ 0 & -2 & 1 \\ 3 & 0 & 2 \end{pmatrix}x + \begin{pmatrix} 2 \\ -1 \\ 1 \end{pmatrix}u$，$y = (0 \quad 1 \quad 0)x$ 的能观性。

在命令窗口输入的具体代码如下。

```
A=[1 0 -1;0 -2 1;3 0 2];
C=[0 1 0];
rank(obsv(A,C))
```

运行结果如下。

```
ans =
    3
```

8.3 智能控制领域

智能控制是一门新兴的理论和技术，它的发展得益于许多学科，其中包括人工智能、现代自适应控制、最优控制、神经元网络、模糊逻辑、学习理论、生物控制和激励学习等。智能控制的技术是随着数字计算机、人工智能等技术研究的发展而发展起来的。本节简要探讨 MATLAB 在智能控制中的应用。

8.3.1 智能控制

智能控制系统具备以下特点。

（1）智能控制系统一般具有以知识表示的非数学广义模型和以数学模型表示的混合控制过程。它适用于含有复杂性、不完全性、模糊性、不确定性和不存在已知算法的生产过程。

（2）智能控制具有分层信息处理和决策机构。它实际上是对人神经结构和专家决策机构的一种模仿。

（3）智能控制具有非线性和变结构的特点。

（4）智能控制具有多目标优化能力。

（5）智能控制能在复杂环境下学习。

从功能和行为上分析，智能控制系统应该具备以下一条或几条功能特点：自适应功能、自学习功能、自组织功能、自诊断动能和自修复功能。

8.3.2 模糊控制

模糊控制是以模糊集合论作为它的数学基础，主要应用于那些测量数据不确切、要处理的数据量过大以致无法判断它们的兼容性、一些复杂可变的被控对象等场合。

1. 模糊控制的优势

模糊控制具有以下优势。

（1）无需知道被控对象的数学模型。模糊控制是以人对被控系统的控制经验为依据而设计的控制器，故无需知道被控系统的数学模型。

（2）反映人类智慧思维的智能控制。模糊控制采用人类思维中的模糊量，如"高"、"中"、"低"、"大"、"小"等，控制量由模糊推理导出。

（3）易被人们接受。模糊控制的核心是控制规则。模糊控制中的知识表示、模糊规则和模糊推理基于专家知识或熟练操作者的成熟经验。这些规则以人类语言表示，易于被一般人所接受和理解。

（4）构造容易。用单片机等来构造模糊控制器，其结构与一般的数字控制系统无异，模糊控制算法既可以用软件实现，也可以用专用模糊控制芯片直接构造控制器。

（5）鲁棒性好。模糊控制系统无论被控对象是线性的还是非线性的，都能执行有效的控制，具有良好的鲁棒性和适应性。

2. 模糊控制的组成

模糊控制器由以下 4 部分组成。

（1）模糊化。模糊化的作用是将输入的精确量转换为模糊化量，其中输入量包括外界的参考输入、系统的输出或状态等。

模糊化的具体过程如下。

① 对这些输入量进行处理，使其变成模糊控制器要求的输入量。例如，常见的情况是计算 $e=r-y$ 和 $ec=de/dt$，其中 r 表示参考输入，y 表示系统输出，e 表示误差，tec 表示误差的变化，有时为了减小噪声的影响，常常对 ec 进行滤波后再使用，例如，可取 $ec=[s/(Ts+1)]e$。

② 对上述已经处理过的输入量进行尺度变换，使其变换到各自的论域范围。

③ 将已经变换到论域范围的输入量进行模糊处理，使原先精确的输入量变成模糊量，并用相应的模糊集合表示。

（2）知识库。知识库包含了具体应用领域中的知识和要求的控制目标。它由模糊控制规则库组成，主要包括各语言变量的隶属度函数、模糊因子、量化因子以及模糊空间的等级数。规则库包括用模糊语言变量表示的一系列控制规则，它们反映了控制专家的经验和知识。

（3）模糊推理。模糊推理是模糊控制器的核心，它具有模拟人的基于模糊概念的推理能力。该推理过程是基于模糊逻辑中的蕴含关系及推理规则进行的。

（4）清晰化。清晰化的作用是将模糊推理得到的控制量（模糊量）变换成实际用于控制的清晰量，它包含以下两个部分。

① 将模糊量经清晰化变换变成论域范围的等级量。

② 将论域范围的等级量经比例变换为实际的控制量。

模糊 PID 控制的 MATLAB 仿真代码如下。

```
%Fuzzy Tunning PID Control
clear all;
close all;
a=newfis('fuzzpid');
a=addvar(a,'input','e',[-3,3]);                          %Parameter e
a=addmf(a,'input',1,'NB','zmf',[-3,-1]);
a=addmf(a,'input',1,'NM','trimf',[-3,-2,0]);
a=addmf(a,'input',1,'NS','trimf',[-3,-1,1]);
a=addmf(a,'input',1,'Z','trimf',[-2,0,2]);
a=addmf(a,'input',1,'PS','trimf',[-1,1,3]);
a=addmf(a,'input',1,'PM','trimf',[0,2,3]);
a=addmf(a,'input',1,'PB','smf',[1,3]);
a=addvar(a,'input','ec',[-3,3]);                         %Parameter ec
a=addmf(a,'input',2,'NB','zmf',[-3,-1]);
a=addmf(a,'input',2,'NM','trimf',[-3,-2,0]);
a=addmf(a,'input',2,'NS','trimf',[-3,-1,1]);
a=addmf(a,'input',2,'Z','trimf',[-2,0,2]);
a=addmf(a,'input',2,'PS','trimf',[-1,1,3]);
a=addmf(a,'input',2,'PM','trimf',[0,2,3]);
a=addmf(a,'input',2,'PB','smf',[1,3]);
a=addvar(a,'output','kp',[-0.3,0.3]);                    %Parameter kp
a=addmf(a,'output',1,'NB','zmf',[-0.3,-0.1]);
a=addmf(a,'output',1,'NM','trimf',[-0.3,-0.2,0]);
a=addmf(a,'output',1,'NS','trimf',[-0.3,-0.1,0.1]);
a=addmf(a,'output',1,'Z','trimf',[-0.2,0,0.2]);
a=addmf(a,'output',1,'PS','trimf',[-0.1,0.1,0.3]);
a=addmf(a,'output',1,'PM','trimf',[0,0.2,0.3]);
a=addmf(a,'output',1,'PB','smf',[0.1,0.3]);
a=addvar(a,'output','ki',[-0.06,0.06]);                  %Parameter ki
a=addmf(a,'output',2,'NB','zmf',[-0.06,-0.02]);
a=addmf(a,'output',2,'NM','trimf',[-0.06,-0.04,0]);
a=addmf(a,'output',2,'NS','trimf',[-0.06,-0.02,0.02]);
a=addmf(a,'output',2,'Z','trimf',[-0.04,0,0.04]);
a=addmf(a,'output',2,'PS','trimf',[-0.02,0.02,0.06]);
a=addmf(a,'output',2,'PM','trimf',[0,0.04,0.06]);
a=addmf(a,'output',2,'PB','smf',[0.02,0.06]);
a=addvar(a,'output','kd',[-3,3]);                        %Parameter kp
a=addmf(a,'output',3,'NB','zmf',[-3,-1]);
```

```
a=addmf(a,'output',3,'NM','trimf',[-3,-2,0]);
a=addmf(a,'output',3,'NS','trimf',[-3,-1,1]);
a=addmf(a,'output',3,'Z','trimf',[-2,0,2]);
a=addmf(a,'output',3,'PS','trimf',[-1,1,3]);
a=addmf(a,'output',3,'PM','trimf',[0,2,3]);
a=addmf(a,'output',3,'PB','smf',[1,3]);
rulelist=[1 1 7 1 5 1 1;
          1 2 7 1 3 1 1;
        1 3 6 2 1 1 1;
        1 4 6 2 1 1 1;
        1 5 5 3 1 1 1;
        1 6 4 4 2 1 1;
        1 7 4 4 5 1 1;
        2 1 7 1 5 1 1;
        2 2 7 1 3 1 1;
        2 3 6 2 1 1 1;
        2 4 5 3 2 1 1;
        2 5 5 3 2 1 1;
        2 6 4 4 3 1 1;
        2 7 3 4 4 1 1;
        3 1 6 1 4 1 1;
        3 2 6 2 3 1 1;
        3 3 6 3 2 1 1;
        3 4 5 3 2 1 1;
        3 5 4 4 3 1 1;
        3 6 3 5 3 1 1;
        3 7 3 5 4 1 1;
        4 1 6 2 4 1 1;
        4 2 6 2 3 1 1;
        4 3 5 3 3 1 1;
        4 4 4 4 3 1 1;
        4 5 3 5 3 1 1;
        4 6 2 6 3 1 1;
        4 7 2 6 4 1 1;
        5 1 5 2 4 1 1;
        5 2 5 3 4 1 1;
        5 3 4 4 4 1 1;
        5 4 3 5 4 1 1;
        5 5 3 5 4 1 1;
        5 6 2 6 4 1 1;
        5 7 2 7 4 1 1;
        6 1 5 4 7 1 1;
        6 2 4 4 5 1 1;
        6 3 3 5 5 1 1;
        6 4 2 5 5 1 1;
        6 5 2 6 5 1 1;
        6 6 2 7 5 1 1;
        6 7 1 7 7 1 1;
        7 1 4 4 7 1 1;
        7 2 4 4 6 1 1;
        7 3 2 5 6 1 1;
        7 4 2 6 6 1 1;
        7 5 2 6 5 1 1;
        7 6 1 7 5 1 1;
        7 7 1 7 7 1 1];
a=addrule(a,rulelist);
```

```
a=setfis(a,'DefuzzMethod','mom');
writefis(a,'fuzzpid');
a=readfis('fuzzpid');
%PID Controller
ts=0.001;
sys=tf(5.235e005,[1,87.35,1.047e004,0]);
dsys=c2d(sys,ts,'tustin');
[num,den]=tfdata(dsys,'v');
u_1=0.0;u_2=0.0;u_3=0.0;
y_1=0;y_2=0;y_3=0;
x=[0,0,0]';
error_1=0;
e_1=0.0;
ec_1=0.0;
kp0=0.40;
kd0=1.0;
ki0=0.0;
for k=1:1:500
time(k)=k*ts;
rin(k)=1;
%Using fuzzy inference to tunning PID
k_pid=evalfis([e_1,ec_1],a);
kp(k)=kp0+k_pid(1);
ki(k)=ki0+k_pid(2);
kd(k)=kd0+k_pid(3);
u(k)=kp(k)*x(1)+kd(k)*x(2)+ki(k)*x(3);
if k==300      % Adding disturbance(1.0v at time 0.3s)
   u(k)=u(k)+1.0;
end
if u(k)>=10
   u(k)=10;
end
if u(k)<=-10
   u(k)=-10;
end
yout(k)=-den(2)*y_1-den(3)*y_2-den(4)*y_3+num(1)*u(k)+num(2)*u_1+num(3)*u_2+num(4)*
u_3;
error(k)=rin(k)-yout(k);
%%%%%%%%%%%%%%%Return of PID parameters%%%%%%%%%%%%%%%
   u_3=u_2;
   u_2=u_1;
   u_1=u(k);
   y_3=y_2;
   y_2=y_1;
   y_1=yout(k);
   x(1)=error(k);                % Calculating P
   x(2)=error(k)-error_1;        % Calculating D
   x(3)=x(3)+error(k);           % Calculating I
   e_1=x(1);
   ec_1=x(2);
   error_2=error_1;
   error_1=error(k);
end
showrule(a)
figure(1);plot(time,rin,'b',time,yout,'r');
```

```
xlabel('time(s)');ylabel('rin,yout');
figure(2);plot(time,error,'r');
xlabel('time(s)');ylabel('error');
figure(3);plot(time,u,'r');
xlabel('time(s)');ylabel('u');
figure(4);plot(time,kp,'r');
xlabel('time(s)');ylabel('kp');
figure(5);plot(time,ki,'r');
xlabel('time(s)');ylabel('ki');
figure(6);plot(time,kd,'r');
xlabel('time(s)');ylabel('kd');
figure(7);plotmf(a,'input',1);
figure(8);plotmf(a,'input',2);
figure(9);plotmf(a,'output',1);
figure(10);plotmf(a,'output',2);
figure(11);plotmf(a,'output',3);
plotfis(a);
fuzzy fuzzpid.fis
```

8.3.3　人工神经网络

计算机有很强的计算和信息处理能力，但是它解决模式识别、感知、评判和决策等复杂问题的能力却远不如人。人脑是由大量的基本单元（称之为神经元）经过互相连接而成的一种高度复杂、非线性、并行处理的信息处理系统。

从模仿人脑的组织结构和运行机制的角度出发，探寻新的信息表示、存储和处理方式，促使人们研究人工神经元网络（Artificial Neural Networks，NN）系统。

人工神经元网络只是对人脑的粗略且简单的模仿，在功能上和规模上都与真正的神经系统相差甚远，但是它在一些科学研究和实际工程领域中已取得一定的成绩。

1. 神经元模型

人工神经元是神经网络最基本的组成部分，如图 8-9 所示。它是生物神经元的抽象和模拟。

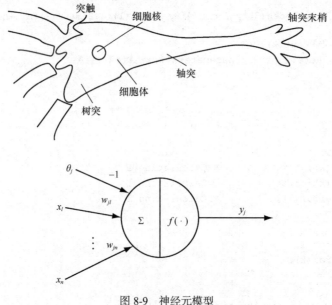

图 8-9　神经元模型

人工神经元模仿生物神经元的结构和功能，它有 3 个基本要素。

（1）连接权（对应生物神经元的突触），连接强度由每个连接上的权值表示，权值为正，表示激励，权值为负，表示抑制。

（2）求和单元，用于求取输入信息的加权和（线性组合）。

（3）激励函数（变换函数）。

从数学角度可进行如下描述：$s_j = \sum\limits_{i=1}^{n} \omega_{ji} x_i - \theta_j$ 且 $y_j = f(s_j)$，若设 $\omega_{j0} = \theta_j, x_0 = -1$，则

$s_j = \sum\limits_{i=0}^{n} \omega_{ji} x_i$ 且 $y_j = f(s_j)$。

变换函数 $y = f(s)$ 有以下几种形式。

（1）比例函数 $f(s) = s$

（2）符号函数（阈值函数）$f(s) = \begin{cases} -1 & s \geq 0 \\ 1 & s < 0 \end{cases}$

（3）饱和函数 $f(s) = \begin{cases} 1 & s \geq 1/k \\ ks & -1/k \leq s \leq 1/k \\ -1 & s < -1/k \end{cases}$

（4）双曲函数 $f(s) = \dfrac{1 - e^{-\mu s}}{1 + e^{-\mu s}}$

（5）阶跃函数 $f(s) = \begin{cases} 1 & s \geq 0 \\ 0 & s < 0 \end{cases}$

（6）S 形函数 $f(s) = \dfrac{1}{1 + e^{-\mu s}}$

2. 人工神经元表示

如果将图 8-7 中的神经元模型用如图 8-10 所示的信号流程图表示，则可更清楚地显示其作用过程。

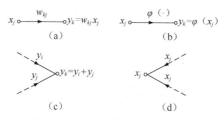

图 8-10　神经元模型的信号流程图

3. 人工神经网络的学习算法

（1）误差纠正学习

令 $y_k(n)$ 为输入 $x_k(n)$ 时，神经元 k 在 n 时刻的实际输出。如果 $d_k(n)$ 表示应有的输出（可由训练样本给出），则误差信号可以写为 $e_k(n) = d_k(n) - y_k(n)$。

误差纠正学习的最终目的是使某一基于 $e_k(n)$ 的目标函数达到最小，以使网络中每一个输出单元的实际输出在某种统计意义上逼近应有输出。一旦选定了目标函数形式，误差纠正学习就变成了一个典型的最优化问题，最常用的目标函数是均方误差判据，定义为误差平方和的均值为

$J = E\left[\dfrac{1}{2} \sum\limits_{k} e_k^2(n) \right]$，其中 E 为求期望算子。上式的前提是被学习的过程是宽平稳的，具体方法可

用最优梯度下降法。直接用 J 做为目标函数时，需要了解整个过程的统计特性，为解决这一问题，通常用 J 在时刻 n 的瞬时值 $\xi(n)$ 代替 J，即 $\xi(n) = \frac{1}{2}\sum_k e_k^2(n)$。

问题变为求 $\xi(n)$ 对权值 w 的极小值，据梯度下降法可得 $\Delta w_{kj} = \eta e_k(n)x_j(n)$，其中 η 为学习步长，这就是通常所说的误差纠正学习规则（或称为 delta 学习规则）。在自适应滤波器理论中，对这种学习的收敛性及其统计特性有较深入的分析。

（2）Hebb 学习

由神经心理学家 Hebb 提出的学习规则可归纳为"当某一突触（连接）两端的神经元同步激活（同为激活或同为抑制）时，该连接的强度应增强，反之应减弱"。用数学方式可描述为 $\Delta w_{kj}(n) = F(y_k(n), x_j(n))$，式中 $y_k(n), x_j(n)$ 分别为 w_{kj} 两端神经元的状态，其中最常用的一种情况是 $\Delta w_{kj}(n) = \eta y_k(n)x_j(n)$，由于 Δw_{kj} 与 $y_k(n)$、$x_j(n)$ 的相关成比例，有时称为相关学习规则。

（3）竞争（Competitive）学习

在竞争学习时，网络各输出单元互相竞争，最后达到只有一个最强者激活，最常见的一种情况是输出神经元之间有侧向抑制性连接，如图 8-11 所示。这样原来输出单元中如有某一单元较强，则它将获胜并抑制其他单元，最后只有此强者处于激活状态。

最常用的竞争学习规则可写为如下形式。

$$\Delta w_{ji} = \begin{cases} \eta(x_i - w_{ji}) & \text{若神经元} j \text{竞争获胜} \\ 0 & \text{若神经元} j \text{竞争失败} \end{cases}$$

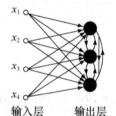

输入层　　　输出层

图 8-11　具有侧向抑制性连接的竞争学习网络

4. 人工神经网络学习过程的步骤

（1）权值初始化。

（2）输入样本计算各层输出，$x_j^{(l)} = f(s_j^{(l)}) = f(\sum_{i=1}^{n_{l-1}} w_{ji}^{(l)} x_i^{(l-1)})$。

（3）计算输出层误差，$E = E + \frac{1}{2}\|d - o\|^2$。

（4）计算局部梯度 δ_j, δ_k，$\delta_k^{(L)} = (d_k - o_k)f'(s_k) = (d_k - o_k)o_k(1 - o_k)$ 为输出层局部梯度；$\delta_j^{(l)} = x_j^{(l)}(1 - x_j^{(l)})\sum_{i=1}^{n_{l+1}} \delta_i^{(l+1)} w_{ij}^{(l+1)}$ 为隐层局部梯度。

（5）修正输出层权值 $w_{ji}^{(L)} = w_{ji}^{(L)} + \eta \delta_j^{(L)} x_i^{(L-1)}$。

（6）修正隐层权值 $w_{ji}^{(l)} = w_{ji}^{(l)} + \eta \delta_j^{(l)} x_i^{(l-1)}$。

（7）训练集中是否还有未学习过的样本？如果有转步骤（2），如果没有转步骤（8）。

（8）$E < E_{\max}$？如果成立，则转下一步，如果不成立，则设 $E = 0$ 转步骤（2）。

（9）停止。

下面介绍 BP 神经网络的 MATLAB 实现。

```
%通用 BP 神经网络
P=[-1 -1 2 2;0 5 0 5];
t=[-1 -1 1 1];
net=newff(minmax(P),[3,1],{'tansig','purelin'},'traingd');
```
%输入参数依次为:'样本 P 范围',[各层神经元数目],{各层传递函数},'训练函数'

%训练函数 traingd--梯度下降法, 有 7 个训练参数

%训练函数 traingdm--有动量的梯度下降法,附加 1 个训练参数 mc(动量因子,默认为 0.9)

%训练函数 traingda--有自适应 lr 的梯度下降法,附加 3 个训练参数:lr_inc(学习率增长比,默认为 1.05;

% lr_dec(学习率下降比,默认为 0.7);

max_perf_inc(表现函数增加最大比,默认为 1.04)

%训练函数 traingdx--有动量的梯度下降法中赋予自适应 lr 的方法,附加 traingdm 和 traingda 的 4 个附加参数

%训练函数 trainrp--弹性梯度下降法,可以消除输入数值很大或很小时的误差,附加 4 个训练参数:

%delt_inc(权值变化增加量,默认为 1.2);delt_dec(权值变化减小量,默认为 0.5);

%delta0(初始权值变化,默认为 0.07);deltamax(权值变化最大值,默认为 50.0)

%适合大型网络

%训练函数 traincgf--Fletcher-Reeves 共轭梯度法;训练函数 traincgp--Polak-Ribiere 共轭梯度法;

%训练函数 traincgb--Powell-Beale 共轭梯度法

%共轭梯度法占用存储空间小,附加 1 训练参数 searchFcn(一维线性搜索方法,默认为 srchcha);缺少 1 个训练参数 lr

%训练函数 trainscg--量化共轭梯度法,与其他共轭梯度法相比,节约时间,适合大型网络

%附加 2 个训练参数:sigma(因为二次求导对权值调整的影响参数,默认为 5.0e-5);

%lambda(Hessian 阵不确定性调节参数,默认为 5.0e-7)

%缺少 1 个训练参数:lr

%训练函数 trainbfg--BFGS 拟牛顿回退法,收敛速度快,但需要更多内存,与共轭梯度法训练参数相同,适合小网络

%训练函数 trainoss---一步正割的 BP 训练法,解决了 BFGS 消耗内存的问题,与共轭梯度法训练参数相同

%训练函数 trainlm--Levenberg-Marquardt 训练法,用于内存充足的中小型网络

```
net=init(net);
net.trainparam.epochs=300;          %最大训练次数(前默认为 10,自 trainrp 后,默认为 100)
net.trainparam.lr=0.05;             %学习率(默认为 0.01)
net.trainparam.show=50;             %限时训练迭代过程(NaN 表示不显示,默认为 25)
net.trainparam.goal=1e-5;           %训练要求精度(默认为 0)
%net.trainparam.max_fail            最大失败次数(默认为 5)
%net.trainparam.min_grad            最小梯度要求(前默认为 1e-10,自 trainrp 后,默认为 1e-6)
%net.trainparam.time                最大训练时间(默认为 inf)
[net,tr]=train(net,P,t);            %网络训练
a=sim(net,P)                        %网络仿真
```
%通用径向基函数网络——

%其在逼近能力、分类能力、学习速度方面均优于 BP 神经网络

%在径向基网络中,径向基层的散步常数是 spread 的选取是关键

%spread 越大,需要的神经元越少,但精度会相应下降,spread 的默认值为 1

%可以通过 net=newrbe(P,T,spread)生成网络,且误差为 0

%可以通过 net=newrb(P,T,goal,spread)生成网络,神经元由 1 开始增加,直到达到训练精度或神经元数目最多为止

```
%GRNN 网络,迅速生成广义回归神经网络(GRNN)
P=[4 5 6];
T=[1.5 3.6 6.7];
net=newgrnn(P,T);
%仿真验证
p=4.5;
v=sim(net,p)
%PNN 网络,概率神经网络
P=[0 0 ;1 1;0 3;1 4;3 1;4 1;4 3]';
Tc=[1 1 2 2 3 3 3];
%将期望输出通过 ind2vec()转换,并设计、验证网络
T=ind2vec(Tc);
net=newpnn(P,T);
Y=sim(net,P);
Yc=vec2ind(Y)
%尝试用其他的输入向量验证网络
P2=[1 4;0 1;5 2]';
Y=sim(net,P2);
Yc=vec2ind(Y)
%应用 newrb()函数构建径向基网络,对一系列数据点进行函数逼近
P=-1:0.1:1;
T=[-0.9602 -0.5770 -0.0729 0.3771 0.6405 0.6600 0.4609...
0.1336 -0.2013 -0.4344 -0.500 -0.3930 -0.1647 -0.0988...
0.3072 0.3960 0.3449 0.1816 -0.0312 -0.2189 -0.3201];
%绘制训练用样本的数据点
plot(P,T,'r*');
title('训练样本');
xlabel('输入向量 P');
ylabel('目标向量 T');
%设计一个径向基函数网络,网络有两层,隐层为径向基神经元,输出层为线性神经元
%绘制隐层神经元径向基传递函数的曲线
p=-3:.1:3;
a=radbas(p);
plot(p,a)
title('径向基传递函数')
xlabel('输入向量 p')
```

%隐层神经元的权值、阈值与径向基函数的位置和宽度有关,只要隐层神经元数目、权值、阈值正确,就可逼近任意函数

```
%例如
a2=radbas(p-1.5);
a3=radbas(p+2);
a4=a+a2*1.5+a3*0.5;
plot(p,a,'b',p,a2,'g',p,a3,'r',p,a4,'m--')
title('径向基传递函数权值之和')
xlabel('输入 p');
ylabel('输出 a');
```

%应用 newrb()函数构建径向基网络时,可以预先设定均方差精度 eg 以及散布常数 sc

```
eg=0.02;
sc=1;     %其值的选取与最终网络的效果有很大关系,过小造成过适性,过大造成重叠性
```

```
net=newrb(P,T,eg,sc);
%网络测试
plot(P,T,'*')
xlabel('输入');
X=-1:.01:1;
Y=sim(net,X);
hold on
plot(X,Y);
hold off
legend('目标','输出')
%应用 grnn 进行函数逼近
P=[1 2 3 4 5 6 7 8];
T=[0 1 2 3 2 1 2 1];
plot(P,T,'.','markersize',30)
axis([0 9 -1 4])
title('待逼近函数')
xlabel('P')
ylabel('T')
%网络设计
%对于离散数据点,散布常数 spread 选取得比输入向量之间的距离稍小一些
spread=0.7;
net=newgrnn(P,T,spread);
%网络测试
A=sim(net,P);
hold on
outputline=plot(P,A,'o','markersize',10,'color',[1 0 0]);
title('检测网络')
xlabel('P')
ylabel('T 和 A')
%应用 pnn 进行变量的分类
P=[1 2;2 2;1 1]; %输入向量
Tc=[1 2 3];        %P 对应的 3 个期望输出
%绘制出输入向量及其对应的类别
plot(P(1,:),P(2,:),'.','markersize',30)
for i=1:3
text(P(1,i)+0.1,P(2,i),sprintf('class %g',Tc(i)))
end
axis([0 3 0 3]);
title('三向量及其类别')
xlabel('P(1,:)')
ylabel('P(2,:)')
%网络设计
T=ind2vec(Tc);
spread=1;
net=newgrnn(P,T,speard);
%网络测试
A=sim(net,P);
Ac=vec2ind(A);
    %绘制输入向量及其对应的网络输出
plot(P(1,:),P(2,:),'.','markersize',30)
for i=1:3
```

```
text(P(1,i)+0.1,P(2,i),sprintf('class %g',Ac(i)))
end
axis([0 3 0 3]);
title('网络测试结果')
xlabel('P(1,:)')
ylabel('P(2,:)')
```

习　　题

1. 系统的闭环传递函数为

$$\phi(s) = \frac{G_k(s)}{1 + G_k(s)} = \frac{1}{s^3 + 2s^2 + 1s + 1}$$

绘制其单位阶跃响应曲线。

2. 若系统的传递函数为

$$\phi(s) = \frac{Y(s)}{R(s)} = \frac{2}{s^3 + 4s^2 + s + 2}$$

试用 MATLAB 求系统的斜坡响应。

3. 给出以下传递函数的状态空间实现。

$$G(s) = \frac{1s + 1}{s^3 + 6s^2 + 7s + 1}$$

4. 判断线性定常系统

$$x = \begin{pmatrix} 1 & 3 & 2 \\ 0 & 2 & 0 \\ 0 & 1 & 3 \end{pmatrix} x + \begin{pmatrix} 2 & 1 \\ 1 & 1 \\ -1 & -1 \end{pmatrix} u$$

的能控性和能观性。

5. 按水平和竖直方向分别合并下述两个矩阵。

$$A = \begin{bmatrix} 1 & 0 & 0 \\ 1 & 1 & 0 \\ 0 & 0 & 1 \end{bmatrix}, B = \begin{bmatrix} 2 & 3 & 4 \\ 5 & 6 & 7 \\ 8 & 9 & 10 \end{bmatrix}$$

6. 简述模糊 PID 的算法步骤，并进行 MATLAB 编程。

7. 简述人工神经网络学习过程的步骤，并进行 MATLAB 编程。

第9章
数据处理

    MATLAB/Simulink 的推出得到了各个领域专家学者的关注，其强大的扩展功能为各个领域的研究提供了基础，为各个层次的研究人员提供了有力的工具。本章将介绍 MATLAB 在信息处理、图像处理和声音处理等领域的应用。

9.1　信息处理领域

    在计算机中，所有的信号都是离散信号，因此在使用 MATLAB/Simulink 进行信号处理之前，先要通过相关课程学习离散信号处理的有关理论，如 Z 变换、离散傅里叶变换和数字滤波器等。MATLAB 提供了信息处理工具箱（Signal Processing Toolbox），并且 Simulink 提供了信息处理模型集（Signal Processing Blockset）。当然，在信号处理过程中，还需用到 MATLAB 和 Simulink 的其他功能，具体介绍如下。

9.1.1　信号处理工具箱

信号处理工具箱将大量函数分成若干类，以方便按功能查找，主要分类如下。

（1）波形产生（Waveform Generation）。

（2）滤波器分析（Filter Analysis）。

（3）滤波器实现（Filter Implementation）。

（4）线性系统变换（Linear System Transformations）。

（5）FIR 滤波器设计（FIR Digital Filter Design）。

（6）IIR 滤波器设计（IIR Digital Filter Design）。

（7）IIR 滤波器的阶评估（IIR Filter Order Estimation）。

（8）变换（Transforms）。

（9）统计信号处理和谱分析（Statistical Signal Processing and Spectral Analysis）。

（10）窗函数（Windows）。

（11）参数化建模（Parametric Modeling）。

（12）特殊操作（Specialized Operations）。

（13）模拟低通滤波器原型（Analog Lowpass Filter Prototypes）。

（14）模拟滤波器设计（Analog Filter Design）。

（15）模拟滤波器转换（Analog Filter Transformation）。

（16）滤波器离散化（Filter Discretization）。

（17）模对数倒谱分析（Cepstral Analysis）。

（18）线性预测（Linear Prediction）。

（19）多速信号处理（Multirate Signal Processing）。

（20）图形用户界面（Graphical User Interfaces）。

9.1.2　信号处理模型集

信号处理模型集将大量模块分成若干类，以方便按功能查找，主要分类如下。

（1）评估工具（Estimation）。

（2）滤波工具（Filtering）。

（3）数学函数（Math Functions）。

（4）输入输出接口（Platform-Specific I/O）。

（5）调制解调器（Quantizers）。

（6）信号管理（Signal Management）。

（7）信号操作（Signal Operations）。

（8）信号处理信宿（Signal Processing Sinks）。

（9）信号处理信源（Signal Processing Sources）。

（10）统计工具（Statistics）。

（11）信号转换工具（Transform）。

9.1.3　信号处理实例

例 9.1　计算如下所示的离散系统单位脉冲响应（计算 64 个采样点）。

$$y(n)-0.4y(n-1)-0.5y(n-2)=0.2x(n)+0.1x(n-1) \text{ 或 } \frac{Y(z)}{X(z)}=\frac{0.2z^2+0.1z}{z^2-0.4z-0.5}$$

Simulink 模型如图 9-1 所示。

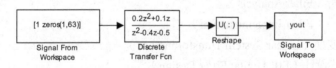

图 9-1　模型框图

图 9-1 中各模块可根据注释名称在 Simulink 模块库中找到，其中模块 Signal From Workspace 需设置属性 Signal 为[1 zeros(1,63)]；模块 Discrete Transfer Fcn 需设置属性 Numerator Coefficients 为[0.2 0.1 0]和 Denominator Coefficients 为[1 -0.4 -0.5]；模块 Reshape 需设置属性 Output dimensionality 为 1-D array；将 Simulink 的配置参数中的 Start Time 设置为 1，Stop Time 设置为 64，Solver Type 设置为 Fixed-step，Solver 设置为 discrete。

运行该模型，并在命令窗口输入如下代码。

```
figure
stem(yout)
```

运行结果如图 9-2 所示。

M 文件的具体代码序列如下。

```
b=[0.2 0.1 0];
a=[1 -0.4 -0.5];
h=impz(b,a,64); %计算脉冲响应
figure
stem(h)
title('IMPZ function')
```

运行结果如图 9-2 所示。

对信号进行快速傅里叶变换，Simulink 模型中可以用模块 ▣ 来实现，它等同于 $y = \text{fft}(u)$ 的 M 文件代码。在 MATLAB/Simulink 中，可以使用多种方式来实现同一功能。

基于 MATLAB 的 FIR 滤波器的设计方法有多种，包括窗函数法（对应的 MATLAB 函数有 fir1、fir2、kaiserord）、最优化设计法（对应的 MATLAB 函数有 firls、remez、remezord）、最小二乘约束设计法（fircls、fircls1）、非线性相位滤波器设计法（cremez）和升余弦方法（firrcos）。

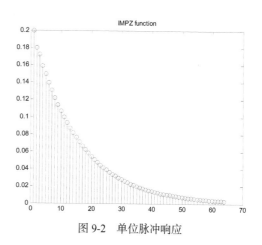

图 9-2 单位脉冲响应

例 9.2 设计阶数为 48，范围为 $0.35 \leqslant w \leqslant 0.65$ 的带通 FIR 线性相位滤波器，并分析它的频率特性。

M 文件的具体代码序列如下。

```
b=fir1(48,[0.35 0.65]);
freqz(b);
```

结果如图 9-3 所示。

例 9.3 设计 60 阶的滤波器，要求设计的滤波器在 $0 \sim \pi/8$ 的幅度为 1，在 $\pi/8 \sim 2\pi/8$ 的幅度为 1/2，在 $2\pi/8 \sim 4\pi/8$ 的幅度为 1/4，在 $4\pi/8 \sim 6\pi/8$ 的幅度为 1/6，在 $6\pi/8 \sim \pi$ 的幅度为 1/8，并且比较理想滤波器和设计滤波器的幅度频率响应。

M 文件的具体代码序列如下。

```
f=[0 0.125 0.125 0.250 0.250 0.500 0.500 0.750 0.750 1.00];
m=[1 1 0.5 0.5 0.25 0.25 1/6 1/6 0.125 0.125];
b=fir2(60,f,m);
[h,w]=freqz(b);
plot(f,m,w/pi,abs(h))
grid on;
title('设计滤波器和理想滤波器幅度频率特性比较');
xlabel('归一化频率(xfs)');
ylabel('幅度');
```

结果如图 9-4 所示。

例 9.4 利用 kaiserord 函数设计一个长度为奇数的带通滤波器，通带范围是 1 300～2 210Hz，阻带范围是 0～1 000Hz 和 2 410～4 000Hz，阻带的波纹最大为 0.01，通带的波纹最大为 0.05，信号的采样频率为 8 000Hz。

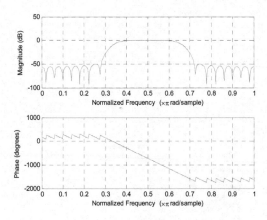

图 9-3　利用 fir1 设计的带通滤波器的幅度频率响应

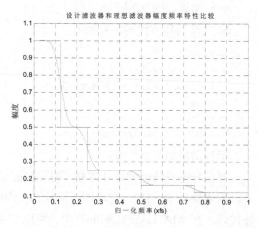

图 9-4　利用 fir2 设计的任意幅度频率响应的滤波器

M 文件的具体代码序列如下。

```
fsamp=8000;
fcuts=[1000 1300 2210 2410];
mags=[0 1 0];
devs=[0.01 0.05 0.01];
[n,wn,beta,ftype]=kaiserord(fcuts,mags,devs,fsamp);
n=n+rem(n,2);
hh=fir1(n,wn,ftype,kaiser(n+1,beta),'noscale');
[H,f]=freqz(hh,1,1024,fsamp);
plot(f,abs(H));
grid on
```

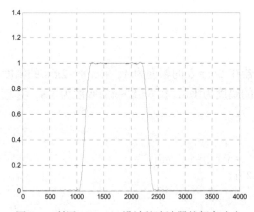

图 9-5　利用 kaiserord 设计的滤波器的频率响应

运行结果如图 9-5 所示。

IIR 滤波器的设计方法主要有模拟滤波器变换法（经典设计法）、直接设计法和最大平滑滤波器设计法 3 种。

例 9.5　经典设计法有脉冲响应不变法和双线性变换法两种方式。采用脉冲响应不变法基于椭圆滤波器原型设计一个低通滤波器，满足 $\omega_p = 0.2*\pi$，$R_p = 0.5\text{dB}$，$\omega_s = 0.3*\pi$ 和 $A_s = 20\text{dB}$。采用双线性变换法设计带通 Chebyshev Ⅰ型数字滤波器，要求通带边界频率为 100～200Hz，通带纹波小于 3dB，阻带衰减大于 30dB，过渡带宽为 30Hz，采样频率为 1 000Hz。

采用脉冲响应不变法的 M 文件的具体代码序列如下。

```
wp=0.2*pi;
ws=0.3*pi;
rp=0.5;
rs=20;
[n,wn]=ellipord(wp,ws,rp,rs,'s')
[z,p,k] = ellipap(n,rp,rs);
w = logspace(-1,1,1000);
h = freqs(k*poly(z),poly(p),w);
```

```
semilogx(w,abs(h));
grid
```

运行结果如图 9-6 所示。

采用双线性变换法的 M 文件的具体代码序列如下。

```
fs=1000;
wp=[100 200]*2/fs;
ws=[30 300]*2/fs;
rp=3;
rs=30;
Nn=128;
[N,wn]=cheb1ord(wp,ws,rp,rs)
[b,a]=cheby1(N,rp,wn);
freqz(b,a,Nn,fs)
```

运行结果如图 9-7 所示。

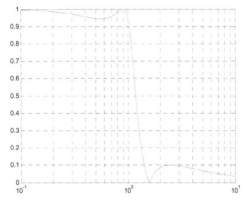

图 9-6　椭圆低通滤波器的频响特性

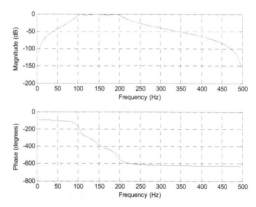

图 9-7　Chebyshev Ⅰ型数字滤波器的频率特性图

例 9.6　用 Simulink 模块实现 FIR 滤波器。

用 Simulink 模块搭建的 FIR 滤波器模型如图 9-8 所示。

图中各模块可根据注释名称在 Simulink 模块库中找到，模块 Sine Wave 的属性 Amplitude 设置为 1，属性 Frequency 设置为 0.2，属性 Phase offset 设置为 0.7，属性 Sample time 设置为 1；模块 FIR Interpolation 的属性 Interpolation factor 设置为 9，属性 FIR filter coefficients 设置为 intfilt(9,9,0.5)，即包含 161 个数的向量。

双击模块 Scope。可看到如图 9-9 所示的运行结果。

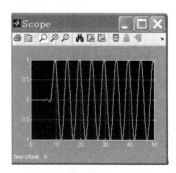

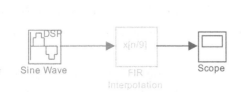

图 9-8　用 Simulink 模块搭建的 FIR 滤波器模型　　　　图 9-9　Simulink 模块搭建 FIR 滤波器的结果

可以根据实际工作需要，选择 M 文件或 Simulink 方式进行计算和仿真。一般来说，两者的功能集相同，但 Simulink 方式更直观。

9.2　图像处理领域

MATLAB 提供了图像处理工具箱（Image Processing Toolbox），并且 Simulink 提供了视频和图像处理模型集（Video and Image Processing Blockset）。当然，在图像处理过程中还需用到 MATLAB 和 Simulink 的其他功能。

不同的操作系统和图像处理软件，所支持的图像格式都有可能不同。在实际应用中经常会遇到的图像格式有 BMP、GIF、TIFF、PCX、JPEG、PSD、PCD 和 WMF 等。

图像类型即数组数值与像素颜色之间定义的关系，它与图像格式概念有所不同，在 MATLAB 中有 5 种类型的图像，下面分别介绍。

1. 二进制图像

在一幅二进制图像中，每一像素将取两个离散数值（0 或 1）中的一个，从本质上说，这两个数值分别代表状态"开"或"关"。二进制图像使用 unit8 或双精度类型的数组类存储，但任何返回二进制图像函数的返回值均使用 unit8 逻辑数组存储该图像，并且使用一个逻辑标志来标识 unit8 逻辑数组的数据范围。图 9-10 是一幅典型的二进制图像实例。

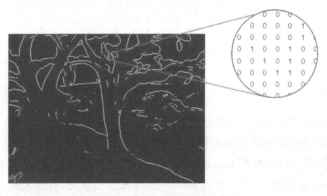

图 9-10　典型的二进制图像实例

2. 索引图像

索引图像是一种把像素值直接作为 RGB 调色板下标的图像。在 MATLAB 中，索引图像包含一个数据矩阵 X 和一个颜色映射矩阵 map。数据矩阵可以是 unit8、unit16 或双精度类型，颜色映射矩阵 map 是一个 $m \times 3$ 的数据帧，其中每个元素的值均为[0,1]的双精度浮点类型数据，map 矩阵的每一行分别标识红色、绿色和蓝色的颜色值。每一像素的颜色都通过使用 X 的数值作为 map 的下标来获得。例如，值 1 指向 map 中的第一行，值 2 指向第二行，以此类推。装载图像时，MATLAB 自动将颜色映射表与图像同时装载。索引图像的结构如图 9-11 所示。

3. 灰度图像

灰度图像通常由一个 unit8、unit16 或双精度类型的数组来描述，其实质是一个数据矩阵 I，该矩阵中的数据均代表了一定范围内的灰度级，每一个元素与图像的一个像素点相对应，通常 0 代表黑色，1、255 或 65535（针对不同存储类型）代表白色。大多数情况下，灰度图像很少和颜

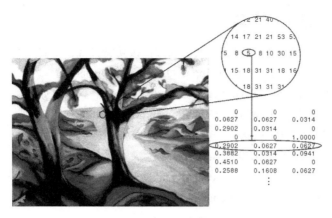

图 9-11　索引图像实例

色映射表一起保存，但是在显示灰度图像时，MATLAB 仍然在后台使用预定义的默认灰度颜色映射表。图 9-12 为一个典型的双精度灰度图像。

4. 多帧图像

多帧图像是一种包含多幅图像或帧的图像文件，又称为多页图像或图像序列。它主要用于需要对时间或场景集合进行操作的场合，如磁谐振图像切片或电影帧等。在 MATLAB 中它是一个四维数组，其中第 4 维用来指定帧的序号。

5. RGB 图像

RGB 图像又称为真彩图像，它利用 R、G、B 3 个分量标识一像素的颜色。R、G、B 分别代表红、绿、蓝 3 种不同的颜色，通过三基色可以合成出任意颜色。对一个 $n \times m$ 维尺寸的彩色图像，在 MATLAB 中存储为一个 $n \times m \times 3$ 的多维数据数组，其中数组中的元素定义了图像中每一像素的红、绿、蓝颜色值。值得注意的是，RGB 图像不使用调色板，每一像素的颜色由存储在相应位置的红、绿、蓝颜色分量的组合来确定。图形文件格式把 RGB 图像存储为 24 位的图像，红、绿、蓝分量分别占用 8 位，因而图像理论上可以有 $2^{24} = 16\,777\,216$ 种颜色，由于这种颜色精度能够再现图像的真实色彩，故称 RGB 图像为真彩图像。

图 9-13 为一幅典型的双精度 RGB 图像，在此图中为了确定像素（2，3）的颜色，需要查看一组数据 RGB（2，3，1：3）。假设（2，3，1）数据为 0.5176，（2，3，2）数值为 0.1608，（2，3，3）数值为 0.0627，则像素（2，3）的 RGB 颜色为（0.5176 红色，0.1608 绿色，0.0627 蓝色）。

图 9-12　典型的双精度灰度图像

图 9-13　典型的双精度 RGB 图像实例

9.2.1 图像处理工具箱

图像处理工具箱将大量函数分成若干类，以方便按功能查找，主要分类如下。

（1）图像输入、输出和显示（Image Input, Output, and Display）。

（2）交互式组件工具（Modular Interactive Tools）。

（3）空间变换和注册（Spatial Transformation and Registration）。

（4）图像分析和统计（Image Analysis and Statistics）。

（5）图像数学算法（Image Arithmetic）。

（6）图像扩展和修补（Image Enhancement and Restoration）。

（7）线性滤波和变换（Linear Filtering and Transforms）。

（8）形态操作（Morphological Operations）。

（9）图像指定区域工具（Region-Based、Neighborhood and Block Processing）。

（10）图像颜色工具（Colormap and Color Space Functions）。

（11）其他函数（Miscellaneous Functions）。

9.2.2 视频和图像处理模型集

视频和图像处理模型集将大量模块分成若干类，以方便按功能查找，主要分类如下。

（1）分析和扩展（Analysis & Enhancement）。

（2）变换工具（Conversions）。

（3）滤波工具（Filtering）。

（4）几何变换（Geometric Transformations）。

（5）形态操作（Morphological Operations）。

（6）信宿工具（Sinks）。

（7）信源工具（Sources）。

（8）统计工具（Statistics）。

（9）文本和图片工具（Text & Graphics）。

（10）转换工具（Transforms）。

（11）应用工具（Utilities）。

9.2.3 图像处理实例

例 9.7 将一幅真彩图像转换为灰度图。

Simulink 模型框图如图 9-14 所示。

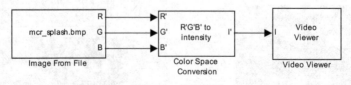

图 9-14　模型框图

图 9-14 中的各模块可根据注释名称在 Simulink 模块库中找到，需设置模块 Image From File 的【File Name】属性为指定图像对应的文件；模块 Color Space Conversion 的【Conversion】属性

为 R'G'B' to intensity；模块 Video Viewerr 的 Input image type 属性为 Intensity。

运行结果如图 9-15 所示。

M 文件的具体代码序列如下。

```
RGB = imread('mcr_splash.bmp');
I = rgb2gray(RGB);
imshow(I,[])
```

运行结果如图 9-16 所示。

图 9-15　Simulink 运行结果

图 9-16　M 文件运行结果

例 9.8　通过指定的插值方法实现图像大小的调整（放大 1 倍）。

Simulink 模型框图可以如图 9-17 所示。

图 9-17 中的各模块可根据注释名称在 Simulink 模块库中找到，需设置模块 Image From File 的【File Name】属性为指定图像对应的文件；模块 Bus Creator 的【Number of inputs】属性为 3；模块 ReSize 的【Resize factor in %】属性为[200 200]，【Interpolation method】属性为 Nearest neighbor、Bilinear、Bicubic 等，这里设置为 Bilinear；需将模块 Bus Selector 左侧的所有信号参数通过 Select>> 按钮选择到右侧信号列表中；需设置模块 Video Viewer 的【Input image type】属性为 RGB。

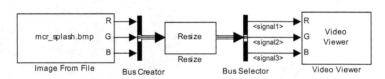

图 9-17　模型框图

运行结果如图 9-18 所示。

M 文件的具体代码序列如下。

```
X = imread('mcr_splash.bmp');
subplot(2,2,1)
imshow(X,[])
X1 = imresize(X,2,'nearest');
subplot(2,2,2)
imshow(X1,[]);
X2 = imresize(X,2,'bilinear');
subplot(2,2,3)
imshow(X2,[]);
X3 = imresize(X,2,'bicubic');
subplot(2,2,4)
imshow(X3,[]);
```

运行结果如图 9-19 所示。

图 9-18　Simulink 运行结果

图 9-19　M 文件运行结果

例 9.9　图像的边缘检测，M 文件的具体代码序列如下。

```
%载入图像
RGB = imread('mcr_splash.bmp');
%RGB 图转换为灰度图像
I = rgb2gray(RGB);
figure(1);
imshow(I);
colorbar('horiz');
isgray(I);
%边缘检测
ED = edge(I,'sobel',0.08);
figure(2)
imshow(ED);
```

运行结果如图 9-20 和图 9-21 所示。

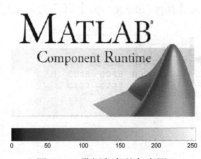

图 9-20　带颜色条的灰度图

图 9-21　边缘检测图

例 9.10　实现图像滤波，M 文件的具体代码序列如下。

```
%载入图像
RGB = imread('mcr_splash.bmp');
%RGB 转换为灰度图
I = rgb2gray(RGB);
%加入高斯白噪声
J = imnoise(I,'gaussian',0,0.005);
%采用自适应滤波
K = wiener2(J,[5 5]);
%显示原始图像、加入噪声的图像以及滤波后的噪声
```

```
figure
imshow(J)
figure
imshow(K)
```

运行结果如图 9-22 和图 9-23 所示。

图 9-22　带噪声的灰度图

图 9-23　滤波后的灰度图

例 9.11　图像按指定速度顺时针旋转，Simulink 模型框图如图 9-24 所示。

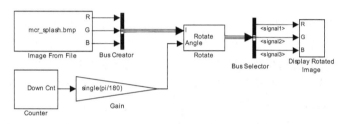

图 9-24　模型框图

双击子系统 Display Rotated Image，即可看到如图 9-25 所示的结构。

图 9-24 中的各模块可根据注释名称在 Simulink 模块库中找到，需设置模块 Image From File 的【File Name】属性为指定图像对应的文件；模块 Bus Creator 的【Number of inputs】属性为 3；模块 Rotate 的【Rotation angle source】属性为 Input port；模块 Counter 的【Count direction】属性为 Down，【Count event】属性为 Free running，【Maximum Count】属性为 360，【Output】属性为 Count，【Sample time】属性为 1/15，【Count data type】属性为 single；需设置模块 Gain 的【Gain】属性为 single(pi/180)；需将模块 Bus Selector 左侧的所有信号参数通过 Select>>按钮选择到右侧信号列表中；需设置模块 Saturation 的【Upper limit】属性为 1，【Lower limit】属性为 0。

某时刻的运行结果如图 9-26 所示。

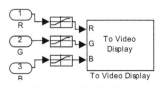

图 9-25　子系统框图

图 9-26　子系统框图

9.3　数字语音信号处理领域

数字语音信号处理是研究用数字信号处理技术和语音学知识对语音信号进行处理的新兴学科，是目前发展最为迅速的信息科学研究领域的核心技术之一。通过语音传递信息是人类最重要、最有效、最常用和最方便的交换信息形式。同时，语言也是人与机器之间进行通信的重要工具，它是一种理想的人机通信方式，因而可为信息处理系统建立良好的人机交互环境，进一步推动计算机和其他智能机器的应用，提高社会的信息化程度。

语音信号处理是一门新兴的学科，同时又是综合性的多学科领域和涉及面很广的交叉学科。虽然从事这一领域研究的人员主要来自信号与信息处理及计算机应用等学科，但是它与语音学、语言学、声学、认知科学、生理学、心理学等许多学科也有非常密切的联系。

9.3.1　语音信号时域特征分析

1. 实验目的

语音信号是一种非平稳的时变信号，它携带各种信息。在语音编码、语音合成、语音识别和语音增强等语音处理中无一例外都需要提取语音中包含的各种信息。语音信号分析的目的就在于方便有效地提取并表示语音信号所携带的信息。语音信号分析可以分为时域分析和变换域分析等处理方法，其中时域分析是最简单的方法，直接对语音信号的时域波形进行分析，提取的特征参数主要有语音的短时能量、短时平均过零率、短时自相关函数等。

本实验要求掌握时域特征分析原理，并利用已学知识，编写程序求解语音信号的短时过零率、短时能量、短时自相关特征。分析实验结果，并能借助时域分析方法求得的参数分析语音信号的基音周期及共振峰。

2. 实验原理及实验结果

（1）窗口的选择

通过对发声机理的认识，语音信号可以认为是短时平稳的。在 5～50ms 的范围内，语音频谱特性和一些物理特性参数基本保持不变。将每个短时的语音称为一个分析帧，一般帧长取 10～30ms。采用一个长度有限的窗函数来截取语音信号，形成分析帧，通常会采用矩形窗和汉明（Hamming）窗。图 9-27 为这两种窗函数在帧长为 N=50 时的时域波形。

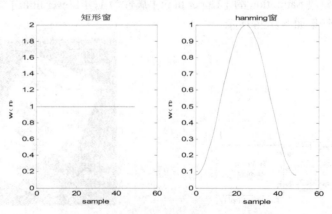

图 9-27　矩形窗和 Hamming 窗的时域波形

矩形窗的定义如下。

一个 N 点的矩形窗函数定义为 $w(n) = \begin{cases} 1, & 0 \leqslant n \leqslant N \\ 0, & \text{其他} \end{cases}$

一个 N 点的 Hamming 窗函数定义为 $w(n) = \begin{cases} 0.54 - 0.46\cos(2\pi\dfrac{n}{N-1}), & 0 \leqslant n \leqslant N \\ 0, & \text{其他} \end{cases}$

这两种窗函数都有低通特性，通过分析这两种窗的频率响应幅度特性可以发现，矩形窗的主瓣宽度小（4*pi/N），具有较高的频率分辨率。旁瓣峰值大（–13.3dB），会导致泄露现象。汉明窗的主瓣宽 8*pi/N，旁瓣峰值低（–42.7dB），可以有效的克服泄露现象，具有更平滑的低通特性，如图 9-28 所示。因此在语音频谱分析时常使用汉明窗，在计算短时能量和平均幅度时通常使用矩形窗。表 9.1 对比了这两种窗函数的主瓣宽度和旁瓣峰值。

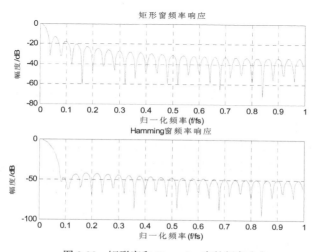

图 9-28　矩形窗和 Hamming 窗的频率响应

表 9.1　　　　　　　　　　　矩形窗和 hamming 窗的主瓣宽度和旁瓣峰值

窗函数	主瓣宽度	旁瓣峰值
矩形窗	4*pi/N	13.3dB
Hamming 窗	8*pi/N	42.7dB

（2）短时能量

由于语音信号的能量随时间变化，清音和浊音之间的能量差别相当显著。因此对语音的短时能量进行分析，可以描述语音的这种特征变化情况。定义短时能量为 $E_n = \sum\limits_{m=-\infty}^{\infty}[x(m)w(n-m)]^2 = \sum\limits_{m=n-N+1}^{n}[x(m)w(n-m)]^2$，其中 N 为窗长。采用矩形窗时，可简化为 $E_n = \sum\limits_{m=-\infty}^{\infty}x^2(m)$。

不同矩形窗和 Hamming 窗长的短时能量函数如图 9-29 和图 9-30 所示。在使用短时能量反映语音信号的幅度变化时，不同的窗函数以及相应窗的长短均有影响，Hamming 窗的效果比矩形窗略好。但是，窗的长短影响起决定性作用。窗过大（N 很大），等效于很窄的低通滤波器，不能反映幅度 En 的变化；窗过小（N 很小），短时能量随时间急剧变化，不能得到平滑的能量函数。在 11.025kHz 左右的采样频率下，N 选为 100～200 较合适。

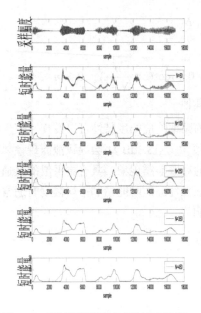 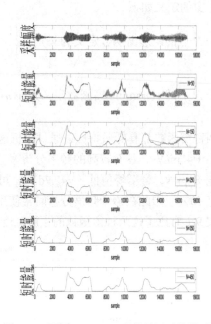

图 9-29　不同矩形窗长的短时能量函数　　图 9-30　不同 Hamming 窗长的短时能量函数

短时能量函数的应用如下。

① 可用于区分清音段与浊音段。En 值大对应于浊音段，En 值小对应于清音段。

② 可用于区分浊音变为清音或清音变为浊音的时间（根据 En 值的变化趋势）。

③ 对高信噪比的语音信号，也可以用来区分有无语音（语音信号的开始点或终止点）。无语音信号（或仅有噪音能量）时，En 值很小；有语音信号时，能量显著增大。

（3）短时平均过零率

过零率可以反映信号的频谱特性，当离散时间信号相邻两个样点的正负号相异时，称为"过零"，此时信号的时间波形穿过了零电平的横轴。统计单位时间内样点值改变符号的次数，可以得到平均过零率。定义短时平均过零率为 $Z_n = \sum\limits_{m=-\infty}^{\infty} |\text{sgn}[x(m) - \text{sgn}[x(m-1)]]| w(n-m)$，其中 sgn[] 为符号函数，

$\text{sgn}|x(n)| = \begin{cases} 1, & x(n) \geq 0 \\ -1, & x(n) < 0 \end{cases}$。在矩形窗条件下，可以简化为 $Z_n = \dfrac{1}{2N} \sum\limits_{m=n-N+1}^{n} |\text{sgn}[x(m)] - \text{sgn}[x(m-1)]|$。

短时过零率可以粗略估计语音的频谱特性，由语音的产生模型可知，发浊音时，声带振动。尽管声道有多个共振峰，但由于声门波引起了频谱的高频衰落，因此浊音能量集中于 3KZ 以下。清音由于声带不振动，声道的某些部位阻塞气流产生类白噪音，多数能量集中在较高频率上。高频率对应高过零率，低频率对应低过零率，过零率与语音的清浊音存在对应关系。

图 9-31 为某一语音在矩形窗条件下求得的短时能量和短时平均过零率，通过分析可知，清音的短时能量较低，过零率高，浊音的短时能量较高，过零率低。清音的过零率为 0.5 左右，浊音的过零率为 0.1 左右。但两者分布之间有相互交叠的区域，所以单纯依赖于平均过零率来准确判断清浊音是不可能的，在实际应用中往往采用语音的多个特征参数进行综合判决。

短时平均过零率的应用如下。

① 区别清音和浊音。例如，清音的过零率高，浊音的过零率低。此外，清音和浊音的两种过零分布都与高斯分布曲线比较吻合。

...

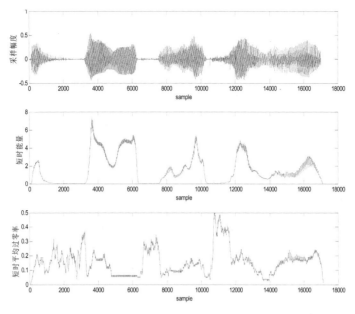

图 9-31 矩形窗条件下的短时平均过零率

② 从背景噪音中找出语音信号。语音处理领域中的一个基本问题是，如何将一串连续的语音信号进行适当的分割，以确定每个单词语音的信号，即找出每个单词的开始和终止位置。

③ 在孤立词的语音识别中，可利用能量和过零作为有话无话的鉴别。

（4）短时自相关函数

自相关函数用于衡量信号自身时间波形的相似性。清音和浊音的发声机理不同，因而在波形上也存在较大的差异。浊音的时间波形呈现出一定的周期性，波形之间相似性较好；清音的时间波形呈现出随机噪音的特性，样点间的相似性较差。因此，利用短时自相关函数来测定语音的相似特性。短时自相关函数定义为 $R_n(k) = \sum\limits_{m=-\infty}^{\infty} x(m)w(n-m)x(m+k)w(n-m-k)]$ ，令 $m = n + m'$ ，并且 $w(-m) = w'(m)$ ，可以得到：

$$R_n(k) = \sum_{m=-\infty}^{\infty} [x(n+m)w'(m)][x(n+m+k)w'(m+k)] = \sum_{m=0}^{N-1-k} [x(n+m)w'(m)][x(n+m+k)w'(m+k)] 。$$

清音的短时自相关函数波形如图 9-32 所示。不同矩形窗长条件下（窗长分别为 N=70，N=140，N=210，N=280），浊音的短时自相关函数波形如图 9-33 所示。由图 9-32、图 9-33 的短时自相关函数波形分析可知：清音接近于随机噪声，清音的短时自相关函数不具有周期性，也没有明显突起的峰值，且随着延时 k 的增大迅速减小。浊音是周期信号，浊音的短时自相关函数呈现明显的周期性，自相关函数的周期就是浊音信号的周期，根据这个性质可以判断一个语音信号是清音还是浊音，还可以判断浊音的基音周期。因为浊音语音的周期可用自相关函数中第一个峰值的位置来估算，所以在语音信号处理中，自相关函数常用来估计以下两种语音信号的特征。

① 区分语音是清音还是浊音。

② 估计浊音语音信号的基音周期。

（5）时域分析方法的应用

① 基音频率的估计。首先可利用时域分析（短时能量、短时过零率、短时自相关）方法的某

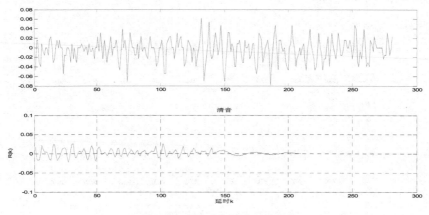

图 9-32　清音的短时自相关函数

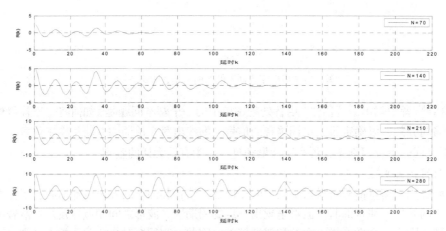

图 9-33　不同矩形窗长条件下的浊音的短时自相关函数

一个特征或某几个特征的结合，判定某一语音有效的清音和浊音段。其次，针对浊音段，可直接利用短时自相关函数估计基音频率。估计方法为：估算浊音段第一最大峰的位置，再利用抽样率计算基音频率。例如，若某一语音浊音段的第一最大峰值约为 35 个抽样点，设抽样频率为 11.025kHz，则基音频率为 11025/35=315 Hz。但是，实际上第一最大峰值位置有时并不一定与基音周期吻合。一方面与窗长有关，另一方面还与声道特性有关。鉴于此，可采用三电平削波法先进行预处理。

② 语音端点的检测与估计。可利用时域分析（短时能量、短时过零率、短时自相关）方法的某一个特征或某几个特征的结合，判定某一语音信号的端点。尤其是在有噪音干扰时，如何准确检测语音信号的端点，这在语音处理中是一个富有挑战性的课题。

参考程序如下。

1. 短时能量

（1）加矩形窗。

```
a=wavread('beifeng.wav');
subplot(6,1,1),plot(a);
N=32;
for i=2:6
```

```
h=linspace(1,1,2.^(i-2)*N);%形成一个矩形窗,长度为 2.^(i-2)*N
En=conv(h,a.*a);% 求短时能量函数 En
subplot(6,1,i),plot(En);
if(i==2) legend('N=32');
elseif(i==3) legend('N=64');
elseif(i==4) legend('N=128');
elseif(i==5) legend('N=256');
elseif(i==6) legend('N=512');
end
end
```

（2）加汉明窗。

```
a=wavread('beifeng.wav');
subplot(6,1,1),plot(a);
N=32;
for i=2:6
h=hanning(2.^(i-2)*N);%形成一个汉明窗,长度为 2.^(i-2)*N
En=conv(h,a.*a);% 求短时能量函数 En
subplot(6,1,i),plot(En);
if(i==2) legend('N=32');
elseif(i==3) legend('N=64');
elseif(i==4) legend('N=128');
elseif(i==5) legend('N=256');
elseif(i==6) legend('N=512');
end
end
```

2. 短时平均过零率

```
a=wavread('beifeng.wav');
n=length(a);
N=320;
subplot(3,1,1),plot(a);
h=linspace(1,1,N);
En=conv(h,a.*a); %求卷积得其短时能量函数 En
subplot(3,1,2),plot(En);
for i=1:n-1
    if  a(i)>=0
    b(i)= 1;
    else
    b(i) = -1;
    end
    if a(i+1)>=0
    b(i+1)=1;
    else
    b(i+1)= -1;
    end
    w(i)=abs(b(i+1)-b(i));    %求出每相邻两点符号差值的绝对值
end
k=1;
j=0;
while (k+N-1)<n
   Zm(k)=0;
    for i=0:N-1;
    Zm(k)=Zm(k)+w(k+i);
```

```
end
    j=j+1;
    k=k+N/2; %每次移动半个窗
end
for w=1:j
    Q(w)=Zm(160*(w-1)+1)/(2*N); %短时平均过零率
end
subplot(3,1,3),plot(Q),grid;
```

3. 自相关函数

```
N=240
Y=WAVREAD('beifeng.wav');
x=Y(13271:13510);
x=x.*rectwin(240);
R=zeros(1,240);
for k=1:240
for n=1:240-k
R(k)=R(k)+x(n)*x(n+k);
end
end
j=1:240;
plot(j,R);
grid;
```

9.3.2 语音信号频域特征分析

1. 实验目的

信号的傅里叶表示在信号的分析与处理中起着重要的作用。因为对于线性系统来说，可以很方便地确定其对正弦或复指数和的响应，所以傅里叶分析方法能完善地解决许多信号分析和处理问题。另外，傅里叶表示使信号的某些特性变得更明显，因此，它能更深入地说明信号的各项物理现象。

由于语音信号是随着时间变化的，通常可以认为，语音是一个受准周期脉冲或随机噪音源激励的线性系统的输出，输出频谱是声道系统频率响应与激励源频谱的乘积。声道系统的频率响应及激励源都是随时间变化的，因此一般标准的傅里叶表示虽然适用于周期及平稳随机信号的表示，但不能直接用于语音信号。由于语音信号可以认为在短时间内近似不变，因而可以采用短时分析法。

本实验要求掌握傅里叶分析原理，会利用已学的知识，编写程序估计短时谱、倒谱，画出语谱图，并分析实验结果，在此基础上，借助频域分析方法求得的参数分析语音信号的基音周期或共振峰。

2. 实验原理

（1）短时傅里叶变换

由于语音信号是短时平稳的随机信号，某一语音信号帧的短时傅里叶变换的定义为：

$$X_n(e^{jw}) = \sum_{m=-\infty}^{\infty} x(m)w(n-m)e^{-jwm}$$

其中 $w(n\text{-}m)$ 是实窗口函数序列，n 表示某一语音信号帧。令 $n\text{-}m=k'$，得到

$$X_n(e^{jw}) = \sum_{k'=-\infty}^{\infty} w(k')x(n-k')e^{-jw(n-k')}$$

于是，可以得到

$$X_n(e^{jw}) = e^{-jwn} \sum_{k=-\infty}^{\infty} w(k)x(n-k)e^{jwn}$$

假定

$$\overline{X}_n(e^{jw}) = \sum_{k=-\infty}^{\infty} w(k)x(n-k)e^{jwk}$$

则可以得到

$$X_n(e^{jw}) = e^{-jwn}\overline{X}_n(e^{jw})$$

同样，对于不同的窗口函数，将得到不同的傅里叶变换式的结果。由上式可见，短时傅里叶变换有两个变量：n 和 ω，所以它既是时序 n 的离散函数，又是角频率 ω 的连续函数。与离散傅里叶变换逼近傅里叶变换一样，如令 $\omega=2\pi k/N$，则得离散的短时傅里叶变换如下。

$$X_n(e^{j2\pi k/N}) = X_n(k) = \sum_{m=-\infty}^{\infty} x(m)w(n-m)e^{-j2\pi km/N}, (0 \leqslant k \leqslant N-1)$$

（2）语谱图

语谱图的水平方向是时间轴，垂直方向是频率轴，图上的灰度条纹代表各个时刻的语音短时谱。语谱图反映了语音信号的动态频率特性，在语音分析中具有重要的实用价值，被称为可视语言。

语谱图的时间分辨率和频率分辨率是由窗函数的特性决定的。它的时间分辨率高，可以看出时间波形的每个周期及共振峰随时间的变化。频率分辨率低，不足以分辨由于激励所形成的细微结构的语谱图，称为宽带语谱图。窄带语谱图正好与之相反。

宽带语谱图可以获得较高的时间分辨率，反映频谱的快速时变过程；窄带语谱图可以获得较高的频率分辨率，反映频谱的精细结构。两者相结合，可以提供带宽与语音特性相关的信息。语谱图上因其不同的灰度，形成不同的纹路，称之为"声纹"。声纹因人而异，因此可以在司法、安全等场合得到应用。

（3）复倒谱和倒谱

复倒谱 $x^{(n)}$ 是 $x(n)$ 的 Z 变换取对数后的逆 Z 变换，其表达式如下：

$$\hat{x} = Z^{-1}[\ln Z[x(n)]]$$

倒谱 $c(n)$ 定义为 $x(n)$ 取 Z 变换后的幅度对数的逆 Z 变换，即

$$c(n) = z^{-1}[\ln|X(z)|]$$

在时域上，语音产生模型实际上是一个激励信号与声道冲激响应的卷积。对于浊音，激励信号可以由周期脉冲序列表示；对于清音，激励信号可以由随机噪音序列表示。声道系统相当于参数缓慢变化的零极点线性滤波器，这样经过同态处理后，语音信号的复倒谱、激励信号的复倒谱和声道系统的复倒谱之间满足下面的关系。

$$\hat{s}(n) = \hat{e}(n) + \hat{v}(n)$$

由于倒谱对应于复倒谱的偶部，因此倒谱与复倒谱具有相同的特点。很容易得到语音信号的倒谱，激励信号的倒谱以及声道系统的倒谱之间满足下面的关系。

$$c_s(n) = c_e(n) = c_v(n)$$

（4）基因周期估计

浊音信号的倒谱中存在峰值，它出现的位置等于该语音段的基音周期，清音的倒谱中则不存

在峰值。利用倒谱的这个特点，可以进行语音的清浊音判决，并且可以估计浊音的基音周期。首先计算语音的倒谱，然后在可能出现的基因周期附近寻找峰值。如果倒谱峰值超过了预先设置的门限，则输入语音判断为浊音，其峰值位置就是基因周期的估计值；反之，如果没有超出门限的峰值，则输入语音为清音。

（5）共振峰估计

对倒谱进行滤波，取出低时间部分进行逆特征系统处理，可以得到一个平滑的对数谱函数。这个对数谱函数显示了输入语音段的共振峰结构，同时对数谱的峰值对应于共振峰频率。通过此对数谱对峰值进行检测，就可以估计出前几个共振峰的频率和强度。对于浊音的声道特性，可以采用前三个共振峰来描述，清音不具备共振峰特点。

3. 实验结果分析

（1）短时谱如图 9-34 所示。

（2）语谱图如图 9-35 所示。

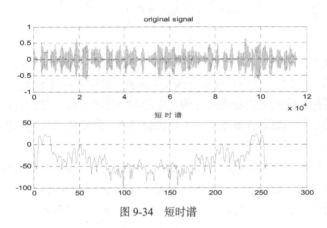

图 9-34　短时谱

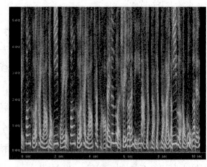

图 9-35　语谱图

（3）倒谱和复倒谱。

加矩形窗和加汉明窗时的倒谱图和复倒谱图分别如图 9-36 和 9-37 所示。图中横轴的单位是Hz，纵轴的单位是 dB。

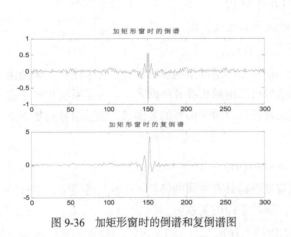

图 9-36　加矩形窗时的倒谱和复倒谱图

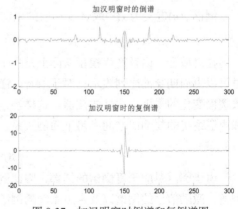

图 9-37　加汉明窗时倒谱和复倒谱图

（4）基因周期和共振峰估计

图 9-38 是基因周期估计和共振峰估计的分析图，其上子图中横轴的单位是采样点数，纵轴的

单位是 dB；下子图中横轴单位为 ms，纵轴的单位是 dB。

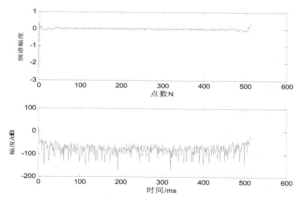

图 9-38 基因周期估计和共振峰估计的分析图

分析第 15 帧，其中第一峰值出现在第 2 个样点，窗长为 512（64ms），抽样频率为 11kHz，说明基因频率就在这个点上，其基因频率为 5.5kHz，基音周期为 0.182ms。

参考程序如下。

1．短时谱

```
clear
a=wavread('beifeng.wav');
subplot(2,1,1),
plot(a);title('original signal');
grid
N=256;
h=hamming(N);
for m=1:N
        b(m)=a(m)*h(m)
end
y=20*log(abs(fft(b)))
subplot(2,1,2)
plot(y);title('短时谱');
grid
```

2．语谱图

```
[x,fs,nbits]=wavread('beifeng.wav')
specgram(x,512,fs,100);
xlabel('时间(s)');
ylabel('频率(Hz)');
title('语谱图');
```

3．倒谱和复倒谱

（1）加矩形窗时的倒谱和复倒谱

```
clear
a=wavread('beifeng.wav',[4000,4350]);
N=300;
h=linspace(1,1,N);
for m=1:N
b(m)=a(m)*h(m);
end
```

```
c=cceps(b);
c=fftshift(c);
d=rceps(b);
d=fftshift(d);
subplot(2,1,1)
plot(d);title('加矩形窗时的倒谱')
subplot(2,1,2)
plot(c);title('加矩形窗时的复倒谱')
```

（2）加汉明窗时的倒谱和复倒谱

```
clear
a=wavread('beifeng.wav',[4000,4350]);
N=300;
h=hamming(N);
for m=1:N
b(m)=a(m)*h(m);
end
c=cceps(b);
c=fftshift(c);
d=rceps(b);
d=fftshift(d);
subplot(2,1,1)
plot(d);title('加汉明窗时的倒谱')
subplot(2,1,2)
plot(c);title('加汉明窗时的复倒谱')
```

习   题

1. 用 M 文件和 Simulink 模型方式，分别实现 $x(n) = \cos\left(\dfrac{n\pi}{6}\right)$（$n$ 为 12）的离散傅里叶变换。

2. 用 M 文件和 Simulink 模型方式，分别实现如下的 IIR 滤波器，其中的参数自行给出。

$$H(z) = \frac{\displaystyle\sum_{r=0}^{M} b_r z^{-r}}{1 + \displaystyle\sum_{k=1}^{N} a_k z^{-k}}$$

3. 用 M 文件和 Simulink 模型方式，分别对某图像进行二维傅里叶变换。

4. 用 M 文件和 Simulink 模型方式，分别采用 Nearest 插值方法对某图像进行放大。

5. 用 M 文件和 Simulink 模型方式，分别实现位置型和增量型的数字 PID 控制器。

6. 用 M 文件和 Simulink 模型方式，分别对如下被控对象进行 PID 控制。

$$G(s) = \frac{5}{s^3 + 4.5s^2 + 5.5s + 15} \mathrm{e}^{-0.2s}$$

7. 用计算机录入一段 .wav 格式的音频文件，并分析此语音信号的时域特征和频域特征。

第 10 章
外部接口

本章着重介绍 MATLAB 的外部接口,包括与 Word/Excel 的混合使用、编译器和应用程序接口。这些外部接口拓展了 MATLAB 的功能和应用。

10.1 与 Word/Excel 的混合使用

MATLAB 通过 Notebook 可以在 Word 文档中创建命令,然后在 MATLAB 后台执行,最后将结果返回 Word 文档中,也就是说,在 Word 环境中可以使用 MATLAB 的资源。同时 MATLAB 也可以与 Excel 混合使用。

10.1.1 Notebook 的使用

在安装 Notebook(又称 M-book)时,计算机中必须已经安装了 Word 和 MATLAB 软件,其具体步骤如下。

(1)在命令窗口中输入如下内容。

```
notebook -setup
```

运行结果如下。

```
Welcome to the utility for setting up the MATLAB Notebook
for interfacing MATLAB to Microsoft Word

Setup complete
```

(2)在命令窗口中输入如下代码,即可创建和打开 M-book 文件。

```
notebook  %新建一个 M-book
notebook('…\mymbook.doc')   %打开一个已经存在的 M-book(包含路径)
```

Notebook 是通过动态链接与 MATLAB 进行交互的,交互的基本单位为细胞(Cell)。M-book 需要在 Word 中输入 MATLAB 代码组成 Cell,传到 MATLAB 中运行,运行结果再以 Cell 的方式传回 M-book。

1. Word 中执行代码

Notebook 采用输入细胞(Input Cell)来定义 MATLAB 的代码,具体操作步骤如下。

(1)采用文本格式输入代码,末尾不要加回车符和空格符。

(2)选择 Notebook 菜单中的【Define Input Cell】选项定义输入细胞,其中输入细胞都显示为黑方括号包括绿色字符的形式。

（3）选择 Notebook 菜单中的【Evaluate Cell】选项或者按 Ctrl+Enter 组合键，运行输入细胞内的代码，并得到黑方括号包括蓝色字符形式的输出细胞。如果出现错误，则黑方括号内包括红色字符。

例 10.1 Notebook 的简单应用，具体步骤如下。

（1）新建一个 M-book。

（2）输入 m=eye(3)，并定义为输入细胞，再运行它，可以在 M-book 中看到如下内容。

```
m=eye(3)
m =
     1     0     0
     0     1     0
     0     0     1
```

（3）输入"除 0 测试"并按 Enter 键，再输入 m/0，定义 m/0 为输入细胞并运行，可以在 M-book 中看到如下内容。

```
m=eye(3)
m =
     1     0     0
     0     1     0
     0     0     1
```

除 0 测试

```
m/0
Warning: Divide by zero.
ans =
   Inf   NaN   NaN
   NaN   Inf   NaN
   NaN   NaN   Inf
```

（4）选中细胞【Warning...】，在 Notebook 菜单中选择【Undefine Cells】选项，将该输出细胞转化为普通文本，可以在 M-book 中看到如下内容。

```
m=eye(3)
m =
     1     0     0
     0     1     0
     0     0     1
```

除 0 测试

```
m/0
Warning: Divide by zero.
ans =
   Inf   NaN   NaN
   NaN   Inf   NaN
   NaN   NaN   Inf
```

（5）可以将 M-book 文档像 Word 文件一样保存，以便今后查看和修改。

例 10.2 利用 Notebook 绘图，具体步骤如下。

（1）新建一个 M-book，输入"绘图实验"并按 Enter 键。

（2）输入如下代码序列。

```
t=0:0.1:20;y=1-cos(t).*exp(-t/5);
Time=[0,20,20,0];
```

```
Amplitude=[0.95,0.95,1.05,1.05];
fill(Time,Amplitude,'g'),axis([0,20,0,2]);
xlabel('Time'),ylabel('Amplitude');
hold on
plot(t,y,'r','LineWidth',2)
hold off
ymax=min(y)
```

（3）输入"实验结束"并按 Enter 键，定义上面的代码序列为输入细胞并运行，可以在 M-book 中看到如下内容。

绘图实例如下。

```
t=0:0.1:20;y=1-cos(t).*exp(-t/5);
Time=[0,20,20,0];
Amplitude=[0.95,0.95,1.05,1.05];
fill(Time,Amplitude,'g'),axis([0,20,0,2]);
xlabel('Time'),ylabel('Amplitude');
hold on
plot(t,y,'r','LineWidth',2)
hold off
ymax=min(y)
ymax =
    0
```

同时显示 M-book 中图的图形窗口，如图 10-1 所示。

2. Notebook 使用注意事项

● M-book 文档中的 MATLAB 代码必须在英文状态下输入。

● 带鼠标操作交互的代码最好不在 M-book 文档中运行。

● Windows 是一种多任务操作系统。但在运行 M-book 文档时，最好不运行其他程序，不执行其他任务，以免影响 M-book 文档中程序的正确执行。

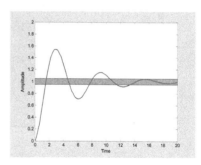

图 10-1　实验结果

● 由于计算机硬件与软件配合方面存在诸多不确定因素，M-book 文档的代码在执行中可能出现异常情况，可以采用以下方法解决：代码以 clear 命令开始，重新启动计算机后，执行 M-book 文档中的程序，将 M-book 文档的代码拷贝到 M 文件，再到 MATLAB 的命令窗口执行。

● M-book 文档的代码运行速度要比在 MATLAB 命令窗口中执行慢很多。

● 当编辑科技论文或其他文档时，最后可将细胞转换为普通文本。

● 可使用 Notebook 菜单中的【Bring MATLAB to Font】选项或者按 Alt + M 组合键把 MATLAB 的命令窗口调到前台。

● 可使用 Notebook 菜单中的【Toogle Graph Output for Cell】选项控制是否显示输入细胞或输出细胞的输出图形。

10.1.2　Excel link 的使用

Excel link 是在 Microsoft Windows 环境下实现 Microsoft Excel 和 MATLAB 进行交互的插件，可以在 Excel 的工作空间，利用 Excel 的宏编程工具，使用 MATLAB 的数据处理和图像处理功能进行相关操作，并将结果返回 Excel。使用 Excel link 时，不必脱离 Excel 环境，而是直接在 Excel

图 10-2 【加载宏】菜单

工作区或宏操作中调用 MATLAB。Excel link 提供了 11 条功能函数来实现数据的链接和操作。

1. Excel link 的安装

系统需要在 Windows 环境下先安装 Excel，然后安装 MATLAB 和 Excel link。Excel link 是随安装 MATLAB 时安装的，即在 MATLAB 安装组件中选中 Excel link。

然后需要在 Excel 中进行设置，具体步骤如下。

（1）启动 Microsoft Excel，执行工具（Tools）菜单中的【加载宏】命令，如图 10-2 所示。

（2）在打开的【加载宏】对话框中单击【浏览】按钮，选择 MATLAB 安装目录下的\toolbox\exlink 子目录里的 excllink.xla 文件，然后单击【确定】按钮，如图 10-3 所示。

图 10-3 加载的宏文件

（3）返回【加载宏】对话框，此时已经选中了【Excel Link】选项，如图 10-4 所示。单击【确定】按钮，Excel link 插件即可加载 MATLAB，并可以看到其运行窗口。

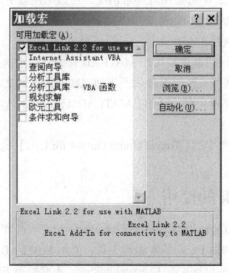

图 10-4 已经选中 Excel link 界面

2．Excel link 的启动

按照以上设置，每次启动 Excel 时，Excel link 和 MATLAB 都会自动运行。如果不希望 Excel link 和 MATLAB 自动运行，在 Excel 数据表单元格中输入"=MLAutoStart("no")"，即可改变设置，如图 10-5 所示。

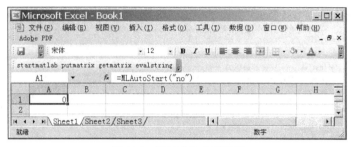

图 10-5　通过命令改变设置

还可以从 Excel 环境中手动启动 Excel link 和 MATLAB。方法为：在【Tools】菜单中选择【宏】选项，如图 10-6 所示，在如图 10-7 所示的【宏】对话框中输入"MATLABinit"，单击【执行】按钮，即可启动 Excel link，同时启动 MATLAB。

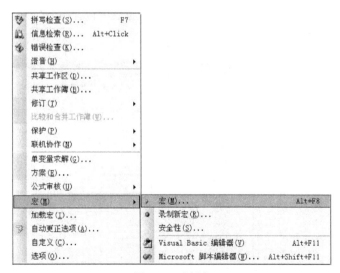

图 10-6　选择宏

图 10-7　手动启动 Excel link 以及 MATLAB

3. Excel link 的终止

终止 Excel 时，Excel link 和 MATLAB 会被同时终止。

需要在 Excel 环境中终止 MATLAB 和 Excel link 时，在工作表单元格中输入"=MLClose()"即可，如图 10-8 所示。需要重新启动 Excel link 和 MATLAB 时，可以使用 MATLABinit 命令。

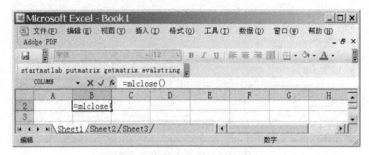

图 10-8　通过命令终止 Excel link

例 10.3　Excel link 实例。

启动 Excel、Excel link 和 MATLAB，打开示例文件 ExliSamp.xls，它位于 MATLAB 安装路径下的\toolbox\exlink 子目录里。

单击 ExliSamp.xls 中的 Sheet1 标签，可以看到数据表中包含一个名为 DATA 的单元格区域 A4:C28，如图 10-9 所示。

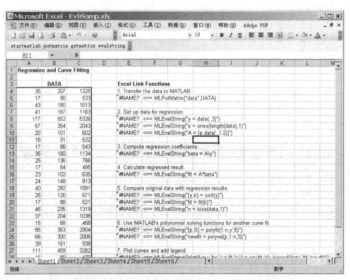

图 10-9　ExliSamp.xls 中的 Sheet1 数据页

具体操作步骤如下。

（1）选中 Sheet1 标签的单元格 E5，按 F2 键，回车执行 Excel link 函数 MLPutMatrix("data", DATA)，将 DATA 拷贝到 MATLAB 中的 data 变量中，data 包含 3 个变量的 25 次观测值。

（2）对 E8、E9 和 E10 单元格执行相同的操作，它类似于在 MATLAB 命令窗口中执行引号内的代码，但在命令窗口中不显示运行结果。

（3）对 E13、E16、E19、E20、E21、E24、E25 和 E28 单元格执行相同的操作，可得到如图 10-10 所示的结果。

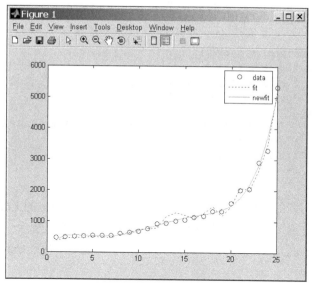

图 10-10　data、fit 和 newfit 的比较

（4）在 Sheet2 标签中可以运行宏命令执行模式，激活单元格 A4，如图 10-11 所示，但先不要执行它。

（5）在 Excel 中执行【工具】|【宏】|【Visual Basic 编辑器】命令，启动 Visual Basic，在工程中打开如图 10-12 所示的模块文件夹。

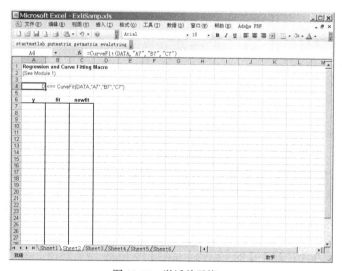

图 10-11　激活单元格

图 10-12　打开模块文件夹

（6）选中 Moduel，打开该模块，CurveFit 的程序代码如下。

```
Function CurveFit(aData, sTarget1, sTarget2, sTarget3)
    'MATLAB regression and curve fitting macro

    MLPutMatrix "data", aData
    MLEvalString "y = data(:,3)"
    MLEvalString "n = length(y)"
```

```
        MLEvalString "e = ones(n,1)"
        MLEvalString "A = [e data(:,1:2)]"
        MLEvalString "beta = A\y"
        MLEvalString "fit = A*beta"
        MLEvalString "[y,k] = sort(y)"
        MLEvalString "fit = fit(k)"
        MLEvalString "[p,S] = polyfit(1:n,y',5)"
        MLEvalString "newfit = polyval(p,1:n,S)'"
        MLEvalString
"plot(1:n,y,'bo',1:n,fit,'r:',1:n,newfit,'g');legend('data','fit','newfit')"
        MLGetMatrix "y", sTarget1
        MLGetMatrix "fit", sTarget2
        MLGetMatrix "newfit", sTarget3
    End Function
```

（7）在此模块为打开的状态下，在如图 10-11 所示的 Visual Basic 的工程栏中单击【引用】命令，在弹出的【引用】对话框中选中【Excellink】选项，如图 10-13 所示。

（8）返回 Sheet2 标签的 A4 单元格，按 F2 后再按 Enter 键，执行宏 CurveFit，结果如图 10-14 所示。

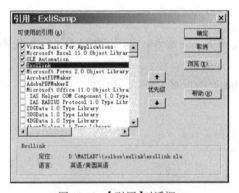

图 10-13 【引用】对话框

图 10-14 从 MATLAB 拷贝到数据表中的 y、fit 和 newfit

4. Excel link 使用注意事项

- Excel link 函数名不区分字母大小写，而 MATLAB 函数名是区分大小写的。
- Excel 工作表等式通常以"＋"或"＝"作为起始标记。
- 在大多数 Excel link 函数中有两种定义变量的方式，即直接定义和间接定义。将变量用双引号标记，即可直接定义变量，函数中的不加双引号的单元格地址为间接变量。
- 在 Excel link 函数执行过程中，其所在数据单元格一直显示其函数内容，函数执行完毕后，数据单元格被赋值为 0。
- 建议设置 Excel【工具】菜单下【选项】的【编辑】页中【按 Enter 键后移动】选项为【向下】，以保证输入完毕且经确认后再改变当前工作单元。

10.2 编译器

MATLAB 编译器是指将 M 文件作为输入，同时生成独立的可执行文件或相关软件组件的程序，它可以由 mcc 命令调出。

10.2.1 编译器概述

MATLAB 编译器 8.0 版本采用了 MATLAB Component Runtime（MCR）技术，它是用来保证 M 文件执行的独立共享库，MCR 提供了对 MATLAB 语言的完全支持。除此之外，MATLAB 编译器还采用了 Component Technology File（CTF）存档来组织配置文件包。所有的 M 文件均采用高级加密标准（AES）进行密钥为 1024 位的加密，保存为 CTF 格式。每一个由 MATLAB 编译器生成的应用程序或者共享库均有一个与之对应的 CTF 存档。

在 MATLAB 编译器中，生成独立文件或软件组件的过程是完全自动的。要生成独立运行的 MATLAB 应用程序，只需用来构成应用程序的 M 文件，然后编译器会自动执行以下操作。

● 依赖性分析：分析判断输入的 M 文件、MEX 文件以及 P 文件所依赖的函数之间的关系，其中这些函数包括了输入文件所调用的 M 文件以及 MATLAB 提供的函数。

● 代码生成：生成所有用来生成目标组件的代码，包括与从命令行中获得的 M 函数相关的 C 或 C++接口代码（对于共享库和组件来说，这些代码还包含所有的接口函数）；组件数据文件（其中包含运行时执行 M 代码的相关信息，这些信息中有路径信息以及用来载入 CTF 存档中 M 代码的密钥）。

● 存档生成：在依赖性分析中生成的 MATLAB 可执行程序列表被用来生成 CTF 存档文件，其中包括程序运行时所需组件的数据。存档在加密后被压缩为一个单独文件，同时保存路径信息。

● 编译：编译生成 C 或 C++文件，得到目标代码。

● 链接：将生成的目标文件以及相关的 MATLAB 库链接起来，并生成最终的组件。

10.2.2 编译器的安装和配置

1. 安装 ANSI C/C++编译器

安装编译器前，需事先安装以下任何一种与 MATLAB 适配的 ANSI C/C++编译器。

● Lcc C：由 MATLAB 自带，只是一个 C 编译器，不能用来编译 C++。

● Borland C++：有 5.3、5.4、5.5、5.6 等版本。

● Microsoft Visual C/C++（MSVC）：有 6.0、7.0、7.1 等版本。

2. 安装 MATLAB 编译器

MATLAB 编译器的安装过程一般包含在 MATLAB 的安装过程中，选择 Typical 安装模式时，MATLAB Compiler 会被自动选为 MATLAB 的安装组件。选择 Custom 安装模式时，在默认情况下，MATLAB Compiler 选项被选中，如图 10-15 所示。

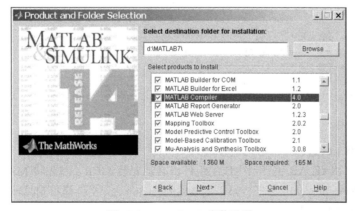

图 10-15　MATLAB 安装选项

3. 配置编译器

下面介绍如何配置 C 或 C++编译器，使其可以与 MATLAB 编译器一起工作。在 MATLAB 中，使用 mbuild 命令可以简化配置过程。

在命令窗口输入如下代码。

```
mbuild -setup
```

运行结果如下。

```
Please choose your compiler for building standalone MATLAB
applications:
Would you like mbuild to locate installed compilers [y]/n? n
```

选择 n，从而手动选择编译器。

```
Select a compiler:
[1] Borland C++Builder version 6.0
[2] Borland C++Builder version 5.0
[3] Borland C++Builder version 4.0
[4] Borland C++Builder version 3.0
[5] Borland C/C++ version 5.02
[6] Borland C/C++ version 5.0
[7] Borland C/C++ (free command line tools) version 5.5
[8] Lcc C version 2.4
[9] Microsoft Visual C/C++ version 7.1
[10] Microsoft Visual C/C++ version 7.0
[11] Microsoft Visual C/C++ version 6.0

[0] None
Compiler:
```

这里选择 11，即 Microsoft Visual C/C++ version 6.0。

```
Your machine has a Microsoft Visual C/C++ compiler located at
D:\Microsoft Visual Studio. Do you want to use this
compiler [y]/n? y
```

选择 y，表示接受当前编译器的选择。

```
Please verify your choices:
Compiler: Microsoft Visual C/C++ 6.0
Location: D:\Applications\Microsoft Visual Studio
Are these correct?([y]/n): y
```

再次确认编译器的选择。

```
Try to update options file:
C:\WINNT\Profiles\username\Application
Data\MathWorks\MATLAB\R14\compopts.bat
From template:
\\sys\MATLAB\BIN\WIN32\mbuildopts\msvc60compp.bat
Done …
Updated
```

4. 安装 MCR

为了能够使用 MATLAB 编译器生成的组件，必须安装 MCR。首先将 MATLAB 安装路径中的\toolbox\compiler\deploy\win32 子目录下的 MCRInstaller.exe 文件拷贝到其他路径，然后双击进行安装，直到提示安装结束。

10.2.3 编译器的使用

1．编译指令 mcc

不管是生成独立执行程序还是生成 C 共享库以及软件组件，只要源码是 M 文件，都可以借助编译命令 mcc 实现。

命令 mcc 可以包含一个或多个参数，例如：

```
mcc -m myfun
mcc -m -g myfun
```

在处理大部分的编译问题时，只需使用第一行代码即可。

2．独立执行程序

以 3 个例子说明不同类型的编译过程。

例 10.4 编译 M 文件生成独立执行程序，该 M 文件（exm2.m）的内容如下。

```
function exm2
A = [4,0,0;0,3,1;0,1,3];
S = exm2_f(A)
```

其中函数 exm2_f() 的内容如下。

```
function S = exm2_f(A)
[m,n] = size(A);
if m ~= n
    error('输入矩阵应是方阵');
end
e = eig(A);
%检查输入矩阵的特征值是否各异
same = 0;
for i = 1:m-1
   for j = (i+1):m
      if e(j) == e(i)
         same = 1;
      end
   end
end
%A 可以对角化的条件是 A 具有各异特征值或者 A 位埃米尔特矩阵。
if any(any((A'-A)))&(same ==1)
    error('矩阵无法对角化');
end
[v,d] = eig(A);
S = v;
```

在 MATLAB 命令窗口输入如下代码。

```
exm2
```

运行结果如下。

```
S =
        0        0    1.0000
  -0.7071   0.7071        0
   0.7071   0.7071        0
```

在 MATLAB 命令窗口输入如下代码。

```
mcc -m exm2 exm2_f
```

打开 DOS 窗口，将路径变更为 exm2.exe 所在目录，并运行 exm2.exe，结果如图 10-16 所示。

图 10-16　在 DOS 窗口运行生成程序 exm2.exe 的结果

例 10.5　编译混合 M 文件和 C 文件的程序生成独立执行程序，其中 multarg.m 的内容如下。

```
function [a,b] = multarg(x,y)
a = (x + y) * pi;
b = svd(svd(a));
```

multargp.c 中的函数 main()调用上面的函数 multarg()，并显示函数 multarg()的返回值。multargp.c 的内容如下。

```
#include <stdio.h>
#include <string.h>
#include <math.h>
#include "libMultpkg.h"
/*
 * Function prototype; the MATLAB Compiler creates mlfMultarg
 *  from multarg.m
 */
void PrintHandler( const char *text )
{
    printf(text);
}
/* main 函数用来调用 multarg 函数 */
int main( )
{
#define ROWS  3
#define COLS  3
    mclOutputHandlerFcn PrintHandler;
    mxArray *a = NULL, *b = NULL, *x, *y;
    double  x_pr[ROWS * COLS] = {1, 2, 3, 4, 5, 6, 7, 8, 9};
    double  x_pi[ROWS * COLS] = {9, 2, 3, 4, 5, 6, 7, 8, 1};
    double  y_pr[ROWS * COLS] = {1, 2, 3, 4, 5, 6, 7, 8, 9};
```

```
double  y_pi[ROWS * COLS] = {2, 9, 3, 4, 5, 6, 7, 1, 8};
double *a_pr, *a_pi, value_of_scalar_b;

/* 初始化图形句柄，同时声明显示格式
 */
mclInitializeApplication(NULL,0);
libMultpkgInitializeWithHandlers(PrintHandler, PrintHandler);

/* 生成输入矩阵 "x" */
x = mxCreateDoubleMatrix(ROWS, COLS, mxCOMPLEX);
memcpy(mxGetPr(x), x_pr, ROWS * COLS * sizeof(double));
memcpy(mxGetPi(x), x_pi, ROWS * COLS * sizeof(double));

/*生成输入矩阵 "y" */
y = mxCreateDoubleMatrix(ROWS, COLS, mxCOMPLEX);
memcpy(mxGetPr(y), y_pr, ROWS * COLS * sizeof(double));
memcpy(mxGetPi(y), y_pi, ROWS * COLS * sizeof(double));

/* 调用 mlfMultarg 函数. */
mlfMultarg(2, &a, &b, x, y);

/* 显示得到的矩阵 "a". */
mlfPrintmatrix(a);

/* 显示输出矩阵 "b" */
mlfPrintmatrix(b);

/* 销毁中间矩阵变量. */
mxDestroyArray(a);
mxDestroyArray(b);
libMultpkgTerminate();
mclTerminateApplication();
return(0);
}
```

在 MATLAB 命令窗口输入如下代码。

```
mcc -W lib:libMultpkg -T link:exe multarg printmatrix multargp.c
```

运行结果如图 10-17 所示。

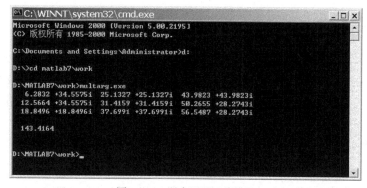

图 10-17　混合源码运行结果

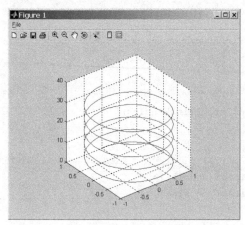

图 10-18　带绘图指令的 M 文件编译运行结果

例 10.6　编译包含绘图指令的 M 文件生成独立执行程序。该 M 文件（test_plot.m）的内容如下。

```
function test_plot
t = 0:pi/50:10*pi;
plot3(sin(t),cos(t),t)
axis square; grid on
```

在编译前只有安装 MCR 后，才能使用 MATLAB 图形库。在 MATLAB 命令窗口输入如下代码。

```
mcc -m test_plot.m
```

打开 DOS 窗口，将路径变更为 test_plot.exe 所在目录，并运行 test_plot.exe，结果如图 10-18 所示。

10.3　应用程序接口

MATLAB 虽然是一个较完整的科学计算与可视化的环境，但在很多情况下，仍需与其他外部程序交互。MATLAB 提供应用程序接口（Application Program Interface，API）来实现此功能。

10.3.1　创建 C 语言 MEX 文件

1. MEX 文件简介

MEX 是 MATLAB 和 Executable 两个单词的缩写。MEX 文件一般使用 C 或者 Fortran 语言编写，通过编译生成的目标文件能够被 MATLAB 调用执行。

MEX 文件主要应用于已存在较大规模的 C 或者 Fortran 程序、直接面向硬件编写 C 或者 Fortran 程序等情况，一般情况下不建议使用 MEX 文件。

矩阵是 MATLAB 唯一能处理的对象，在 C 语言中矩阵用结构体 mxArray 来定义。

例 10.7　简单 MEX 文件示例。C 程序（mexhello.c）的内容如下。

```
/*necessary header file*/
#include "mex.h"
/*entrance function of MEX function*/
void mexFunction(int nlhs,mxArray *plhs[],int nrhs,const mxArray *prhs[])
{
    /*content of function ,transfer other function*/
    mexPrintf("Hello world!");
}
```

这是标准 C 的源文件，首先头文件必须包含 mex.h，其次 C 语言 MEX 源文件的入口函数是必需的且书写形式固定，括号里的 4 个变量分别表示输入参数的数目、输入参数、输出参数的数目和输出参数。

在 MATLAB 命令窗口输入如下代码进行编译。

```
mex mexhello.c
```

编译结束时，生成 MATLAB 的 MEX 文件。在 MATLAB 命令窗口输入如下代码。

```
mexhello
```

运行结果如下。

```
Hello world!
```

2. MEX 文件源程序编写

编写 MEX 文件源程序时，需要用到两类 API 库函数，即 mx-库函数和 mex-库函数。前者用于在 C 语言中创建、访问、操作和删除结构体 mxArray，后者用于与 MATLAB 环境进行交互。

例 10.8 调用 MATLAB 的生成随机数函数。C 程序（randomnum.c）的内容如下。

```
/*MEX function example,create random numbers—randomnum.c*/
#include "mex.h"
/*MEX function entrance*/
    void mexFunction(int nlhs,mxArray *plhs[],int nrhs,const mxArray *prhs[])
    {
        double *m,*n,*flag;
        /*error detecting*/
        if(nlhs>1||nrhs!=3)
    mexErrMsgTxt("error:wrong numbers of input/output!");
    m=mxGetPr(prhs[0]);
    n=mxGetPr(prhs[1]);
    flag=mxGetPr(prhs[2]);
    plhs[0]=mxCreateDoubleMatrix(*m,*n,mxREAL);
    /*set output flag*/
    mexSetTrapFlag(*flag);
    /*wrong transfer-->function rnd does not exsit*/
        mexCallMATLAB(1,plhs,2,prhs,"rnd");
        /*continue to run MEX function file so rand function is transfered by MEX file*/
        mexPrintf("user set Flag to 1.\n");
        /*rright transfer*/
        mexCallMATLAB(1,plhs,2,prhs,"rand");
        }
```

其中，函数 mexCallMATLAB()调用了 MATLAB 的生成随机数函数 rand()，该函数的定义如下。

```
    int mexCallMATLAB(int nlhs,mxArray *plhs[],int nrhs,msArray *prhs[],const char
*command_name);
```

其中的最后一个参数为被调用的函数名称，执行 command_name 函数出现错误时，根据函数 mexSetTrapFlag()的设置进行错误处理，其定义如下。

```
    void mexSetTrapFlag(int trap_flag);
```

若参数为 0，则将程序的控制权交给 MATLAB，退出 MEX 函数的执行；若参数为 1，则将程序的控制权交给 MEX 函数，继续执行 MEX 函数。

本例中的第一次 MATLAB 调用是错误的，不存在函数 rnd()，程序如何执行将取决于 $flag$ 值的设定。

在 MATLAB 命令窗口输入如下代码序列。

```
mex randomnum.c
y=randomnum(3,2,0)  %flag 为 0
```

运行结果如下。

```
??? Undefined command/function 'rnd'.
```

在 MATLAB 命令窗口输入如下代码。

```
y=randomnum(3,2,1)
```

运行结果如下。

```
??? Undefined command/function 'rnd'.
user set Flag to 1.
y =
    0.9501    0.4860
    0.2311    0.8913
    0.6068    0.7621
```

10.3.2　Java 接口

Java 语言是一种面向对象的高级编程语言，能够完成各种类型的应用程序开发。MATLAB 和 Java 之间的关系非常密切，从 5.3 版本开始，MATLAB 都包含了 Java 虚拟机。在 MATLAB 中可以直接调用 Java 的应用程序，并且 MATLAB 工具箱中包含了很多使用 Java 语言开发的图形用户界面工具。

利用 MATLAB 的 Java 接口可以完成下列工作：调用 Java API 类和包、调用第三方 Java 类、在 MATLAB 环境下创建 Java 对象、通过 Java 语法或者 MATLAB 语法使用 Java 对象的方法、在 Java 对象和 MATLAB 之间交互数据。

Java 语言能够获取大量来自互联网或者数据库的数据，MATLAB 语言强于数据分析、科学计算，两者有机结合将极大提高工作效率。

在 MATLAB 中创建 Java 对象有两种方法：直接用 Java 类和用函数 javaObject()创建。

例 10.9　创建 Java 对象。在命令窗口输入如下代码序列。

```
clear
fa=java.awt.Frame('Frame A');
fb=javaObject('java.awt.Frame','Frame B');
whos
```

运行结果如下。

```
  Name     Size                Bytes  Class
  fa       1x1                        java.awt.Frame
  fb       1x1                        java.awt.Frame
Grand total is 2 elements using 0 bytes
```

在 MATLAB 语言中应用 Java 类的主要目的之一就是充分利用 Java 语言的网络功能，如读取网络上的信息等。

例 10.10　读取 URL 信息。函数 readURL()的内容如下。

```
function readURL(website)
%read website's data,if no input,read default homepage.
if nargin==0
    website='http://www.sina.com.cn';
end
%create URL object
url=java.net.URL(website);
%create input stream
```

```
is=openStream(url);
isr=java.io.InputStreamReader(is);
br=java.io.BufferedReader(isr);
%read network page's data
for i=0:44
    s=readLine(br);
end
readLine(br)
readLine(br)
readLine(br)
```

本例大部分都是 Java 的语法结构，首先创建 Java 的 URL 类对象，然后利用 Java 的 I/O 流功能从 Internet 的网页上读取信息，这里将 Internet 的网页看作纯文本文件读取，最后 3 行每一句都读取文本中的一行，默认的网页为 http://www.sina.com.cn。

在命令窗口输入如下代码。

```
readURL
```

运行结果如下。

```
ans =
A.an02:link {text-decoration:none;color:#1110AC}
ans =
A.an02:visited {text-decoration:none;color:#65038e}
ans =
A.an02:active,A.an02:hover {text-decoration:none;color:#ff0000}
```

10.3.3　DDE 技术

动态数据交换（Dynamic Data Exchange，DDE）是允许各 Windows 应用程序间交换数据的通信机制。Windows 平台上的 MATLAB 作为一个应用程序，也具有借助 DDE 与其他应用程序通信的功能。

1. DDE 一般性说明

应用程序可以借助 DDE 对话实现彼此间的通信，请求建立对话的应用程序称为客户（Client），响应对话请求的应用程序称为服务器（Server）。

当客户应用程序创建 DDE 对话时，必须识别被呼叫服务器的两个 DDE 参数：服务名（Service name），即被请求对话的应用程序名；话题（Topic），即对话主题。由这两个参数构成了区分不同对话的唯一标识。

每个作为服务器的应用程序都有唯一的服务名，它们通常就是该应用程序的（不带扩展名）可执行文件名，例如，matlab 是 MATLAB 的服务名。

2. DDE 中的 MATLAB 服务器

视客户应用程序的具体情况，客户可以采用不同方法访问作为服务器的 MATLAB。假如客户应用程序能够提供管理 DDE 对话的函数或宏，则应该充分利用它们；假如客户应用程序是自行编制的，则最好利用 MATLAB 引擎库或直接利用 DDE。

MATLAB 用作服务器时的工作原理如图 10-19 所示。此时客户应用程序是通过 DDE 函数与 MATLAB DDE 服务器模块进行通信的。客户 DDE 函数既可以由客户应用程序提供，也可以由 MATLAB 引擎库提供。

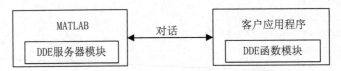

图 10-19　DDE MATLAB 服务器工作模式

　　DDE 对话内容由一组预先规定的参数名称组成，当 MATLAB 作为 DDE 服务器使用时，所能选用的具体名称和它们间的层次关系如图 10-20 所示。由此可见，MATLAB 有 System 和 Engine 两类"话题"。而每类话题又包含几个不同的内容细节。例如，Engine 话题就其内容性质而言又分为两类，即客户把指令发给 MATLAB 计算（EngEvalString）和客户向 MATLAB 索取结果（<matrix name>）；再就数据性质而言又分为两类，即文字结果（EngStringResult）和图形结果（EngFigureResult）。

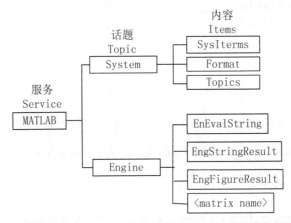

图 10-20　DDE 中 MATLAB 作为服务器使用时定义对话的参数名称层次表

3. DDE 中的 MATLAB 客户

　　当 MATLAB 以客户身份建立 DDE 通信时，其工作原理如图 10-21 所示。图中的客户模块可由一系列函数构成。下面将通过一个例子展示各指令间的配合使用。

图 10-21　MATLAB 作为客户时的 DDE 原理图

　　例 10.11　设计一个 DDE 对话程序，其中 MATLAB 作为客户，Excel 作为服务器，实现 DDE 的创建和关闭。其具体代码序列如下。

```
clear;
h=surf(peaks(20));                    %绘制曲面图形并产生图柄 h
z=get(h,'zdata');                     %得到曲面的 z 坐标数据
chann=ddeinit('excel','Sheet3');     %为两者的 DDE 对话建立通道 chann
range2='r1c1:r20c20';                 %为空白表格指定区域，命名为 range2
%借助通道 chann，将数据 z 送到指定位置 range2。操作成功，rc 为 1
rc=ddepoke(chann,range2,z);
```

在 Excel 开启的前提下，运行结果如图 10-22 和图 10-23 所示。

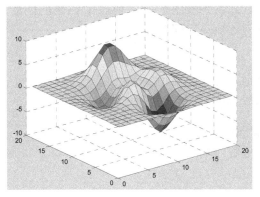

图 10-22　运行后生成的图形

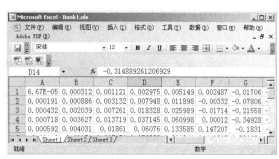

图 10-23　运行后产生的表格数据

10.3.4　ActiveX 技术

1. ActiveX 技术说明

ActiveX 是一种基于 Microsoft Windows 操作系统的组件集成协议，是各种面向对象技术的集合。这些技术共有的基础是组建对象模型（Component Object Model，COM），借助 ActiveX 开发商和终端用户，就能把来自不同商家的 ActiveX 组件无缝地集成在指定的应用程序中，从而完成特定的目的。

每个 ActiveX 都支持一个或多个赋名的界面，而界面是一组逻辑相关方法、属性和事件的组合。方法类似于请求对象实现某动作的函数，属性是对象持有的状态参数，事件是将控制交回客户的通知。

MATLAB 支持两种 ActiveX 技术，即 ActiveX 控件和 ActiveX 自动化。ActiveX 控件是指那些可视、能编程的集成于 ActiveX 容器的应用组件，如 Microsoft Internet Explorer。ActiveX 自动化能使 MATLAB 施控和受控于其他组件。

当 MATLAB 受控于其他组件时，表现为自动化服务器（Automation Server），其功能包括：在 MATLAB 空间中执行指令、与 MATLAB 空间直接交换数据。当 MATLAB 控制其他组件时，表现为自动化客户（Automation Client），其功能是 MATLAB 借助 M 文件指示和操纵自动化服务器。

MATLAB 自动化客户的功能仅是 MATLAB ActiveX 控件功能的子集，所有的 ActiveX 控件都是 ActiveX 自动化服务器，但反之不然。那些不是控件的自动化服务器将不能被物理地、可视地镶嵌于客户应用中。MATLAB 本身是服务器而不是控件，所以不能被镶嵌在其他客户应用中。然而，由于 MATLAB 是控制容器，所以其他的 ActiveX 控件可以内嵌在 MATLAB 中。

2. 自动化客户

如果需要 MATLAB 通过 ActiveX 自动化客户支持调用其他 ActiveX 组件，那么必须先查阅该 ActiveX 组建的相关文件，从中得到该组件的名称、该组件所采用的接口、方法、属性和事件等。

指令 actcontrol 用于创建 ActiveX 自动化客户支持，该指令运行后将引出指定组件名的对象默认界面，如 Excel 等。通过该对象属性的获取和设置、方法的激活，就可以改变该对象的界面和行为。

例 10.12　MATLAB 用作自动化客户，并通过 M 文件把 Microsoft Excel 用作自动化服务器，实现开启 Excel 界面、增添工作簿、改变激活页、与 Excel 之间数据传递和 Excel 数据保存等功能。

其具体的代码序列如下。

```
excel=actxserver('Excel.Application');%启动 Excel 并返回名为 excel 的 Activex 服务器对象
disp('为看清 Excel 界面及其变化，请把 MATLAB 界面调整得远小于屏幕！')
disp('按任意键，将可看到 "Excel 界面" 出现。')
pause
set(excel,'Visible',1);                %使开启的 Excel 默认界面可见
disp('按任意键，可见到 Excel 界面出现第一张表激活的 "空白工作簿"。')
pause
wkbs=excel.Workbooks;                  %新工作簿句柄
Wbk=invoke(wkbs,'Add');                %产生空白的新工作簿
disp('按任意键，当前激活表由第一张变为指定的第二张。')
pause
Sh=excel.ActiveWorkBook.Sheets;        %当前激活工作簿的表格句柄
sh2=get(Sh,'Item',2);                  %取得第二张表的句柄
invoke(sh2,'Activate');                %使第二张表为当前激活页
disp('按任意键，把 MATLAB 空间中的 A 矩阵送到 Excel 的指定位置。')
pause
Actsh=excel.Activesheet;               %当前激活表的句柄
A=[1,2;3,4];
actshrng=get(Actsh,'Range','A1','B2');         %得到当前表指定区域的句柄
set(actshrng,'Value',A);               %把 A 矩阵送到 Excel 的指定区域
disp('按任意键，获取 Excel 指定区域内的数据。')         %第 21 行
disp('并以 MyExcel.xls 文件形式保存在 D:\MATLAB7\work 目录上。')
pause
rg=get(Actsh,'Range','A1','B2');       %得到 Excel 指定区域句柄
B=rg.value;                            %获取指定区域上的值
B=reshape([B{:}],size(B));
invoke(Wbk,'SaveAs','MyExcel.xls');%把 Wbk 工作簿保存在指定目录下
disp('按任意键，关闭 excel 句柄代表的 Excel。')
pause
invoke(excel,'Quit');                  %关闭 Excel
```

第 21 行代码执行前，产生如图 10-24 所示的 Excel 界面。

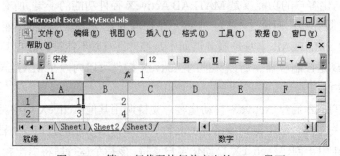

图 10-24　第 21 行代码执行前产生的 Excel 界面

3. 自动化服务器

通过 MATLAB ActiveX 自动化服务器，可以在指定应用程序中执行 MATLAB 命令，并可以与 MATLAB 的工作空间交换数据。将 MATLAB 作为服务器使用时，必须先查阅应用程序的文档，

查明如何在控制器中开启自动化服务器。MATLAB ActiveX 对象在系统注册表中定义的名称，即 ProgID，通常取为 MATLAB.Application（将启动的 MATLAB 自动化服务器作为"共享"服务器）或 MATLAB.Application.Single（将启动的 MATLAB 自动化服务器作为"专用"服务器独享）。

习　　题

1. 在 Word 文档中采用图文混排的形式，介绍 Notebook 的使用方法。
2. 在 MATLAB 中利用函数 rand()产生 3×3 的随机数矩阵，先将其写入 Excel，然后在 Excel 中调用 MATLAB 求行列式的函数，并在单元格内显示结果。
3. 编写实现计算随机数列均值的 M 文件，并编译成可独立执行的程序。
4. 编写调用 MATLAB 生成单位矩阵函数的 MEX 文件。

本附录设计了与课堂教学紧密配合的 10 个实验，通过这些实验，读者可以熟悉 MATLAB/Simulink 的使用。

附 1.1　MATLAB 基本功能

一、实验目的

1. 熟练掌握 MATLAB 的启动与退出
2. 熟悉 MATLAB 的命令窗口
3. 熟悉 MATLAB 的常用命令
4. 熟悉 MATLAB 的帮助系统

二、实验内容

1. 启动 MATLAB，并使用命令退出 MATLAB。
2. 将命令窗口当作计算器，实现基本数学运算。
3. 通过 MATLAB 的帮助系统，列出函数 abs() 的主要用法。
4. 通过 MATLAB 的帮助系统，查询 2-D Plots 演示程序，并学习其中所列函数的主要用法。
5. 将 Microsoft Word 所在目录加入搜索路径，并设 C 盘根目录为当前工作目录。

附 1.2　MATLAB 基础知识

一、实验目的

1. 熟悉 MATLAB 的数据类型。
2. 熟悉 MATLAB 的基本矩阵操作。
3. 熟悉 MATLAB 的运算符。
4. 熟悉 MATLAB 的字符串处理。

二、实验内容

1. 创建结构体 DataTypes，属性包含 MATLAB 支持的所有数据类型，并通过赋值构造结构体二维数组。

2. 用满矩阵和稀疏矩阵存储方式分别构造下述矩阵。

$$A = \begin{bmatrix} 0 & 1 & 0 & 0 & 0 \\ 1 & 0 & 0 & 0 & 0 \\ 0 & 0 & 1 & 0 & 0 \\ 0 & 0 & 0 & 1 & 0 \end{bmatrix}$$

3. 在矩阵 A 末尾增加一行（元素全为 1）得到矩阵 B，删除矩阵 A 的最后一列得到矩阵 C，替换矩阵 A 的所有非零元素为 2 得到矩阵 D。

4. 分别查看矩阵（A、B、C、D）的长度。

5. 给定矩阵 E=rand(4,4)，计算 $C+E$、$C*E$ 和 $C\backslash E$。

6. 将十进制的 80 转换为二进制的字符串，并从中查找 0 的个数。

附 1.3　MATLAB 基本编程

一、实验目的

1. 熟悉 MATLAB 的脚本编写
2. 熟悉 MATLAB 的函数编写
3. 熟悉 MATLAB 的变量使用
4. 熟悉 MATLAB 的程序控制结构

二、实验内容

1. 分别选用 if 和 switch 结构实现如下函数表示。

$$f(x) = \begin{cases} -1 & x \leqslant -a \\ \dfrac{x}{a} & -a < x < a \\ 1 & x \geqslant a \end{cases}$$

2. 根据 $e^x = 1 + x + \dfrac{x^2}{2!} + \cdots + \dfrac{x^n}{n!} + \cdots$ 近似计算指数，当与指数函数的误差小于 0.01 时停止，分别用 for 和 while 结构实现。

3. 记录第 2 题的调试过程。

4. 迭代计算 $x_{n+1} = \dfrac{3}{x_n + 2}$，给出可能的收敛值，并给出不同收敛值对应的初值范围。

5. 在第 4 题的代码中增加 try 和 catch 控制块，以避免出现 $x_n = -2$ 的情况。

6. 从键盘输入数值，迭代计算 $x_{n+1} = \dfrac{3}{x_n + 2}$。

附 1.4　Simulink 仿真

一、实验目的

1. 熟悉 Simulink 仿真的概念
2. 熟悉 Simulink 仿真模型的建立
3. 熟悉 Simulink 仿真的调试
4. 熟悉 S 函数的写法

二、实验内容

1. 复现 Demos 中 Counters 演示程序的 Simulink 模型。

2. 某模型直升机的纵向特性可表示如下，试用 Simulink 模块搭建该模型，并封装为子系统。

$$M(q)\ddot{q} + C(q,\dot{q})\dot{q} + G(q) = A(\dot{q})u + B(\dot{q})$$

其中状态 $q = \begin{pmatrix} z \\ \phi \\ \gamma \end{pmatrix}$，$(z, \phi, \gamma)$ 表示高度（m），俯仰角（rad）和主旋翼的角度（rad），输入 $u = \begin{pmatrix} u_1 \\ u_2 \end{pmatrix}$，

$M(q) = \begin{pmatrix} c_0 & 0 & 0 \\ 0 & c_1 + c_2\cos^2(c_3\gamma) & c_4 \\ 0 & c_4 & c_5 \end{pmatrix}$，　$C(q,\dot{q}) = \begin{pmatrix} 0 & 0 & 0 \\ 0 & c_6\sin(2c_3\gamma)\dot{\gamma} & c_6\sin(2c_3\gamma)\dot{\phi} \\ 0 & -c_6\sin(2c_3\gamma)\dot{\phi} & 0 \end{pmatrix}$，　$G(q) = \begin{pmatrix} c_7 \\ 0 \\ 0 \end{pmatrix}$，

$A(\dot{q}) = \begin{pmatrix} c_8\dot{\gamma}^2 & 0 \\ 0 & c_{11}\dot{\gamma}^2 \\ c_{12}\dot{\gamma} + c_{13} & 0 \end{pmatrix}$，　$B(\dot{q}) = \begin{pmatrix} c_9\dot{\gamma} + c_{10} \\ 0 \\ c_{14}\dot{\gamma}^2 + c_{15} \end{pmatrix}$，　$c_1 - c_{15}$ 为常数。

3. 试用 S 函数构建上述模型。

4. 针对 Simulink 模块搭建的模型和 S 函数构建的模型，分别观察输入 $u = \begin{pmatrix} 1 \\ 1 \end{pmatrix}$ 的状态曲线（初始状态自行选定），并进行比较。

附 1.5　MATLAB 图形用户界面（GUI）

一、实验目的

1. 熟悉 MATLAB 的菜单设计方法
2. 熟悉 MATLAB 的主要控件使用方法
3. 熟悉 MATLAB 的 GUI 设计流程

二、实验内容

1. 设计包括菜单和文本框的 GUI，【File】菜单包括【Open】和【Close】菜单项。单击菜单项【Open】可以打开文件选择对话框（*.m），选中文件后，在文本框显示文件内容；单击菜单项【Close】，退出程序。

2. 复现 Demos 中的【Differential Equations Examples】演示程序，其界面如图附 1-1 所示。

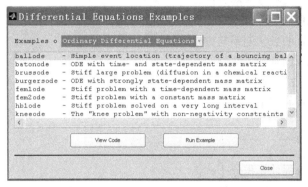

图附 1-1　【Differential Equations Examples】演示程序界面

附 1.6　MATLAB 科学计算

一、实验目的

1. 熟悉 MATLAB 的多项式函数
2. 熟悉 MATLAB 的插值函数
3. 熟悉 MATLAB 的功能函数
4. 熟悉 MATLAB 的数据分析和处理函数
5. 熟悉 MATLAB 的微分方程组求解函数

二、实验内容

1. 将多项式 A 的系数向量形式[1 3 6 3 1]转换为完整形式，并求其根。同时在 0～5 内随机产生 150 组自变量，计算它们的对应取值。

2. 对于上述 150 组数据，采用多项式进行拟合，并对 $x \in \{1,2,3,4\}$ 分别采用最邻近、双线性和三次样条插值方法进行插值。

3. 计算拟合多项式在 0～5 上的最大值和最小值。

4. 对于上述 150 组数据，计算各列的最大值、最小值、平均值、中间值、元素和、标准差和方差，并计算各列间的协方差。

5. 计算 $\displaystyle\int_1^2 \int_y^{2y} \frac{ye^x}{x+y}\,\mathrm{d}x\mathrm{d}y$ 。

6. 计算微分方程 $xy'' - 5y' + y = 0 \left(x \in [0,2]\right)$ 且初始值为 0 的解。

附 1.7　MATLAB 数学计算

一、实验目的

1. 熟悉 MATLAB 的积分求解方法
2. 熟悉 MATLAB 的矩阵行列式、秩和逆矩阵求解
3. 熟悉 MATLAB 的数学期望与方差求解
4. 熟悉 MATLAB 的泰勒级数展开
5. 熟悉 MATLAB 的拉普拉斯变换及其逆变换
6. 熟悉 MATLAB 的傅里叶变换及其逆变换

二、实验内容

1. 用 MATLAB 编程计算积分 $\int_0^1 e^{x^3} dx$ 。
2. 对下列矩阵求秩、行列式和逆。

$$A1 = \begin{pmatrix} 7 & 3 \\ 5 & 1 \end{pmatrix} \quad A2 = \begin{pmatrix} 9 & 5 \\ 4 & 7 \end{pmatrix} \quad A3 = \begin{pmatrix} 2 & 5 & 8 \\ 3 & 4 & 1 \end{pmatrix}$$

3. 设随机变量 X 在（-1,4）上服从均匀分布，求解其数学期望与方差。
4. 求解函数在指定点的泰勒开展式： $\sin(z)$， $z_0 = \pi/6$ 。
5. 求解 $\dfrac{120}{s^6}$ 的拉普拉斯变换以及 $\sin(x)$ 的拉普拉斯逆变换。
6. 求解 $e^{-\frac{x}{2}}$ 的傅里叶变换。

附 1.8　MATLAB 控制领域应用

一、实验目的

1. 熟悉 MATLAB 的线性系统时域分析方法
2. 熟悉 MATLAB 的状态空间模型、系统的传递函数以及系统的能控性和能观性
3. 熟悉 MATLAB 的模糊控制方法

二、实验内容

1. 绘制传递函数 $\phi(s) = \dfrac{G_k(s)}{1+G_k(s)} = \dfrac{20000}{s^3 + 205s^2 + 1000s + 20000}$ 的单位阶跃响应曲线以及斜坡响应曲线。

2. 求解传递函数 $G(s) = \dfrac{10s+10}{s^3 + 6s^2 + 5s + 10}$ 的状态空间模型，并求出系统的能控性和能观性。
3. 简述模糊 PID 的算法步骤，并进行 MATLAB 编程。

附 1.9 MATLAB 数据处理

一、实验目的

1. 熟悉 MATLAB 的信息处理方法
2. 熟悉 MATLAB 的图像处理方法
3. 熟悉 MATLAB 的语音处理方法

二、实验内容

1. 用 M 文件和 Simulink 模型方式，分别实现如下的 IIR 滤波器，其中的参数自行给出。

$$H(z) = \frac{\sum_{r=0}^{M} b_r z^{-r}}{1 + \sum_{k=1}^{N} a_k z^{-k}}$$

2. 用 M 文件和 Simulink 模型方式，分别实现对某图像的二维傅里叶变换。
3. 用 M 文件和 Simulink 模型方式，分别对某图像采用 Nearest 插值方法进行放大。
4. 用计算机录入一段.wav 格式的音频文件，并分析此语音信号的时域特征和频域特征。

附 1.10 MATLAB 外部接口

一、实验目的

1. 熟悉 MATLAB 与 Word/Excel 的混合使用
2. 熟悉 MATLAB 的编译器
3. 熟悉 MATLAB 的应用程序接口

二、实验内容

1. 采用 Notebook 方法编写实验附 1.3 的实验报告。
2. 将 Excel 表单中的 101 个数据读入，实现以第 51 个数据为中心的 180° 旋转，最后写入 Excel 表单。
3. 编写求解一元三次方程通解的 M 文件，并编译成可独立执行的程序。
4. 编写调用求解一元三次方程通解函数的 MEX 文件。

［1］范钦珊等. 数学手册（电子版）. 北京：高等教育出版社，高等教育电子音像出版社，2001

［2］《数学手册》编写组. 数学手册. 北京：人民教育出版社，1979

［3］张志涌主编. 精通 MATLAB 6.5. 北京：北京航空航天大学出版社，2003

［4］刘卫国主编. MATLAB 程序设计与应用（第二版）. 北京：高等教育出版社，2006

［5］薛定宇，陈阳泉著. 控制数学问题的 MATLAB 求解. 北京：清华大学出版社，2007

［6］薛定宇，陈阳泉著. 高等应用数学问题的 MATLAB 求解. 北京：清华大学出版社，2004

［7］薛定宇，陈阳泉著. 基于 MATLAB/Simulink 的系统仿真技术与应用. 北京：清华大学出版社，2002

［8］刘金琨著. 先进 PID 控制 MATLAB 仿真（第二版）. 北京：电子工业出版社，2004

［9］求是科技. MATLAB 7.0 从入门到精通. 北京：人民邮电出版社，2006

［10］MATLAB 7.0 在线帮助文档